江南牡丹

——资源、栽培及应用

胡永红 韩继刚 著

U0262483

科学出版社

北京

内 容 简 介

江南牡丹品种群是我国牡丹四大品种群之一。随着牡丹油用价值的深入开发，相比以观赏为主的其他牡丹品种群，以'凤丹'为代表的江南牡丹由于集油用价值、药用价值和观赏价值为一身，而逐渐成为备受关注的牡丹群体。

本书比较系统地介绍了江南牡丹的栽培历史与现状、遗传资源、适生品种、新品种选育、栽培和繁殖、花期调控、病虫害防治、园林应用，以及江南药用牡丹、油用牡丹的栽培和应用。

本书内容全面、系统，是牡丹研究领域的一部全新重要著作。适合生物学、园艺学、林学等相关领域从事研究与生产的科技工作者，以及牡丹爱好者阅读参考。

图书在版编目（CIP）数据

江南牡丹：资源、栽培及应用 / 胡永红，韩继刚著. —北京：科学出版社，2018.6

ISBN 978-7-03-042066-4

Ⅰ.①江… Ⅱ.①胡… ②韩… Ⅲ.①牡丹–植物资源–华东地区 ②牡丹–观赏园艺–华东地区 Ⅳ.①S965.8-64

中国版本图书馆CIP数据核字（2014）第227413号

责任编辑：韩学哲 孙 青/责任校对：王晓茜
责任印制：肖 兴/书籍设计：北京美光设计制版有限公司
封面设计：刘新新

科 学 出 版 社 出版
北京东黄城根北街16号
邮政编码：100717
http://www.sciencep.com

北京汇瑞嘉合文化发展有限公司 印刷
科学出版社发行 各地新华书店经销
*
2018年6月第 一 版 开本：787×1092 1/16
2018年6月第一次印刷 印张：15 1/4
字数：296 000

定价：220.00元
（如有印装质量问题，我社负责调换）

Tree Peony, its varieties, cultivation and Use in East China

Yonghong Hu   Jigang Han

Science Press

Beijing

Introduction

Jiangnan cultivar group is one of the four tree peony groups in China. Usually, the plants of Zhongyuan cultivar group, Xinan cultivar group and Xibei cultivar group are mainly used for ornamental purpose. However, Jiangnan cultivar group, as represented by 'Fengdan', attracts much more attention nowadays because of its medical, ornamental and edible vegetable oil applications at the same time.

This book is an academic monograph related to all aspects of Jiangnan tree peony within-depth, state-of-the-art knowledge about research findings and techniques. The main content includes history and current situation, germplasm resources, cultivars and landscape application, breeding, cultivation and reproduction, florescence regulation, plant diseases and insect pests control, medical and oil tree peony in the middle and lower reaches of Yangtze River.

This book is intended for readers ranging from advanced students to senior research scientists and hobbyists interested in tree peony.

序 言
Preface

牡丹因其雍容华贵，在我国具有广泛而深远的影响，自唐宋以来各地广为栽培，形成了悠久的观赏传统和深厚的牡丹文化。"唯有牡丹真国色，花开时节动京城"。位于黄河流域的洛阳、菏泽相继成为牡丹的栽培和展示中心，而这一地区的牡丹也逐渐发展成为最具特色的中原牡丹品种群。

在长江中下游地区，由于其特殊的气候土壤条件，限制了大量牡丹品种在该区域的栽培和应用，牡丹相对少见，但这反而更激发了当地群众对牡丹的热爱。每年4月，民众或出游洛阳、菏泽，或在本地寻觅牡丹芳踪，一点也不输牡丹故乡人的疯狂。

江南牡丹，是对这一特定区域的牡丹的统称。从研究的状况来看，应该是对这一带气候土壤条件具有较强适应性的、作为药用长期栽培的'凤丹'及其衍生的类群，再加上一些其他类群中在该区域长期驯化并适应当地风土条件的品种，这些材料就成为江南牡丹的适生品种和今后发展的基础。

江南牡丹在该区域多为零散的研究。虽然安徽、湖南、湖北、浙江、重庆、江苏、上海等地相继开展了牡丹资源调查和品种培育工作，已经取得了初步的进展，但和大众对牡丹的需求相比，仍有较大的距离，需要整合，需要提高。

胡永红和他的团队从2003年起就开始致力于江南牡丹的研究，从资源调查、收集到杂交育种等，做了一系列的工作，已培育出一些观赏性很高的品种，目前在进行繁殖和中试工作。其研究团队从早期一两人，发展到目前的七八人，经常能听到他一些关于牡丹研究进展的消息。

　　最近看到他和他团队的书稿，心中甚为欣慰，初看感觉是一篇对江南牡丹 10 年研究的系统总结，再细读，发现该书非常具有特色，着重笔墨在：

　　(1) 江南牡丹的资源以及对'凤丹'和杨山牡丹的分析；

　　(2) 长江中下游独特的风土条件对牡丹生长发育的影响；

　　(3) 面向江南湿热条件的牡丹新品种培育。

　　感觉其工作非常认真，该书语言朴实而无华丽的辞藻，只是真实记录了工作和成果，这些内容会对其他的花卉研究者也有较好的借鉴价值。

　　我掩卷而思，江南牡丹在长江中下游地区长期作为药用主栽，如果把药用和观赏结合是否可能更有前景？

　　'凤丹'种子结实率高，其种子也有较高的含油率，如果能结合生产进行油用的开发，是否可以把以前单瓣白花的欣赏劣势转化为高结实率的优势？

　　当然，还有许多科学和实践问题亟待去解决，我亦相信胡永红的团队会尽心尽力，在江南牡丹研究上脚踏实地，一步一个脚印，往前远行。

2018 年元月于北京林业大学

前　言
Foreword

牡丹花型巨大、色泽丰富、雍容华贵，是公认的花中之王，在我国栽培历史悠久，文化底蕴深厚。

我国是野生牡丹的故乡，所有牡丹的野生种类均产自我国。我国牡丹的发展对世界牡丹的发展起了决定性作用。目前已经开发的牡丹资源，传统的以及培育的新品种，总数超过了 1000 个，各种花色、花型以及栽培类型都比较丰富。

在传统栽培地区，如黄河流域，适宜的生长条件、丰富多样的品种资源、底蕴深厚的牡丹文化，使得牡丹已经成为当地文化、旅游、展会的重要载体和支柱性产业。其中洛阳的牡丹花展，已从早期的地方性展会，逐步成为河南省的代表性展会，并从 2011 年开始发展成为国家层面的大型文化节。

在长江流域，尤其是长三角地区，历史上曾经是牡丹栽培的重要区域。从唐中叶起，牡丹观赏栽培开始在江南兴起。从五代到北宋，江南大地热爱牡丹之风不减中原。稍为梳理一下江南牡丹史，我们可以看到以下几个亮点。

其一，中国第一部牡丹谱录出自江南。五代十国的吴越国，民众爱好牡丹，入宋以后爱牡丹风气仍盛。公元 986 年，僧人释仲休（亦作仲林、仲殊）写下《越中牡丹花品》记下这件盛事。该谱虽然仅存序言，但短短百十来字，却形象生动地表述了越中牡丹栽培之盛，赏花风尚之和谐。这篇牡丹谱比欧阳修的《洛阳牡丹记》早了近半个世纪。

其二，在中国牡丹文化史上，真正将牡丹与国家、民族命运紧密联系在一起，并确定牡丹是国家繁荣昌盛的象征，是在南宋时期完成的。牡丹文化象征意义的确立，不是在和平时期，而是在经历过国破家亡这种刻骨铭心的伤痛之后的省悟与反思。中国名花不少，但没有哪种花卉能像牡丹这样雍容大气，在群众心目中享有崇高地位，原因皆在于此。

其三，江南大地爱好牡丹的习俗代代传承。到目前为止，中国古牡丹的分布最广，数量最多还是在江南，特别是长三角地区。

但毋庸讳言的是，牡丹在江南发展得有些艰难。一千多年来，牡丹在江南有过大范围的推广和普及，先贤们也曾留下一些重要的著作。但在牡丹发展中存在的问题仍较多。归纳起来，有两大制约因素：

一是高温高湿和强光以及这些因素之间的相互作用，是抑制牡丹在江南地区良好生长的主要气象因子。

二是黏质土壤、高地下水位和高的土壤含水量，是抑制牡丹在江南地区良好生长的主要土壤因子。

也可以说得更概括一些，就是由于江南地区湿热的地理气候特征，与牡丹需求冷、燥的生态条件正好相反，使得江南牡丹无法与黄河流域的牡丹相媲美，存在着较大的差距。这主要体现在：

江南牡丹适生品种数量较少。在国内1000多个现有品种中，真正适于江南地区栽培的品种不超过30个。多数中原及西北品种南移，在经历了江南地区的梅雨和高温后，迅速退化，在江南的生长年限一般不超过3年，之后需要重新更替。且多年来的实践证明，直接由中原带土球南移建园之路并不可取。由于品种问题没有得到很好解决，江南一带大型园林并不多，难以满足广大群众欣赏牡丹的要求。

故而，培育适应性强的品种成为当务之急；同时，改善牡丹的生长环境，尤其是对土壤的改良也势在必行。多年来，我们在这方面做了些工作，取得一些进展，但还远远不够，需加倍努力！

目前，随着牡丹油用价值的深入开发，在全国范围内掀起了新一轮牡丹发展热潮，相比以观赏为主的其他牡丹品种群，以'凤丹'为代表的江南牡丹由于集油用价值、药用价值和观赏价值为一身，日益成为备受关注的牡丹群体。因此，加强江南牡丹的基础研究和应用研究，显得尤为必要和紧迫。

本书是上海江南牡丹研究团队近10年的成果积累。感谢国家自然科学基金委员会、国家林业局、上海市科委、上海市农委、上海市绿化与市容局相关课题的大力支持，才使我们能进行系统而深入的研究。

同时真诚感谢中国花卉协会牡丹芍药分会李嘉珏教授、北京林业大学王莲英教授、成仿云教授、王佳博士，上海市农科院殷丽青高级工程师，洛阳神州牡丹园付正林总经理、李临剑高级工程师、湖北保康戴振伦高级工程师、李洪喜高级工程师，湖南省林科院侯伯鑫教授，以及上海交通大学刘群录副教授，上海植物园康喜信高级工程师、陈连根高级工程师等在科研工作中给予的大力支持和帮助。特别感谢上海植物园王荣在本书完成过程中所做的大量前期工作。此外，还要感谢先后在上海江南牡丹研究团队工作过的博士和硕士研究生：李晓青、王海、谷世松、李子峰、王萍、董兆磊等。著者的导师，北京林业大学张启翔教授，在百忙之中为本书做序，给予鼓励，在此一并致谢。

胡永红 韩继刚

2018 年 1 月

目　录
Contents

第 4 章　江南牡丹新品种选育

第5章　江南牡丹的观赏栽培

第 6 章   江南牡丹的病虫害及其综合防治

第 1 章

江南牡丹的栽培历史与现状

本书中的"江南"一词，始见于春秋时期的《左传》，最初所指为当时楚国的长江以南地区，今湖北、湖南一带。后来，江南范围不断向南、向东扩展。江南涵盖范围最大时当在唐初，唐初将全国政区划分为十道，其中江南道最大，几乎囊括了今长江以南、南岭以北，西起川黔、东迄海滨的近半个中国，可为名副其实的大江南。以后，与江南有关的政区缩小，清顺治二年（1645年）设江南省，辖境相当于今上海、江苏、安徽三省（直辖市）。之后，江南省被分为江苏、安徽两省。从此，作为一级行政区划名称，"江南"退出了历史舞台。与大江南相对，还有一个狭义的江南，即所谓江南的核心区，通常指长江下游的太湖流域（或太湖平原），这里是江南的精华所在。

江南，是伟大祖国版图上一片富饶的土地。在这片土地上，牡丹有着悠久的栽培历史，对中国牡丹的繁荣和发展作出过重要贡献。

1.1　栽培历史

在我国，牡丹这一名称第一次出现在公元前4世纪的《计倪子》一书中（李约瑟，2013）。历代文献中牡丹多指在黄河流域栽培的类型。黄河流域是中华民族重要的发祥地，牡丹国色天香，被誉为花中之王。牡丹在我国的发展脉络及演化历程，即其栽培史，蕴涵在悠久的中华历史之中，故本节按历史朝代来阐述。然而，作为中国牡丹类群之一的江南牡丹，也由来已久，在漫长的发展过程中，形成了特点突出的江南牡丹品种群。江南地区不仅在我国历史上，而且现今也是盛行牡丹栽培的地区之一。

1.1.1　隋唐以前

隋唐以前（581年前）牡丹早已开始药用，在江南地区可能有野生药用牡丹。

据明人李时珍在《本草纲目·草部》中引南朝《名医别录》[①]说："牡丹生巴郡山谷及汉中"；引陶弘景说："今东间亦有，色赤者为好"。据此推测在隋唐以前江南的安徽、浙江一带有野生牡丹分布。

又据唐人段成式在记录异事奇闻的《酉阳杂俎》所述："牡丹，前史中无说处，唯《谢康乐集》中言竹间水际多牡丹"。北宋欧阳修《洛阳牡丹记》中也提到"谢灵运言永嘉竹间水际多牡丹"。谢灵运在南朝宋永初三年（422年）任永嘉太守，永嘉即东晋永嘉郡，治所在今浙江省温州市。温州全境地势从西南向东北呈梯形倾斜，永嘉高海拔山区是有可能生长野生牡丹的。但从此文中描述的生长环境来看，野生牡丹与竹子形

[①]《名医别录》，旧传为南朝梁弘景撰，原书已佚。陶弘景（456～536年）南朝宋梁间医药学家，秣陵（今江苏南京）人，隐居于今江苏句容之茅山，精通医药。

成共生关系，出现这种情况的可能性比较小，而据此作为江南地区有观赏栽培的依据还不太充分。

1.1.2　隋唐五代时期

1）隋唐晚期（581～907 年）

隋朝，中原一带牡丹由民间田园进入皇家宫苑。隋亡后，唐定都长安，长安牡丹兴盛起来，并逐渐传播到其他地方。自唐朝中叶，江南地区开始有观赏牡丹引种栽培的记载，栽培地有钱塘（今杭州）、会稽（今绍兴）、溢江（今九江）等地。

（1）杭州牡丹。杭州是江南地区有记载最早从北方引种牡丹的。唐人范摅的《云溪友议》中记载："致仕尚书白舍人（即白居易），初到钱塘，令访牡丹花，独开元寺僧惠澄近于京师得此花栽，始植于庭，阑圈甚密，他处未之有也。时春景方深，惠澄设油幕以覆其上。牡丹自此东越分而种之也，会徐凝（唐代诗人）自富春来，未识白公，先题诗曰：'此花南地知难种，惭愧僧闲用意栽……'白寻到寺看花，乃命徐生同醉而归"。白居易为杭州刺史是在长庆二年 7 月（822 年），他到任后到开元寺看牡丹，应是第二年的春天，文中又称牡丹为惠澄由京师得之，"始植于庭"，可知杭州牡丹的引种，当在穆宗长庆初年或宪宗元和末年引入，据诗文描述该品种花色应为红色。张祜（约 782～852 年）亦有《杭州开元寺牡丹》（见《全唐诗》511 卷）"浓艳初开小药栏，人人惆怅出长安。风流却是钱塘寺，不踏红尘见牡丹。"张祜与白居易是同时代的人，这首诗和《云溪友议》中的记载正好可以相互印证。除此之外，杭州郡衙虚白堂前亦有牡丹，罗隐（833～909 年）有诗《虚白堂前牡丹相传云太傅手植在钱塘》，此诗中所云"虚白堂"即在杭州郡衙内，而"太傅"即指白居易。

（2）会稽牡丹。会稽一带时称'越中'，诗人徐夤（唐末至五代时人）有《尚书座上赋牡丹花得轻字韵其花自越中移植》及《依韵和尚书再赠牡丹花》诗。后一首诗中有"多著黄金何处买，轻桡挑过镜湖光"句。诗中镜湖又称鉴湖，故址在今浙江绍兴。

（3）溢江牡丹。在江西、江苏也有牡丹栽培的记载。李咸用为唐懿宗咸通年代的诗人，其《远公亭牡丹》诗曰"雁门禅客吟春亭，牡丹独逞花中英……庐山根脚含精灵，发妍吐秀丛君庭。溢江太守多闲情，栏朱绕绛留轻盈"。溢江即江州（今九江）。该诗描写溢江太守由下属陪同，在庐山脚下东林寺远公亭悠闲赏牡丹的情景。此外，张蠙有《观江南牡丹》诗，记录了牡丹在南京的生长状况。

2）五代十国时期（907～979 年）

五代时期江南地区主要为吴越、南唐、南平三国割据。当时中原政局动荡，而吴越和南唐相对稳定，并重视水利设施建设，农业、手工业和商业发达。此时，杭州已相当繁荣，南方经济开始超越北方，从而为牡丹在江南的进一步发展提供了良好的经济和社会环境。宋张淏《宝庆会稽志》载，"牡丹自吴越时盛于会稽，剡人尤好植之"；

图 1-1 南唐徐熙《玉堂富贵》

南唐高僧法眼禅师文益有诗《看牡丹》，相传是文益与南唐国君同观牡丹花时所作；齐己有诗《题南平后园牡丹》，诗题中的南平也称为荆南，即今湖北省荆州一带，说明荆州在五代已有牡丹栽培；天福（947 年）年间，吴越王妃仰氏在宝莲山建释迦院（即宝成寺），寺中广植牡丹。

当时江南还出了不少牡丹画家，知名者有南唐徐熙、梅行思，吴越王耕等。"王耕善画，而牡丹最佳，春张于庭庑间，则蜂蝶骤至"（唐于逖辑《闻奇录》）；南唐徐熙画的《玉堂富贵》[①]，今收藏于台湾台北故宫博物院（图 1-1）。1981 年在张家埭窑址内发现了一瓷碗残片，胎质细腻坚硬，内底绘牡丹，为吴越国官窑所出。吴越国第二代国王的王后马氏墓（康陵）后室有彩绘的牡丹图案；南唐先主李昪的钦陵和中主李璟的顺陵壁画中都绘有较多的牡丹，说明牡丹为当时的上层社会所喜好。

由以上所见，唐朝及五代时期江南地区的牡丹多在皇家、官府和寺院栽培，民间栽培还少有记载。可以认为，这一时期是江南观赏牡丹发展的起步阶段，中原牡丹在江南地区被广为引种，从而为宋代江南牡丹的繁荣奠定了基础。

1.1.3 宋代时期

宋代（960 ～ 1279 年）随着江南地区经济繁荣、文化兴盛、政治迁都，牡丹观赏栽培得以大发展，品种增多，规

---

① 有专家怀疑该画可能不是真迹。

模持续扩大，并逐渐形成高潮。

1）宋代江南栽培的牡丹品种

从北宋到南宋，江南地区在继续引种中原牡丹的同时，不断培育新的品种。这一时期，仅江浙一带有记载的牡丹品种就已达 50 多个，江南牡丹品种群初步形成。

北宋初年，浙东一带牡丹流行。僧人仲休于雍熙三年（986 年），撰《越中牡丹花品》[①]，其中曾谈到"越之所好尚维牡丹，其绝丽者三十二种"。

李英（1045 年）著《吴中花品》[②]，记录吴地（今苏州一带）特有的牡丹品名 42 种。包括朱红品 25 个：真正红、红鞍子、端正红、樱粟红、艳春红、日增红、透枝红、轻红、小真红、满栏红、光叶红、繁红、郁红、丽春红、出檀红、茜红、倚栏红、早春红、木红、露匀红、等二红、湿红、小湿红、淡口红、石榴红；淡花品 17 个：红粉淡、端正淡、富烂淡、黄白淡、白粉淡、小粉淡、烟粉淡、黄粉淡、玲珑淡、轻粉淡、天粉淡、半红淡、日坛淡、添枝淡、烟花冠子、坯红淡、猩血淡。所记皆欧阳修《洛阳牡丹记》之未载，确为当时皆出洛阳花品之外者。

江南牡丹品种在不断发展的同时，还开始北引到洛阳，逐渐对中原品种产生影响。例如，周师厚《洛阳花木记》（1082 年）记有品种'越山红楼子'："千叶粉红花也。本出自会稽，不知到洛之因"。

另外，杨万里《诚斋集》中所记丝头粉红、重台九心淡紫牡丹、白花青缘牡丹等也应是江南牡丹品种，周密《武林旧事》中所记临安栽培的'照殿红'，在欧阳修和周师厚的洛阳牡丹谱中也未见记载。

北宋时期，洛阳牡丹发展迅速，大量优秀品种南引，促进了江南牡丹的发展。南引的品种在南宋典籍中多有记载。例如，杨万里所记'瑞云红'、'鞓红'、'魏紫'、'崇宁红'、'醉西施'五个品种；范成大《吴郡志·三十一卷》和《石湖居士诗集·二十三卷》中记有'观音红'、'崇宁红'、'寿安红'、'叠罗红'、'凤娇'（'胜西施'）、'一捻红'、'朝霞红'（'富一家'）、'鞓红'、'云叶'、'茜金毬'、'紫中贵'、'牛家黄'、'单叶御衣黄'等共 16 个品种。

这一时期是江南牡丹的大发展时期，栽培品种极其丰富，栽培范围也大为扩展，牡丹文化繁荣起来。苏轼《〈牡丹记〉叙》描写了杭州吉祥寺赏花盛况："酒酣乐作，州人大集，金盘彩篮以献于坐者，五十有三人。饮酒乐甚，素不饮者毕醉。自舆台皂隶皆插花以从，观者数万人"。南宋定都临安后，把北宋皇室赏牡丹的风气也带到江南。洪咨夔《路逢徽州送牡丹入都》诗，记述了从徽州向都城临安进贡牡丹的情景。

宋代江南牡丹的引种驯化及栽培技术也有较大的发展。苏颂《本草图经》（1601

---

① 现《越中牡丹花品》仅存序言，在《文献通考》中有记载。
② 见吴曾《能改斋漫录卷十五》，或曰《吴中花品》，见于《文献通考》。

年）记载了野生牡丹的分布及其驯化改良，指出牡丹今"……丹、延、青、越、滁、和州山中皆有"；"人家所种单瓣者，即山牡丹"，此类牡丹"三月开花，其花叶与人家所种者相似，但花瓣止五、六叶耳"。另有文献记述了牡丹的引种驯化，唐时由长安引进，宋时则由洛阳引入，再后则由当地向周围扩散。例如，赵不悔等修纂《新安志》记："牡丹出黟，本自洛阳移植，其后岁盛，中兴无洛花，好事者于此取之"。新安是郡名，宋时为歙州、徽州辖地的别称。此外，苏轼《〈牡丹记〉叙》记述了当时人们对牡丹自然变异植株的选择与培育，指出"近岁尤复变态百出，务为新奇，以追逐时好者，不可胜记"。关于品种数量的增加与演化水平，通过比较各地多种牡丹谱录，以及参考范成大、杨万里等有关诗文记述，可以判断江南牡丹品种增长的速度不亚于中原地区，品种（花型）演化也达到较高水平，在栽培技术方面也积累了一定的经验。

2）宋朝江南牡丹的栽培地和规模

两宋时期，江南牡丹栽培空前繁荣，已经从禁苑和寺庙普及至民间，会稽、杭州、苏州等地牡丹栽培已有相当规模。

（1）越中的牡丹。马端临[1]引《越中牡丹花品》序言道："始乎郡斋，豪家名族，梵宇道宫，池台水榭，植之无间。来赏花者，不问亲疏，谓之看花局"。由此可以看出浙江牡丹在宋朝初年栽培的繁盛，"殆不减洛中"。南宋王十朋《会稽三赋·风俗赋》（约1158年）记述会稽"甲第名园，奇葩异香，牡丹如洛"。王氏还有《次韵濮十太尉咏知宗牡丹七绝》诗，提到濮十太尉"甲第名园冠绍兴"。

苏轼《〈牡丹记〉叙》记载他于熙宁五年（1072年）3月23日和杭州太守沈立"观花于吉祥寺僧守璘之圃，圃中花千朵，其品以百计"。苏轼指出吉祥寺为"钱塘花最盛处"。苏轼另有十余首诗记述他在杭州附近寺院赏牡丹并以牡丹花作礼品的情境。

南宋定都临安（今杭州），从而大大促进了临安及其周边地区牡丹的发展。临安取代洛阳、陈州成为全国栽培中心，江南牡丹发展到一个高峰。当时临安郊区的马塍养花业发达，每年暮春3月，牡丹和其他花卉一道叫卖于市。《武林旧事》描绘了淳熙六年（1179年）3月，宋孝宗到御苑赏牡丹之盛况，"如姚、魏、御衣黄、照殿红之类，几千朵。别以银箔间贴大斛，分种数千百窠，分列四面……"

越中一带记载牡丹栽培的地方，除了会稽、临安，还有桐乡、诸暨、天台、金华等地。例如，南宋著名诗人陈与义有描写桐乡青墩溪畔的《牡丹》诗；王十朋有咏牡丹诗句"今日苎萝山下魂，犹向人间吐妖艳"。"苎萝山下魂"，即指"西施魂"。西施为春秋末年越国苎萝人，苎萝在今浙江诸暨县南。据《嘉定赤城志》记，牡丹"今天台最著"，嘉定为宋宁宗年号（1208～1224年），赤诚为浙江旧台州府的别称。姜特立的《赋赤松金宣义十月牡丹二首》提到赤松牡丹10月开花，赤松山在今浙江省金华市北。

---

① 马端临（1254～1323年），著有《文献通考》。

（2）吴中的牡丹。这一时期吴中地区的牡丹以苏州最具代表性。宋吴曾《能改斋漫录》卷十五载有李述《庆历花品》（1045 年），其中记述了吴地牡丹品种 42 个。北宋末年，苏州"朱勔家圃在阊门内，植牡丹数千万本，以缯彩为幕，弥覆其上，每花身饰金为牌，记其名"；南宋龚明之《中吴纪闻》（1182 年）也记载朱勔家"盘门内有园几个，植牡丹数千本……如是者数里，园夫畦子，艺精种植"。范成大在《石湖居士诗集》中有 20 余首牡丹诗，其中《与至先兄游诸园看牡丹，三日行遍》，写作者与其兄长游赏苏州城内外观赏牡丹，三天才赏遍各园牡丹，可见当时苏州牡丹栽培之盛。

两宋时期吴中一带栽培牡丹的地方还有金陵（今南京）、维扬（今扬州）、松江（今属上海）、西溪（今泰州）、仪真（今仪征）、常州、润州（今镇江及周边地区）、江阴等地，这些地方牡丹均有诗文记载。1100 年苏轼到常州太平寺观牡丹，并诗一首"武林千叶照观空，别后湖山几信风。自笑眼花红绿眩，还将白首看鞓红"；范成大《玉麟堂会诸司观牡丹酴醿三绝》中描写在金陵观赏牡丹的感受；潘阆《维扬秋日牡丹因寄六合县尉郭承范》和张耒的《与潘仲达》诗记载了扬州牡丹；杨万里《和张倅子仪送鞓红魏紫崇宁红醉西施四种牡丹二首》中有"洛花移种到松江，国色天香内家妆"的诗句。吕夷简、范仲淹和刘仲尹先后都有咏西溪牡丹诗，丘浚有《仪真太守召看牡丹》，苏轼有《游太平寺净土院观牡丹》诗。

（3）皖南、赣北等地的牡丹。宋时皖南栽培牡丹的地区有池州（今贵池一带）、黟县、歙县（古亦称徽州）、绩溪及黄山周边等。范仲淹（989 ~ 1052 年）《依韵酬池州钱绮翁》诗，"况在江南佳丽地，重阳犹见牡丹红"。附注有"鄱阳牡丹有四时开者"。李纲（1083 ~ 1140 年）《黟歙道中士人献牡丹千叶面有盈尺者为赋此诗》中记载有"今夕何夕见粲者，颇类寿安千叶红"。杨万里（1127 ~ 1206 年）《咏绩溪道中牡丹二首》记述了当地的两个优秀品种。

赣北地区栽培牡丹的地区有南昌、鄱阳、德安、上饶、铅山、吉水等地。《花木考》载：宋高宗绍兴二十一年（1151 年），饶州鄱阳县民间篱竹间生重萼牡丹。南宋著名词人辛弃疾有十一首牡丹词，写他归隐上饶带湖（1182 ~ 1192 年）时在家"雪楼赏牡丹"，隐居铅山瓢泉（1194 ~ 1202 年）时邻居"祝良显家牡丹一本百朵"。诗人杨万里辞官赋闲在家（今吉水）（1190 ~ 1205 年）期间，曾有"天下花王绝世无，侬家移得洛徽苏。花头每朵一千叶，亲手前春五百株。"的诗句。

皖南和赣北的牡丹栽培品种、规模虽均不及苏浙两地，但也足见牡丹在江南地区栽培范围之广。

随着南宋的衰落，江南牡丹也逐渐衰落。《文献通考》载："民贫至骨，种花之风遂绝。何今昔之异耶？其故有二：一者镜湖为田，岁多不登；二者和买土著，数倍常赋。势不得不贫也"。遗憾的是，宋朝《越中牡丹花品》和《吴中花品》所载品种大多未能保存下来。

1.1.4 元朝时期

元朝（1279～1368 年）时，中原牡丹发展陷入低潮，江南牡丹的发展也受一定影响，虽已无宋朝繁盛，但依旧保留了种花赏花的风俗。元·陆友仁《吴中旧事》记述"吴俗好花与洛中不异，其地土亦宜花，古称长洲茂苑，以苑目之，盖有由矣。吴中花木不可殚述，而独牡丹芍药为好尚之最，而牡丹尤贵重焉。旧窝居诸王皆种花……习以成风矣。至谷雨为花开之候，置酒招宾就坛，多以小青盖或青幕覆之，以障风日。父老犹能言者，不问亲疏，谓之看花局。今之风俗虽不如旧，然大概赏花则为宾客之集矣。"《吴顺镇江志》（1332 年）、《吴正昆山志》（1341 年）、《吴正金陵志》（1344 年）也都记述了这一带栽培和欣赏牡丹的地方，其中昆山有植洛花数百者。江苏盐城的枯枝牡丹尤其有名，相传为元末明初下元亨亲手栽植。

1.1.5 明清时期

（1）皖东南的牡丹。皖东南一带的牡丹主要分布在宁国、铜陵、繁昌、巢湖等地。其中，药用牡丹栽培较多。安徽《巢县志》、《无为县志》均记载当地盛产白牡丹；清道光六年《繁昌县志》（1826 年增修）中也曾记载繁昌当时广栽牡丹。

在观赏牡丹方面，也有很多文字记载。清同治年间《宁国县志》记载："牡丹五十余种，见花谱，宁国所产甚多，旧府志以黄白为贵，近年白者甚多，以正赤为佳，得此花必赖人工莳艺。"清嘉庆（1549 年）《宁国府志》卷一《花属》记载"牡丹有大红、浅红、紫、白四种，宁国士大夫家颇有，予近于儒家学西斋盛赏之。"1936 年编《宁国县志》亦载："宁国蟠龙素产牡丹，以黄白为贵，襄土人运往广东，价重洛阳。洪杨乱后，所产甚稀。"宁国牡丹在清咸丰年间达到鼎盛，其盛景甚至超过了山东曹州（今菏泽）。因此，当时的宁国牡丹获得了"北有洛阳、南有宁国"之美誉。

（2）湖南的牡丹。明清时期，湖南牡丹栽培范围极广，观赏牡丹和药用牡丹栽培几乎遍及全省。清康熙《湖广通志》、清乾隆《湖南通志》等全省性的地方志，清康熙《辰州府志》、清乾隆《长沙府志》、《宝庆府志》、《乾州志》、《岳州府志》、清嘉庆《湖南直隶桂阳州志》等地区性的地方志以及清康熙《新修宁乡县志》、清乾隆《溆浦县志》、《黔阳县志》、《湘阴县志》、《芷江县志》、清嘉庆《永顺县志》、清同治《龙山县志》、《新化县志》等县级地方志中都有所记载。

当时在湖南形成了包括吉首、张家界、常德等地的湘西北和怀化、邵阳等地的湘西南两个观赏栽培中心区。明嘉靖《常德府志》载："（境）产牡丹……有千叶及红、紫、白数种。郡人竞植之，然不能如北方及云南之盛"。清康熙《新修宁乡县志》载："牡丹……谱色类极繁，五色千叶，朱紫、鹅黄仅见，惟醉杨妃、单台紫处处有之"；清乾隆《芷江县志》载："牡丹，邑中多植玉楼春"；清道光《晃州厅志》（今新晃县）

载："厅产牡丹，有白、粉红、紫红各种，多植玉楼春"。以上均反映了当地牡丹的栽培非常之普遍。

除了观赏牡丹外，在湖南还有大面积的药用牡丹栽培。明嘉靖《衡州府志》记载："丹皮，各州县具出"。清朝以后栽培更为普遍，康熙《湖广通志》记载的丹皮主要产区在宝庆府、辰州府、郴州府、永州府、沅州府、衡州府；清乾隆《湖南通志》记载，当时大部分府县都产丹皮；清道光《湖南方物志》记载的丹皮主产区在宝庆府和衡州府。清乾隆《宝庆府志》、《祁阳县志》、清同治《江华县志》等记载了当时药用牡丹有红、白两种的情况。

1.1.6　民国时期

民国期间（1912～1949年），随着抗日战争的爆发，江南地区的牡丹继清末又一次急剧减少，江南品种所剩无几。

上海黄园是上海当时最大的私营花木种苗场，其收集的牡丹在民国时期颇为有名。黄园创建于1909年，很早就收集到苏杭的古牡丹与品种牡丹数百种。1934年，收购徐家汇徐姓花农的芍药砧牡丹数百株，有四五十种。1937年，黄园又从日本引进法国品种'金阁'、'金晃'、'金阳'、'金帝'等黄牡丹杂交品种。黄园先后收集的中国各种牡丹品种曾达到400余种。在抗日战争期间，黄园频繁迁址，良种损失颇多。

1914年建园的上海中山公园，建园初始就把牡丹作为了四大花卉之一来培育，园中建有牡丹园，至今仍有牡丹种植。

南京中山陵园花圃，据记载当时有牡丹700余株，其中一部分是中山陵园花圃章守玉技师于1928年从日本引进60余个品种，后来又引入'金阁'等法国品种，抗日战争爆发后，中山陵牡丹全部被毁。

1.2　当代江南牡丹的栽培现状

1949年以后至改革开放，由于历史原因，牡丹并无大的发展。改革开放以来，随着经济的持续高速增长，江南牡丹的栽培再度兴起，发展迅速。目前江南地区牡丹的主要栽培地在上海，浙江杭州，安徽铜陵和宁国，江苏盐城、南京、常熟、苏州，湖北武汉和湖南长沙、邵阳等地。其中，上海为江南观赏牡丹应用最为广泛的地区，宁国为江南传统品种的栽培繁殖中心，而铜陵则是药用'凤丹'的栽培中心。

1）上海的牡丹

目前，上海牡丹的栽培和展示，较为著名的观赏点，有上海植物园、漕溪公园、长风公园、中山公园、古猗园等十多处。这些牡丹观赏点中，以上海植物园收集的品种最为丰富。

图 1-2　上海植物园牡丹园

图 1-3　上海漕溪公园牡丹园

图 1-4　上海康健园的牡丹

上海植物园 1981 年开始重建牡丹园（图 1-2），先从洛阳、菏泽等地引种中原牡丹，后又引种日本、法国、美国牡丹品种，近 10 多年还培育了一批新品种，现品种已达到了 100 多个。其中包括'凤丹'系列、'玉楼春'、'玉楼'、'西施'、'玫红'等江南传统品种 10 多个，'赵粉'、'洛阳红'、'首案红'、'金桂飘香'等中原品种 40 多个，西南品种'太平红'、西北品种'书生捧墨'、'紫蝶迎风'等。还有'太阳'、'天衣'、'岛锦'、'花王'、'八重樱'等日本品种 40 多个，以及欧美牡丹品种'金阁'、'金鵄'、'海黄'等。

漕溪公园中（图 1-3）的牡丹品种有 60 余个，包括'凤丹'系列、'昌红'、'呼红'、'西施'等江南传统品种，一些中原品种和'八重樱'、'八束狮子'等日本品种。

浦东牡丹园是展示牡丹品种和生产春节牡丹盆花的专类园，从洛阳先后引种牡丹品种数量达到了 200 个，展示品种保持在 80 个左右，主要是'洛阳红'、'二乔'、'赵粉'、'胡红'、'脂红'、'银红巧对'等，种植面积大、品种多。

但因故迁移后未能恢复。

中山公园和长风公园中的牡丹品种以江南和中原品种为主，品种数量 20～30 个。

古猗园、龙华寺、康健园、醉白池、秋霞圃、豫园等则主要以其留存的江南古牡丹闻名。古猗园五曲廊北边一株已逾百年的重瓣大红牡丹，其周围还搭配了'洛阳红'、'鲁荷红'、'赵粉'等一些中原品种；龙华寺染香楼前种植了牡丹十余株，其中一株冠径达 2m，已成活百年，搭配有'玉楼'、'凤尾'、'呼红'、'昌红'、'玫红'、'西施'

等宁国品种；康健园（图 1-4）有'玫红'、'西施'、'呼红'等宁国品种；秋霞圃有'玉楼春'、'玫红'、'凤丹紫'、紫斑牡丹 4 种；醉白池有一株紫色的宁国品种；桂林公园、豫园植有'凤丹'系列品种。

近年来，在上海浦东、松江和嘉定等地，相继建设规模各异的牡丹园，发展势头颇为迅速。

2）安徽的牡丹

安徽是我国最主要的药用牡丹栽培地。铜陵、宁国是当代江南牡丹的重要栽培中心，对江南牡丹的发展起着重要的作用。

铜陵是江南牡丹品种群的栽培中心，这一地区牡丹的种植约始于晋代，约有 1600 年的历史。我国晋代著名哲学家、医学家葛洪曾在铜陵种植牡丹，其种植的牡丹被后人称为"仙牡丹"。北宋著名政治家盛度在出使西夏时，曾带回数株牡丹进贡，盛度告老还乡时，皇帝赐还所贡牡丹一株。盛度将这株被称作'御苑红'的牡丹带回铜陵故里，并一直流传至今。图 1-5 为铜陵知名的天井湖牡丹园。

铜陵大量药用牡丹种植始于明代永乐年间，主要是在该地东部的凤凰山一带及相邻地区。到了清代，铜陵成为我国牡丹皮的主要产地。铜陵的药用牡丹栽培品种主要有：'凤丹白'、'凤丹粉'、'凤丹紫'、'凤丹玉'、'凤丹星'、'凤丹绫'、'凤丹韵'、'凤白荷'、'凤粉荷'、'凤紫荷'等从'凤丹'中筛选出具观赏性的变异系列；当地园艺栽培品种主要有：'御苑红'及宁国品种。此外，铜陵还引进中原牡丹品种近百种，并已将铜陵县凤凰村建成一个大牡丹园，每年举办'凤丹'牡丹文化节。

宁国牡丹。宁国气候条件与铜陵相近，目前江南牡丹品种多产自该地。宁国牡丹适应江南湿热多雨气候，花大重瓣，色泽浓艳，花期长，名扬江南。宁国牡丹主要分布在宁国市汪溪和南极，有名园天资牡丹大观园、南极牡丹园等，农居多有牡丹种植（图 1-6）。

图 1-5　铜陵天井湖牡丹园

图 1-6　宁国农居前种植的牡丹

　　该地对皖南及赣东北、浙西北部山区牡丹品种多有收集，形成了大红、紫红、粉红和白色四大色系，有牡丹品种12个，包括'轻罗'、'粉莲'、'西施'、'玉楼'、'云芳'、'四旋'、'昌红'、'呼红'、'玫红'、'羽红'、'雀好'、'凤尾'。

　　目前，安徽在原有药用牡丹栽培的基础上，大力发展油用牡丹，正向规模化、产业化转型。

　　3）浙江的牡丹

　　（1）杭州牡丹。杭州牡丹种植始于唐朝中叶。南宋迁都临安，杭州牡丹随之兴盛。当代的杭州牡丹，以花港观鱼牡丹园享誉盛名（图1-7）。该牡丹园占地面积1.1hm^2，有'玉楼春'、'徽紫'、'大白紫平头'、'粉妆楼'、'紫重楼'等地方品种，以及'太阳'、'初鸟'、'玉芙蓉'等日本品种。

　　（2）慈溪牡丹。这里是近年来才开始发展的，其基础是在余姚县河姆渡遗址附近发现了百年以上的牡丹，称'黑楼紫'。该花初开墨紫色，盛开紫红色，皇冠台阁型。其生长势强，萌蘖枝多，品质高。在慈溪一带表现出较强的适应性，耐高温高湿以及较高的土壤含水量。其根系较浅，但长度可达1m。该品种应是江南遗存的古老品种，具有较好的应用前景。

　　4）江苏的牡丹

　　（1）苏州牡丹。其栽培从宋代开始繁盛，明清时期亦相当盛行。最为人称道的是牡丹与园林景观的巧妙结合，以及其灵活多变和立意独特的应用手法。牡丹在苏州古

图1-7　杭州花港观鱼牡丹园

图 1-8　苏州拙政园牡丹

图 1-9　苏州留园牡丹

典园林构景中占有重要的地位，在造景中常常用歌咏牡丹的名篇来立意。

　　如网师园露华馆，用李白《清平调词》三章之一的"云想衣裳花想容，春风拂槛露华浓"的千古绝唱立意；拙政园中的绣绮亭，亭在黄石假山之顶，牡丹国色天香、芳艳绝美，芍药绿萼红苞、香清品高，景色优美如绣绮，其造景就是取意唐杜甫"绮绣相辗转，琳琅愈青荧"诗句（图 1-8）。在苏州园林中还筑有古雅的牡丹台，如留园有明代的牡丹台，上面雕刻精美的动物图案，古朴可爱（图 1-9）。

　　（2）盐城牡丹。古镇便仓位于盐城南郊 24km，范公堤西侧。镇中的枯枝牡丹园占地 10.06 亩[①]，种植牡丹千余株，其中尤以西侧的枯枝牡丹最引人注目。由于花开之时往往叶片很小而花朵艳丽，而被称之为枯枝牡丹。这里的枯枝牡丹历经沧桑，大多数在抗日战争时期遭破坏而流失。目前，盐城牡丹主要品种有'盐城红'（又称为'紫袍'）和'盐城粉'两个。

① 1 亩≈667m²，下同。

5）湘鄂的牡丹

近年来，湖北、湖南等地也在发展观赏牡丹。湖北武汉建有东湖牡丹园，绝大部分品种由菏泽引进。但他们注重土壤改良，加强日常管理与保护，大部分品种仍得以保存下来，并形成良好的规模效应，这种做法值得重视。

湖南长沙先是王陵公园，然后是湖南森林植物园，从湖南西北部的永顺一带引进不少地方品种和古牡丹，同时搭配由湖南中南部邵阳县等地引进的'凤丹'和'香丹'建立牡丹园，通过不断总结经验并加强管理，也取得初步成效。

1.3 江南地区在中国牡丹发展进程中的地位与作用

1.3.1 江南牡丹发展的经济、文化背景

长江中下游地区虽然气候土壤条件存在着制约牡丹发展的因素，但从中唐开始牡丹观赏栽培以来，江南牡丹仍然在顽强地发展着。从现有的文献资料看，入宋以后，江南牡丹也有过相当繁荣的时期，从品种培育与引进，到栽培观赏乃至风俗习尚，都可以与中原比肩。经元明清几个朝代，虽然随着时局变化、朝代更迭等，中间有过曲折和反复，但一待时局稳定，恢复起来比较快。从总体上看，江南牡丹有着明显的地域特色，是中国牡丹大家庭中的重要成员。

江南牡丹发展有着坚实的经济文化与社会方面的基础。长江下游古称吴越之地，早在春秋战国时期，吴越经济就有了长足发展，但总体上落后于中原。魏晋南北朝时期，随着北方向南移民的增加，中国经济重心开始南移。中唐以后，北方战乱不断，经济遭受严重破坏，而南方却保持了相对的稳定。五代时期的南唐和吴越国，都注重经济发展，从而赶上甚至超越了北方。南宋时期，长江流域完全取代了黄河流域的地位。当时有"苏湖熟，天下足"，"上有天堂，下有苏杭"的称谓，就是对这种优势地位的肯定。随着这一带农业、手工业和商业的高度发展，大批城市崛起，并先后出现了苏州、杭州、南京（时称金陵）等商贾云集、文人荟萃、园林密布的大都会，以苏州—杭州为南北轴的文化中心，取代了以开封—洛阳为东西轴的文化中心。这就是宋代江南牡丹得以繁盛的重要历史背景。而唐宋时期中国牡丹栽培与观赏中心的转移，即唐时盛于长安，北宋时盛于洛阳，南宋时盛于苏杭，也与当时经济文化中心的转移相契合，江南地区在中国牡丹发展的历史进程中发挥了重要作用。

1.3.2 江南地区在中国牡丹发展史上的重要贡献

1）中国首部牡丹谱录出自江南

人们熟知欧阳修《洛阳牡丹记》，但少有人知道，早于欧氏48年，即公元986年，

僧人释仲休（亦作仲林、仲殊）就写下了中国第一部牡丹谱，即《越中牡丹花品》。释仲休的《越中牡丹花品》现仅存序言，全文如下。

越之所好尚惟牡丹，其绝丽者三十二种。始乎郡斋，豪家名族，梵宇道宫，池台水榭，植之无间。来赏花者，不间（问）亲疏，谓之看花局。泽国此月多有轻云微雨，谓之养花天。里语曰："弹琴种花，陪酒陪歌。"丙戌岁八月十五移花日序。

这篇序言虽短，却蕴含着丰富的历史文化信息：一是越人爱好牡丹，当时的品种有 32 个；二是种植规模可观；三是赏花气氛和谐，民风淳朴；四是泽国水乡牡丹花开时，天气也很和美，"看花局"、"养花天"、"移花日"几个词都有丰富内涵。

释仲休的《越中牡丹花品》的记述亦为会稽地方志的记载所佐证。《嘉泰会稽志》卷十七《木部·牡丹》条："吴越时钱传为会稽，喜栽植牡丹，其盛若菜畦，其成丛列树者，颜色葩房，率皆绝异，时人号为花精。会稽光孝观有牡丹，亦甚异，其尤者名'醉西施'。熙宁间程给事公辟镇越，尝领客赏焉，公与坐客皆赋诗刻石观中，诗存而花亡。曹娥庙前牡丹二株亦不凡，岁单叶而着花至数百苞至今存。"另《宝庆会稽续志》卷四《鸟兽草木·花》亦载："牡丹自吴越盛于会稽，刹人尤好植之。"吴越国王钱俶治国有方，后归顺宋朝。百姓安居乐业，牡丹得以持续发展。

2）牡丹在中国审美文化史上的重要贡献

与唐宋时期中国牡丹栽培与观赏热潮的两度兴盛和繁荣相呼应，中国牡丹审美文化也得到了长足的发展，并在南宋时期的江南地区得到不断深化而趋于成熟。牡丹审美文化的发展是中国牡丹和牡丹文学、牡丹文化发展史上具有重要意义的事情。

如前所述，江南牡丹观赏栽培始于中唐，及至北宋，这一带很快就伴随着中原牡丹的发展步伐，掀起了又一轮牡丹的观赏热潮。北宋时期，牡丹栽培与玩赏活动较之唐代有了许多新的特点：一是牡丹栽培与观赏中心由长安转移到了洛阳；二是人们对牡丹喜爱的热情更加高涨，牡丹玩赏活动趋于平民化、常态化和制度化；三是人们对牡丹的关注上升到了学术和思想的层面。前者以欧阳修的《洛阳牡丹记》为代表，后者以理学家邵雍的牡丹诗作为代表。这一时期，江南一带，如杭州等地赏牡丹的热情似不减洛阳，前述僧人仲休《越中牡丹花品》序言及苏轼为杭州太守沈立《牡丹记》所作序言都是重要例证。

由于赵宋王朝坚持"崇文抑武"、"守内虚外"的理念，一方面对内加强专制主义的集权统治，利用理学观念抑制人们的思想和行动，比以往任何时候都更加强调道德理性、伦理秩序、纲常名教的绝对权威；对外则保守、妥协、退让，比以往任何一个帝国都显得文弱而不堪一击！北宋后期，东北地区女真迅速崛起，建立金政权。1127 年，金人趁灭辽之机，撕毁了宋金盟约而大举南侵，破京都，掠徽钦二帝北去，北宋宣告灭亡，这就是历史上有名的"靖康之变"！

靖康之变后，随着金人南侵，宋室南渡，牡丹主产区落入金人之手，遭到严重破坏，牡丹栽培与观赏活动随之停歇。以后，宋金议和，南北对峙格局形成。南宋偏安江南，几十年中政治相对稳定，经济得到一定发展，沉寂多年的牡丹栽培与玩赏活动又开始进入人们的日常生活。南宋宫廷和群众性赏玩活动虽然没有北宋时期那样规模宏大、盛极一时的场面，但文人士大夫种牡丹、赏牡丹的活动仍然兴盛。爱国词人陆游、辛弃疾等都亲自参加牡丹的种植活动，并写下不少诗词畅叙他们在自家园地种植牡丹的欢愉，念念不忘收复北国大好河山的壮志豪情。例如，陆游《栽牡丹》："携锄庭下斸苍苔，墨紫鞓红手自栽。老子龙锺逾八十，死前犹见几回开？"又《赏山园牡丹有感》诗：

"雒阳牡丹面径尺，鄜畤牡丹高丈余。
世间尤物有如此，恨我总角东吴居。
俗人用意苦局促，目所未见辄谓无。
周汉故都亦岂远，安得尺箠驱群胡！"

前一首《栽牡丹》诗表达了一位八十岁的老人对美好事物的追求和对生活的热爱。后一首诗人由家乡（陆游家乡山阴为今浙江绍兴）的牡丹回想起洛阳、长安（即"周汉故都"所指）和鄜畤（今陕北富县一带）牡丹，而这些生产牡丹的地方早已陷入敌手，作者不由得"安得尺箠驱群胡"，时刻不忘收复祖国大好河山。

当然，南宋牡丹赏玩活动也有极尽奢华的。宋周密《齐东野语》（卷七）中就记述了士大夫在张镃私家园林中赏花的情景：

"张镃功甫，号约斋，循忠烈王诸孙，能诗，一时名士大夫，莫不交游。其园池声妓服玩之丽甲天下。尝于南湖园作驾宵亭于四古松间，以巨铁絙悬之半空而羁之松身。当风月清夜，与客梯登之，飘摇云表，真有挟飞仙溯紫清之意。王简卿侍郎尝赴其牡丹会云。众宾既集，坐一虚堂，寂无所有。俄文左右云：'香已发未？'答云：'已发。'命卷帘，则异香自内出，郁然满座，群妓以酒肴丝竹，次第而至。别有名姬十辈，皆衣白，凡首饰衣领皆牡丹。首带照殿红一枝，执板奏歌逍遥，歌罢乐作，乃退。复垂帘谈论自如。良久香起，复卷帘如前，别十姬易服与花而出。大抵簪白花则衣紫，紫花则衣鹅黄，黄花则衣红，如是十杯，衣与花凡十易。所讴者皆前辈牡丹名词。酒竟，歌者、乐者无虑数百十人。列行送客，烛光香雾，歌吹杂作，客皆恍然如仙游也。"

值得注意的是，南宋士人对牡丹赏玩活动热情未减，但他们这种欣赏牡丹的活动都有着特定的历史背景，这就是中原沦陷，北宋灭亡的现实！人们对往昔美好的追忆，对沦入异族之手的中原故土的思念，对山河破碎，国破家亡惨痛经历的反思等，与牡丹欣赏活动紧密地联系在一起，在他们的心目中，牡丹即洛阳，即中原，即国家。在他们创作的牡丹诗词中，各种悲痛、思念之情以及由此引发的爱国主义情怀，是最重要的主题，并且这种思想感情，已不再局限于个人的升沉荣辱，而是上升到国家民族层面，牡丹形象也因之被提升到象征国家命运、民族精神的高度！这在中国花卉文化史、中国审美文化史上都有着重要的意义。今天，当我们提到牡丹是国家繁荣昌盛的象征，牡丹文化包含着深刻的爱国主义情愫时，就可以深刻体会到，牡丹身上所具有的这种特定的文化象征意蕴，不是在太平时期、鼎盛时期所凝成的，而是在国家民族处于危急关头的特定时期，在南宋文人士大夫对往昔繁荣昌盛岁月的回忆与反思中逐渐凝聚而成的（李嘉珏，2009；路成文，2011）！深入总结这一段历史，对我们今天弘扬牡丹文化仍具有重要的现实意义。

3）在牡丹栽培技术上的贡献

江南地区对中国牡丹发展的另一个重要贡献是牡丹栽培技术的改进和提高。

江南地处亚热带中北部，气候湿热，土壤黏重，对牡丹生长多有不利。但千百年来，江南牡丹仍能得到发展，形成鲜明的地域特色，并且是目前国内保有古牡丹数量最多的地区之一。这种情况的出现，与江南一带爱好牡丹富贵大气的习俗，与民间牡丹爱好者注意钻研栽培技术有关。从宋至明清，江南地区逐渐培育、筛选出一批适应江南风土条件的品种，并总结了一套相应的栽培技术。根据计楠《牡丹谱》及其他谱录所记，这套技术以精细栽植为核心，有以下几个要点。

（1）地点选择：好的小气候条件，利于排水的土壤和地形，可以挡西晒等。

（2）选择品种：以当地品种为主，适当选择外来适生品种。

（3）精细栽植：注意移栽季节与细致操作（根系拌药消毒，顺坡摆放，用手拍实，延迟浇水）。

（4）精心管理：夏季遮阴，合理调制水肥，掌握好浇灌时间。

（5）繁殖方法：用芍药根嫁接以提高品种的适应性等。

近代以来，上海作为中外牡丹科技与文化交流的一个窗口，在促进国内外牡丹品种与技术交流方面也发挥了重要作用。

1.4　江南牡丹发展展望

牡丹在江南地区有着悠久的栽培历史，自唐宋到明清，在国强民富的年代，江南牡丹兴盛，在寺院、官府、皇家园林、私家园林和民间广为种植和应用。近来，随着我国国民经济持续、快速的发展，牡丹在江南地区逐步复苏，其栽培应用日益广泛。回眸北京奥运会的国宴中是牡丹，上海世博会国庆迎宾是牡丹，可见牡丹于国于民之重。振兴中华实现中国梦，彰显繁荣富强，国色天香的牡丹理应担当，江南牡丹自有责任，系其天职。

但江南牡丹品种群在品种资源、栽培繁殖技术尤其在发展规模等方面都远远落后于中原和西北，这与江南地区的经济地位很不相称。究其原因，自然地理气候特征是很重要的影响因素。长江中下游雨水多、土壤黏性大、地下水位高、夏季炎热，这些因素都不利于牡丹的生长和繁殖，也限制了牡丹在江南地区的应用。其次是江南地区适生的牡丹种质资源严重匮乏，外来的牡丹品种难以长期适应。因此，要发展江南牡丹，首先要培育出能真正适应江南地区地理气候特征、具有较高观赏价值足以担当得起"国色天香"美誉的牡丹品种，并大力推广应用。其次，要摸索适应江南气候土壤条件的栽培技术，如堆土高种，增加土壤的透气性和排水能力；适当遮阴使牡丹在生长旺季时有相对较低的环境温度，以增强牡丹的适应性，等等。

值得欣喜的是，自 2011 年'凤丹'种子油被列为新资源食品以来，原来在江南以药用栽培为主的'凤丹'有了突飞猛进的发展，且江南牡丹从原来观赏方面的发展劣势，一跃成为油用资源的优势，江南牡丹在国家战略产业的生态发展上，遇到了千载难逢的良机。以'凤丹'为主的牡丹，将成为集观赏、药用和油用三位为一体的战略性新资源植物。那么，今后牡丹的研究和创新，将集中在这三个方面的新品种和新技术开发上，如高适应性的观赏品种、高功效的药用品种和高出油率的油用品种的育种，以及高效的栽培新技术和相关的采后新技术的开发等。可以想见的是，在这些目标实现之后，江南牡丹将在中国现代牡丹产业发展中写下浓墨重彩的一笔。

第 2 章

江南牡丹的种质资源

在中国牡丹发展的历史进程中，江南牡丹曾发挥了重要的作用。据考证，这一带曾有野生牡丹广为分布，历史上也存在一定的品种资源。但近现代以来，该区域野生牡丹资源几乎被破坏殆尽，品种资源流失严重。因此，如何进一步掌握和保护现有种质资源，是一个很值得进一步研究的课题。20世纪90年代的研究表明，在河南洛阳南部杨山发现的杨山牡丹（*Peaonia ostii*）可能是江南地区牡丹，特别是'凤丹'的野生祖先种，而在安徽巢湖银屏山野生的银屏牡丹也被确认为杨山牡丹，这些研究对于江南牡丹乃至中国牡丹发展都具重要的意义。同时，调查发现，在鄂西的保康、神农架以及湘西北永顺一带，还留存着一些宝贵的野生牡丹资源，因其产地气候条件与华东有很大的相似性，因而这些资源对江南适生品种的选育具有很高的利用价值。

种质资源包括野生牡丹资源、栽培品种资源，也包括历代保存下来的古牡丹资源。本章以介绍江南野生资源为主，也介绍了江南各地的古牡丹资源。

2.1 野生资源

江南一带牡丹野生资源主要分布在鄂西北、湘西北，以及皖中南一带，种类以杨山牡丹为主，次为紫斑牡丹与卵叶牡丹，现分述如下。

2.1.1 杨山牡丹

1. 形态特征和分类地位

1）形态特征

杨山牡丹（*Paeonia ostii* T. Hong et J. X. Zhang）是1980年10月由张家勋在河南嵩县杨山海拔1209m处发现，1992年由洪涛、张家勋等在《植物研究》上发表新种，其主模式标本存于中国林科院树木室。

杨山牡丹高约1.5m，枝皮褐灰色，有纵纹。一年生新枝长达20cm，浅黄绿色，具浅纵槽。二回羽状5小叶复叶，小叶多达15片，窄卵状披针形、窄长卵形，长5～10cm，宽2～4cm，先端渐尖，基部楔形，圆或近平截，全缘，通常不裂，顶生小叶有时1～3裂，上面近基部沿中脉疏被粗毛，下面无毛，侧脉4～7对，侧生小叶近无柄，稀具柄，小叶柄长达6mm。花单生枝顶，花径12.5～13cm；苞片卵状披针形、椭圆状披针形或窄长卵形，长3～5.5cm，宽0.5～1.5cm，下面无毛；萼片三角状、卵圆形或宽椭圆形，长2.7～3.1cm，宽1.4～1.8cm，先端尾尖；花瓣11片，白色，倒卵形，长5.5～6.5cm，宽3.8～5cm，先端凹缺，基部楔形，内面下部及基部有淡紫红色晕；雄蕊多数，花药黄色。花丝暗紫红色；花盘暗紫红色；心皮5个，密被粗丝毛，柱头暗紫红色。蓇葖果5，长2～3.2cm，密被褐灰色粗硬丝毛。种子长0.8～1cm，黑色，有光泽，无毛。在江南地区花期4月上中旬（图2-1）。

2）分类地位

按照 Stern（1946）牡丹分类系统关于肉质花盘亚组和革质花盘亚组的描述，杨山牡丹应与四川牡丹、紫斑牡丹、矮牡丹、卵叶牡丹和牡丹（*Paeonia suffruticosa*）同属于革质花盘亚组。

形态学证据分析的结果表明，革质花盘亚组中矮牡丹与卵叶牡丹关系较近，杨山牡丹与紫斑牡丹亲缘关系较近，四川牡丹与其他各种的亲缘关系都较远。

近年来分子生物学发展迅猛，邹喻苹等（1999）应用 RAPD 技术分析了矮牡丹（稷山、永济、延安居群）、紫斑牡丹（天水、略阳、太白山居群）、杨山牡丹（宝天曼居群）、卵叶牡丹（神农架、保康居群）、四川牡丹（理县、金川居群）、滇牡丹（林芝、丽江、昆明居群）和大花黄牡丹（米林居群）共 7 种 15 个居群的 59 个样品，分析结果表明每个种的所有个体都能各自聚为一支，7 个种能很好地分开。林启冰、赵宣等对 *Adh1A*、*Adh1B* 和

图 2-1　杨山牡丹，下为模式图
1. 花；2. 花瓣；3. 萼片；4. 苞片；5. 花枝羽状复叶；6. 二回羽状复叶

Adh2 基因以及 *GPAT* 基因和叶绿体基因（*trnS-trnG* 和 *rpsl6-trnQ*）的序列分析结果表明，在革质花盘亚组中四川牡丹和紫斑牡丹关系密切，卵叶牡丹和矮牡丹关系密切，银屏牡丹与杨山牡丹关系密切，且后两个分支为姐妹群。综合各方面的研究结果，卵叶牡丹和矮牡丹亲缘关系接近，其次为杨山牡丹、紫斑牡丹和四川牡丹。

2. 资源调查

（1）文献调查

杨山牡丹模式植株 1980 年由张家勋从河南嵩县杨山引种到郑州，并在该植株上

采集了模式标本。洪涛、洪德元教授等先后在郑州见到了采集模式标本的植株。据张家勋调查，该种在河南嵩县杨山有野生，但 1994 年和 1997 年洪德元两次去嵩县杨山都未找到。1999 年，洪德元报道在河南卢氏县发现了真正野生的类型。

根据中国科学院植物所标本馆馆藏标本及相关文献报道（表 2-1），杨山牡丹主要分布地有河南的嵩县（杨山）、西峡县、卢氏县、内乡县，湖南的龙山县，陕西的留坝县（张良庙），安徽的黄山、巢湖以及湖北的保康等地。

表 2-1　文献报道的杨山牡丹分布地

编号	地点	分布地生境	标本采集人
1	河南嵩县杨山	海拔 1200m，山坡灌丛	郑州航空航天工业管理学院，1990；T. Hong，905010
2	河南卢氏县	灌丛，野生	洪德元、潘开玉，H98005（PE）
3	河南宝天曼	海拔 1370m	洪德元，97011
4	河南西峡县	林下，海拔 1600m	邱均专，1988
5	河南嵩县九龙洞等	山坡，海拔 1150m	贾怀玉，1994
6	安徽南陵丫山	野生，海拔 200～250m	沈保安，1984
7	安徽宁国市板桥乡	悬崖边，海拔 600m	沈保安，1997
8	安徽铜陵县凤凰山	海拔 200～280m，山坡路旁	沈保安，1984
9	安徽巢湖银屏山	悬崖	沈保安，2001；洪德元，1998
10	甘肃两当县林业局	栽培	洪涛，1991
11	湖北保康县寺坪镇	农家附近采集	周志钦，1997
12	湖南龙山县	海拔 1409m，灌丛	张家勋，1982
13	陕西眉县太白山	海拔 1000m，栽培	洪涛，1989
14	陕西留坝县张良庙	灌丛，野生	支富仓，1988
15	陕西黄陵轩辕黄帝庙	栽培	洪德元，1997
16	陕西宝鸡市植物园	栽培	洪涛，1992
17	重庆市垫江县	栽培	刘正中，2004

（2）产区实地调查

从 1992 年该种正式发表以来寻找杨山牡丹野生资源的工作就一直继续着，并陆续取得成果，不过，在野外发现的居群大多有明显人为干扰痕迹，有的似为‘凤丹’逸生。英国学者 Haw（2000）推测，很可能杨山牡丹以前在野外普遍存在，但因过度采挖，使得野生牡丹很难找到。例如，1993 年当新闻中报道了牛栏山有野生牡丹后，一家国有医药公司立即在当地收购了 15 000kg 野生丹皮，这意味着至少 15 000 株牡丹被破坏掉。

因此，对杨山牡丹可能分布地区的调查研究对资源的保护利用意义重大。近年来，上海江南牡丹研究团队等单位先后对河南嵩县、内乡宝天曼、辉县关山，安徽巢湖银屏山、铜陵、亳州，湖北保康，湖南长沙，甘肃两当 5 个省的杨山牡丹野生和栽培居群的地理分布和生境再次进行了实地调查，分析、总结了杨山牡丹种质资源在中国的可能分布地区及其分布特点，为科学保护和利用现有杨山牡丹种质资源，培育新品种，以及扩大江南牡丹栽培和应用范围等提供了依据（王佳，2009）。调查结果见表 2-2。相关情况说明如下。

表 2-2　上海杨山牡丹资源实地调查信息

编号	地点	纬度	经度	海拔 /m	备注
1	河南宝天曼小猴沟	33°31'49.9"	111°54'10.3"	1025	野生
2	河南新乡市获嘉县	35°07'40.7"	113°41'44.3"	79	栽培 *
3	河南辉县关山地质公园	35°33'37.0"	113°32'48.9"	901	野生 / 栽培
4	河南嵩县木植街乡石磴坪	33°34'33°54'	111°47'112°15'	1400	栽培
5	安徽巢湖银屏山风景区	31°30'09.4"	117°47'14.9"	282	野生
6	安徽铜陵凤凰山	31°52'29.9"	118°01'49.0"	67	栽培
7	安徽亳州十九里	33°47'44.8"	115°46'53.5"	61	栽培
8	湖北保康县横冲药材场	31°43'09.6"	111°07'14.5"	1742	野生 / 栽培
9	湖北保康和平乡云起山	31°27'00.6"	111°16'09.1"	1165	栽培
10	湖北保康县政府	31°52'25.6"	111°15'24.0"	326	栽培
11	湖南长沙王陵公园	28°12'53.1"	112°56'47.4"	43	栽培
12	甘肃两当县张家乡两当桥村	34°07'92.7"	106°33'09.0"	1472	栽培
13	湖南湘西永顺县柏松镇	29°09'50.37"	109°45'1.87"	553	栽培
14	湖南邵阳县郦家坪	27°18'46.95	111°51'48.20"	278	栽培

* 获嘉杨山牡丹是 1994 年从郑州航空航天工业管理学院珍稀树木园移栽的杨山牡丹模式植株。

图 2-2　河南获嘉杨山牡丹

获嘉杨山牡丹。虽然河南嵩县杨山是杨山牡丹模式植株的发现地，但目前文献记载中的地方已经很难找到。原杨山牡丹模式植株栽植在郑州航空航天工业管理学院珍稀树木园，该园因学校建设，现已不复存在。当时树木园内的杨山牡丹于 1994 年移栽到新乡市获嘉县赵氏苗圃（图 2-2）。目前，嵩县杨山野生牡丹也很难找到，但在河南嵩县木植街乡石磙坪村的农家庭院里，发现了两株从山中移回、株龄超过 30 年的植株。

河南内乡宝天曼杨山牡丹。位于内乡县宝天曼牡珠流村小猴沟（图 2-3），生长于海拔 1000 多米的山上，发现两个居群：一个居群分布在陡峭山体的南坡，生境自然，野生的可能性较大；另一生境为 20 世纪六七十年代遗留下来的耕种过的梯田，人为栽培的可能性大。

河南辉县的杨山牡丹与'凤丹'。关山位于辉县市关山国家地质公园，太行山南麓，杨山牡丹分布于关山景区内七里坡村附近，西南坡向，海拔 1000 ～ 1100m，林下全阴至半阴环境（图 2-4）。该处牡丹都在人为开垦的耕地上生长，在附近山坡上只找到两株生长于石缝间的植株，但无法肯定是否野生。西南坡山茱萸林下集中分布一个居

图 2-3　河南内乡宝天曼杨山牡丹

图 2-4　河南辉县杨山牡丹

图 2-5　安徽巢湖银屏牡丹

图 2-6　湖北保康杨山牡丹居群　　　　　图 2-7　保康县政府大院杨山牡丹

群，周围有分散单株，结实较多，生长势一般。

安徽巢湖银屏牡丹。巢湖银屏牡丹是以往有记载且为最古老的野生杨山牡丹，生长在银屏山悬崖峭壁之上，贫瘠石罅之中，距离地面 50m 左右。如果以北宋欧阳修诗《仙人洞看花》为证，则银屏牡丹已有千年沧桑（图 2-5）。

安徽各地的'凤丹'。铜陵凤凰山和亳州市郊、南陵丫山等地有大面积药用'凤丹'的种植。

湖北保康杨山牡丹。湖北保康杨山牡丹，位于保康南部，分布于马良镇和平乡云起山，海拔 909 ～ 1165m。后坪镇横冲药材场位于保康中部，分布的野生杨山牡丹是30 年前保康林业局高级工程师戴振伦发现的，现在仍有 4 株生长于石缝间（图 2-6）。其中 2 株主干较粗，附近的山顶有一个居群，林下全阴或半阴环境，30 株，其中能开花的 17 株，周围有更新苗，因常年生长于郁闭的环境，植株长势弱，甚者不开花，严重影响居群生存。保康县政府大院里有一株龄较大的杨山牡丹（图 2-7），据称来自保康县龙坪镇山区。

湖南的杨山牡丹与'凤丹'。湖南长沙王陵公园 2007 年从湘西永顺和邵阳郦家坪镇引种的当地牡丹（图 2-8）。其中 4 株牡丹引自湘西永顺柏松镇农民家中，有 2 株株龄在 800 年以上：一株高 3m，花色浅粉，多 15 片小叶，全缘；一株花白色，有斑。另有一株株龄据称有 180 年，花色纯白，小叶多 15 片。邵阳是湖南药用牡丹栽培主产区，当地称为'凡丹'。从外观形态上'凡丹'与'凤丹'并无差别。2004 年，湖南省林科院侯伯鑫教授在湘西永顺县松柏镇羊峰山海拔 980m 天然林中发现过野生杨山牡丹。永顺松柏镇农家庭院有不少大龄古牡丹，据当地居民介绍，均为其先人早年从羊峰山上挖下来的。

甘肃两当的杨山牡丹。甘肃两当县张家乡两当桥村月家沟，发现 2 株栽植在农家庭院中的杨山牡丹，系农民从当地山上采挖的野生牡丹。

（3）杨山牡丹分布地生境特点

根据调查结果，杨山牡丹水平分布范围为北纬 28°12'53.1" ～ 35°33'37.0"，东经

图 2-8　湖南长沙王陵公园移植的杨山牡丹

106°33'090" ～ 118°01'49.0"，垂直分布是海拔 901 ～ 1742m，生于山坡灌丛或疏林下略带酸性的山地棕壤中。

目前查明的野生杨山牡丹呈狭长的带状分布（北纬 28° ～ 31°，东经 110° 左右），从南到北依次为湖南西北部、湖北西部、河南西南部。从地形图上看，从南到北为武陵山系、荆山山系、秦岭山脉东段的伏牛山。

栽培的杨山牡丹（'凤丹'）水平分布范围很广，主要集中分布于黄河以南、长江以北的中部地带。从西到东分别是甘肃省、陕西省、河南省、安徽省，从北到南是河南省、湖北省、重庆市、湖南省。此外，浙江省中北部也有。从整个中国牡丹资源分布来看，杨山牡丹主要集中于中原牡丹品种群和江南牡丹品种群分布范围内。药用'凤丹'分布于安徽铜陵、亳州、南陵、青阳、泾县，浙江东阳，湖南邵阳、邵东、祁阳、祁东、桂阳，重庆垫江和四川彭州等地。观赏'凤丹'主要分布于山东菏泽、河南洛阳和北京等地。

杨山牡丹分布于亚热带到暖温带气候区，其分布地的生境特点如表 2-3 所示。影响牡丹生长的环境生态因子主要有温度、水分、光照、土壤等，分布区的年均气温 11.3 ～ 16.2℃，极端最高温度 41.5℃，极端最低温度 –18.3℃。可见，杨山牡丹是喜温植物，对高温和低温有一定的耐受力。自然分布区降水量一般为 589 ～ 1400mm。光照对牡丹生长影响较大，在林下全阴的环境中，长势很差。在中性或微酸、微碱的土壤上都可以生长，在瘠薄的土壤中长势较弱。

（4）'凤丹'与杨山牡丹、银屏牡丹的关系

'凤丹'和杨山牡丹、银屏牡丹三者之间的关系如何确定，在一段时间内一直都

表2-3　杨山牡丹分布地生境特点

地点	气候类型	土壤类型	植被类型
河南宝天曼	北亚热带向南温暖带过渡地段，年平均气温14.6℃，极端高温35℃，夏季平均气温比附近地区低5～10℃	黄棕壤	鹅耳枥、槲栎、猕猴桃、核桃、香椿、山茱萸、乌头、唐松草、鸢尾
河南关山	暖温带大陆性季风型气候。年均气温12～14℃，极端最高温41.5℃，极端最低温−18.3℃，年均降水量589.1mm	以棕壤为主，呈中性偏酸，pH 6.5～7.0，厚度一般在30cm以上，有机质较多	泡桐、黄连木、灯台树、山茱萸、荚蒾、胡枝子、唐松草、紫菀、葎草、铁线莲、紫苏等
河南杨山	暖温带大陆性气候。年平均气温约12℃，极端最低温−6.3℃，极端最高温32.8℃。年平均降水量661mm	山地棕壤，兼有褐土及黄褐土类，呈中性及微酸性	垂直分布带谱明显，油松、栓皮栎、茅栗、山杨、漆树、槲栎、椴树等
安徽银屏山	北亚热带湿润季风气候。年平均气温15.7~16.1℃，极端最高温40.2℃，极端最低温−11.3℃；年降水量1000～1158mm	—	—
安徽凤凰山	年平均气温16.1℃，极端高温40.2℃，极端最低温−11.9℃；年降水量1300～1400mm	—	—
湖北保康	北亚热带大陆性季风气候。年平均气温低山15℃，半高山12℃，高山7℃。极端最高温42℃，极端最低温−16.5℃。年降水量934.6mm	以黄棕壤为主。绝大部分土壤呈弱酸性至中性	麻栎、楸树、槲栎、湖北枫杨、短柄枹栎、山茱萸、胡枝子、溲疏、野棉花、橐吾、玉簪
湖南永顺	亚热带季风性湿润气候，年平均气温16.4℃，平均降水量1357mm	—	—
甘肃两当	暖温带气候。年平均气温11.3℃，平均降水量630mm	—	—

有争论。杨山牡丹于1992年由洪涛、张家勋等在《植物研究》上发表新种，因在河南嵩县杨山上发现，故定名为杨山牡丹。由于"凤丹"在中药界已是很熟悉的名字，故而洪德元等1999年建议将杨山牡丹（*P.ostii*）改名为'凤丹'，并随即在其著作中加以应用。但是张定成等有关专家则认为，'凤丹'是安徽省铜陵凤凰山和南陵丫山多年作为中药栽培的植物，如果将野生种也称'凤丹'，容易混淆不清。其他学者也持相同观点，由于两个叫法都有应用，造成了该种名称上的混乱。

　　本书尊重江南牡丹千年文化的传承，尊重探究江南牡丹遗传资源的诸位先行者，将野生种称为杨山牡丹，其栽培品种称为'凤丹'。

　　杨山牡丹与'凤丹'。牡丹药用首见于我国最早的药物学专著《神农本草经》，距今大约2000年。该书草本下部记载："牡丹，味辛寒。主治寒热中风，瘛疭痉等。一名鹿韭，一名鼠姑。生山谷"。但杨山牡丹何时入药却无法考证，李时珍(1518～1593年)《本草纲目·草部》第十四卷牡丹条，引《名医别录》[①]说："牡丹生巴郡山谷及汉中"；

---

　　①《名医别录》，旧传为南朝梁陶弘景撰，原书已佚。陶弘景(456～536年)南朝宋梁间医药学家，秣陵（今江苏南京）人，隐居于今江苏句容之茅山，精通医药。

引陶弘景说："今东间亦有色赤者"；又引北宋苏颂（1020～1101年）《本草图经》说："今丹、延、青、越、滁、和州山中皆有……此当是山牡丹"。据沈保安根据唐代《四声本草》考证，今铜陵县凤凰山和南陵县丫山在唐代均为宣州辖境，认为早在1000多年前的唐代宣州曾有过野生药用牡丹分布，说明隋唐以前江南的湖北、安徽、浙江一带是有野生牡丹分布的，其中应包含了杨山牡丹。

关于'凤丹'的栽培，在《铜陵县志》古迹篇中有所记载："仙牡丹，长山石窦中有白牡丹一株，高尺余，花开二三枝，素艳绝麇，相传为葛洪所种。"其中所述"仙牡丹"的性状类似'凤丹白'。葛洪为东晋人，曾在铜陵种杏炼丹。明代李时珍在《本草纲目》指出"牡丹唯取红、白单瓣者入药，其千叶异品，皆人巧所致，气味不纯，不可用"。结合上文所引文献，推测杨山牡丹自古野生分布较广，主要作药用，但还未大规模药用栽培。

明代以后，'凤丹'作为药用被大量种植。安徽铜陵大量种植牡丹始于明代永乐年间，从湖州引进，在铜陵东部凤凰山一带作集中连片栽培。到了清代，铜陵药用牡丹的种植已具相当规模，成为我国牡丹皮的主要产地之一。铜陵药用牡丹主产区凤凰山系金沙土质，气候条件好，所产丹皮质量上乘，因而特称为"凤丹"。当地凤凰山以外地区所产丹皮则被称为"连丹"。

另外安徽宁国以及湖南各地也有大量关于'凤丹'栽培的记载。明嘉靖《衡州府志》记载："丹皮，各州县具出。"清乾隆《祁阳县志》、《宝庆府志》记载有药用白牡丹栽培。由此可见，杨山牡丹因其药用价值，存在年代久远。目前，杨山牡丹的古牡丹极少，可能主要因其根部药用和观赏价值不如栽培品种，多被挖根取药，少有作为观赏长期栽培。安徽《巢县志》、《无为县志》均有出产白牡丹的记载。明嘉靖《宁国县志》记载宁国土产："牡丹有大红，浅红，紫，白四种，宁国士大夫家颇有，予近于儒学西斋盛赏之。"从明清时代安徽、湖南等地开始大规模种植牡丹来看，应该是当时野生的牡丹资源已经比较稀少，不能满足需求，于是开始人工种植。通过以上分析，也可推测杨山牡丹为自然野生种，而'凤丹'是在一定栽培条件下形成的栽培品种。

在20世纪六七十年代，我国曾经在全国范围内推广丹皮的种植，使'凤丹'得到广泛传播，各地出现了许多药材种植场，但是后来又大多被废弃。在这些产区附近发现野生状态的居群，都有可能是'凤丹'逸生。在湖北保康县海拔1065m（北纬31°27'32.5"，东经111°16'24.3"）和海拔909m（北纬31°28'16.1"，东经111°16'02.9"）的湖北保康云起山农户家中发现有杨山牡丹的栽培，据称都是多年前从云起山上移栽的，但在山上并没有找到野生植株，而保康之前也是有药用牡丹栽培的。其他如河南宝天曼、关山等发现的杨山牡丹居群多是人为开垦的地方，而且曾经有药材种植。因此来自于栽培牡丹的可能性更大。不过，从实际调查情况看，宝天曼应存在野生居群。

杨山牡丹作为新种发表于 1992 年。模式标本描述的杨山牡丹,花瓣白色,倒卵形,腹部及基部有淡紫红色晕。但模式标本并非采自野外的植株,而是移栽后的植株。目前模式植株已经在发表地流失,杨山上也没有找到野生植株。但近年来西北农林科技大学等单位先后在秦岭北坡及南坡发现杨山牡丹居群(张延龙等,2014)。2016 年 5 月,李嘉珏考察了陕西眉县太白山的杨山牡丹,查看了西北农林科技大学和杨凌金山农业科技公司引种的杨山牡丹。再从安徽巢湖银屏山野生杨山牡丹植株判断,我们认为杨山牡丹的原种是存在的,没有必要再就此争论。

银屏牡丹与杨山牡丹。相传已有千年的安徽巢湖银屏山牡丹,在分类上的地位曾经有过争议。近年来的研究表明,银屏牡丹应为杨山牡丹的一员,并且是真正意义上的野生杨山牡丹。

1998 年,洪德元曾经将安徽巢湖的这株牡丹和河南嵩县木植街乡石磙坪村乡村教师家中一株牡丹一起定名为牡丹新亚种——银屏牡丹(*Paeonia suffruticosa* Andrews subsp. *yinpingmudan* Hong, K. Y. Pan et Z. W. Xie),并且认为"银屏牡丹"是现有栽培牡丹唯一的野生亲本。此后相当长一段时间内,银屏牡丹成为牡丹系统发育和分类研究中一个重要成员。但是,银屏牡丹发表时依据的模式标本是从当地农民处获得,并不完整,只有一片叶子和数枚花瓣!

2001 年,沈保安修订牡丹组药用植物的分类,将巢湖银屏牡丹提升为种 *Paeonia yinpingmudan*(D. Y. Hong, K. Y. Pan et Z. W. Xie)B. A. Shen,同时认为河南嵩县那株牡丹与巢湖银屏牡丹相似,定为银屏牡丹的一个亚种。后者主要特点在于花单瓣,淡紫色。

2005 年,洪德元再次通过标本对比,强调银屏牡丹为栽培牡丹的野生种,并说明两者在叶型、小叶数量、叶片缺刻等表型的不同。周志钦利用 PAUP 计算机程序分别构建了建立在 25 个形态学性状基础上的所有牡丹研究类群的距离树(UPGMA、NJ)和最大简约树(MP),银屏牡丹与牡丹 *P. suffruticosa* 都聚为一支,支持银屏牡丹作为牡丹 *P. suffruticosa* 野生原种的观点。

2006 年,Haw 经过实地观察,发现银屏山悬崖上的那株牡丹小叶数为 11,而不是 9,从而对银屏牡丹作为牡丹 *P. suffruticosa* 野生原种提出质疑,认为银屏牡丹实际上和杨山牡丹是相同的种。

然而,分子生物学研究的证据从一开始就支持银屏牡丹属于杨山牡丹。三磷酸甘油酸酰基转移酶(GPAT)基因的 PCR-RFLP 和序列分析,显示银屏牡丹与杨山牡丹有非常近的关系;对牡丹组 7 个种 10 个野生居群共 10 份样品的全部 *Adh 1A*、*Adh 1B* 和 *Adh 2* 基因进行测序分析,可以明显地看到巢湖银屏牡丹和'凤丹'有更近的亲缘关系,而(嵩县)银屏牡丹和卵叶牡丹两个种间有紧密关系;细胞核基因(*Adh2*、*GPAT* 等)和叶绿体基因(*trnS-trnG*、*rps16-trnQ*)的 DNA 序列以及形态性状的进一步分析，结果也表明巢湖银屏牡丹与'凤丹'关系密切。

2007 年，洪德元等又对安徽巢湖银屏牡丹做了近距离调查，发现银屏牡丹下部小叶数为 13，卵圆形，或长卵圆形，近全缘，花白色，花丝、花盘紫色，与杨山牡丹（*P.ostii*）并无显著差别，从而在形态证据上确认了巢湖银屏牡丹属于杨山牡丹的分类学地位。

因此，根据已有的分子生物学和形态学研究结果，洪德元认为银屏牡丹 *Paeonia suffruticosa* ssp. *yinpingmudan* 作为新亚种发表时所依据的两份标本实为两个实体，而产自安徽巢湖的植株实为 *P.ostii* 的成员，产自河南嵩县的植株实为一个新分类群。这就是说所谓"银屏牡丹"，即 *P. suffruticosa* ssp.*yinpingmudan*，实为杨山牡丹 *P. ostii* 的异名。

3. 遗传多样性分析

一个物种的遗传多样性水平高低和其群体遗传结构是长期进化的结果，并将影响其未来的生存与发展，因此了解物种的遗传多样性有助于进一步探讨其进化的历史和适应潜力，并为物种资源的保护与利用提供指导。当种群变小，且遗传多样性降低时，会导致物种的适应能力下降，生态适应幅度变窄，种群间基因交流减少，易受遗传漂变影响，也导致种群内近交衰退。对杨山牡丹居群遗传多样性的研究，有利于更好地保护和利用这一牡丹资源。

上海江南牡丹研究团队先后研究了我国主要地区的杨山牡丹居群，并基于形态学、孢粉学和分子生物学标记等对杨山牡丹居群的遗传多样性进行了分析（王佳，2009）。

1）基于形态学标记的遗传多样性

选择安徽、河南、湖北、湖南 10 个杨山牡丹 *P. ostii* 居群的 15 个代表样品作为考察对象（表 2-4），测量了这些样品的 33 个形态学指标（表略），并进行遗传多样性分析。居群名称根据具体形态特征进行了区分：栽培性状明显，生长地为农用地的划为'凤丹'，野生性状明显的划为杨山牡丹。

用 SHAN 程序中的 UPGMA 方法进行聚类分析，并通过 Tree plot 模块生成聚类图。其中，对个体进行 Q 型聚类，对形态指标进行 R 型聚类。其形态性状指标 R 型聚类结果显示，杨山牡丹各居群间形态学差别较小，33 个指标中有差异的只有 13 个。而且这些有差异的指标主要是叶部形态性状指标，花部性状指标差异很小。

居群间系统发育关系的聚类结果如图 2-9 所示，相似系数的变异范围很小，不同居群在表型上的遗传差异较小。在相似系数为 0.10 时，10 个居群的形态表型被分为 3 组，一组为亳州凤丹居群、洛阳凤丹居群和横冲杨山居群，一组为宝天曼凤丹 1 居群，其余为第三组。在相似系数为 0.03 时，关山凤丹居群与铜陵凤丹居群聚在一起，表明关山居群与安徽铜陵居群遗传距离最近。

湖北保康的横冲居群和云起山居群（居群 1 和居群 2 分别为云起山的山顶和半山腰）聚为一类，再与宝天曼杨山居群聚为一类。从地理关系上来看，湖北保康与河南

表2-4　杨山牡丹居群样品信息

样品名称	分布地点
亳州凤丹	安徽亳州十九里
洛阳凤丹	河南洛阳国家牡丹园
湖南杨山'800'	湖南长沙
湖南杨山	湖南长沙（移植于湘西永顺）
湖南杨山'180'	湖南长沙
关山凤丹	河南辉县关山
横冲杨山	湖北保康横冲药材场
云起山杨山1	湖北保康云起山
云起山杨山2	湖北保康云起山
宝天曼凤丹1	河南内乡宝天曼
宝天曼凤丹2	河南内乡宝天曼
宝天曼杨山	河南内乡宝天曼
获嘉杨山	河南获嘉（移植于嵩县杨山）
铜陵凤丹	安徽铜陵凤凰山
邵阳凤丹	湖南邵阳郦家坪

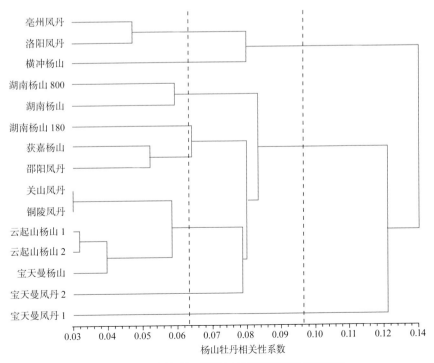

图2-9　基于形态表型分析的不同杨山牡丹居群亲缘关系聚类图

内乡宝天曼地理距离最近，推测两居群亲缘关系较近。河南获嘉杨山居群与湖南邵阳凤丹居群、湖南杨山居群聚为一组，推测有着较近的亲缘关系。由于湖南杨山居群引自湘西永顺一带，获嘉杨山居群移自河南嵩县杨山，两者均为发表杨山牡丹的记载地。

需要指出的是，由于不同的性状对相同的生境因子或同一性状对不同的生境因子影响的反应是不同的，这既与遗传因素有关，也与环境饰变有关。因此，利用形态学指标研究遗传多样性存在一定局限性。

2）基于孢粉学标记的遗传多样性

植物的花粉和孢子，同其他的生殖器官一样较少受环境的影响，其形态属于比较稳定的性状。因此，花粉形态可以在一定程度上较客观地反映种间亲缘和进化关系。

扫描电镜下观察不同居群杨山牡丹的花粉，其形态呈两侧对称，花粉粒长球形，少数近球形。赤道面观为椭圆形至长椭圆形，极面观为三裂圆形。具三拟孔沟，有沟膜，沟中部宽，向两端逐渐变窄。极轴长 39.181～49.800μm，赤道轴长 19.104～25.271μm，P/E（极轴长/赤道轴长）值为 1.614～2.497。脊宽 0.447～0.652μm，穿孔最大直径为 0.501～0.927μm。花粉两极大部分为圆弧形，少数为平截形，个别花粉粒两极性状不同，16 个居群样品的花粉形态特征值见表 2-5。

各居群表面纹饰网纹有差别，主要有穴状、穴网状、网状和粗网状等类型。网眼为不规则多边形至近圆形，大小不一。其中较为典型的几种花粉纹饰如图 2-10 所示。

Q 型聚类结果显示在图 2-11 中，在遗传距离 0.09 时，杨山牡丹居群分为两大组，

表 2-5　不同居群 *P. ostii* 和其他样品的花粉形态特征值

居群	形状	大小 极轴长×赤道轴长 （μm×μm）	极轴长/ 赤道轴长 （P/E）	纹饰			
				脊宽/μm	穿孔直径/μm	穿孔直径/脊 宽（D/J）	类型
1 获嘉杨山	长球	43.548×22.247	1.957	0.549	0.683×0.509	1.245	网状
2 关山凤丹	长球	39.181×25.271	1.614	0.638	0.656×0.421	1.027	穴网状
3 亳州凤丹	长球	44.215×21.532	2.053	0.590	0.839×0.563	1.423	网状
4 铜陵凤丹	长球	47.711×19.104	2.497	0.605	0.489×0.382	0.808	穴状
5 洛阳凤丹	长球	42.796×22.044	1.941	0.447	0.927×0.524	2.071	粗网状
6 宝天曼凤丹	长球	43.235×22.789	1.897	0.616	0.78×0.592	1.265	网状
7 宝天曼杨山	长球	44.788×23.525	1.904	0.652	0.691×0.453	1.059	网状
8 横冲杨山	长椭圆	49.800×22.341	2.229	0.501	0.501×0.322	1.000	穴网状
9 云起山杨山	长球	41.279×22.854	1.806	0.531	0.529×0.402	0.996	穴状
10 邵阳凤丹	长球	47.107×22.652	2.080	0.636	0.689×0.477	1.083	网状
11 湖南杨山'180'	长球	43.616×22.713	1.920	0.613	0.758×0.567	1.237	网状
12 湖南杨山'800'	长球	44.054×20.840	2.114	0.789	0.705×0.465	0.894	穴状

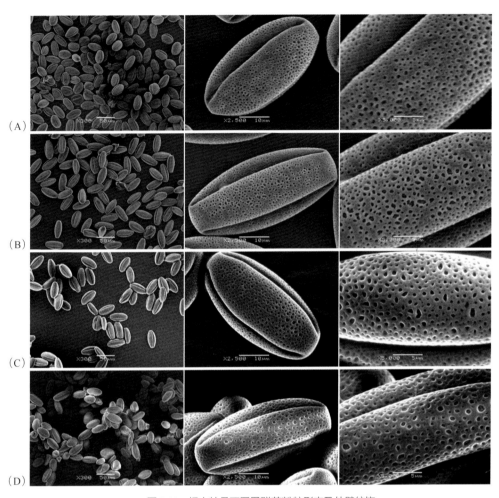

图 2-10　杨山牡丹不同居群花粉粒形态及外壁纹饰
（A）洛阳凤丹，粗网状纹饰；（B）横冲杨山，穴网状纹饰；（C）邵阳凤丹，网状纹饰；（D）湖南杨山，穴状纹饰

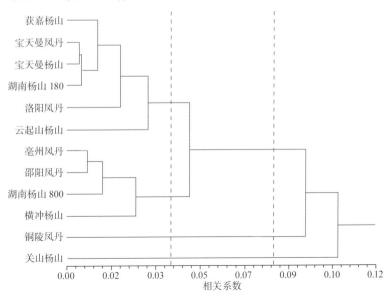

图 2-11　基于孢粉学标记的杨山牡丹不同居群亲缘关系聚类图

关山居群为第一组，其余为第二组。在遗传距离0.05时，又分为三大组，铜陵居群为第一组，亳州居群、邵阳居群、湖南800和横冲居群聚为第二组，推测它们之间具有较近的亲缘关系，其他为第三组。

因此，不同杨山牡丹居群花粉形态在大小、形状、网眼形态、外壁纹饰等方面都具有较大的差别，说明杨山牡丹不同居群间具有较高的遗传多样性。

3）基于AFLP标记的遗传多样性

扩增片段长度多态性（amplified fragment length polymorphism，AFLP）是基于PCR技术来扩增基

表2-6 杨山牡丹不同居群的样品信息

居群	分布地点
保康杨山	湖北保康县政府
云起山杨山	湖北保康和平乡云起山
横冲杨山	湖北保康县横冲药材场
后坪杨山	湖北保康后坪镇九池村
洛阳凤丹	河南洛阳国家牡丹园
亳州凤丹	安徽亳州十九里
宝天曼杨山	河南宝天曼小猴沟
关山凤丹	河南辉县关山七里坡村
邵阳凤丹	湖南邵阳郦家坪
铜陵凤丹	安徽铜陵凤凰山
获嘉杨山	河南新乡市获嘉县
两当凤丹	甘肃两当县张家乡
嵩县杨山	河南嵩县木植街乡石磙坪
银屏杨山	安徽巢湖银屏山风景区
湖南杨山	湖南长沙王陵公园（移植于湘西永顺）

因组DNA限制性片段的分子生物学分析方法。由于AFLP扩增可使某一样品出现特定的DNA谱带，因此这种DNA的多态性可以作为一种分子标记应用于不同杨山牡丹居群的亲缘关系分析。

应用9对 *Eco*RI/*Mse*I 引物组合，对表2-6中不同杨山牡丹居群的199个样品进行AFLP多态性分析。9个多态性引物组合在70～500bp内共扩增出967条带，平均每对引物组合扩增出96.7条带，多态性条带902条，多态性条带百分率93.23%（表2-7）。

表2-7 杨山牡丹不同居群样品的AFLP引物选择性扩增条带数

编号	引物组合	扩增总带数	共有带数	多态性条带数	多态性条带百分率/%
1	AAC/CAA	128	12	116	90.63
2	AAC/CAC	84	10	74	88.09
3	AAC/CAG	126	5	121	96.03
4	ACA/CAA	98	2	96	97.96
5	ACT/CAA	96	6	90	93.75
6	ACC/CAA	130	8	122	93.85
7	ACG/CAA	131	10	121	92.37
8	AGC/CAC	112	8	104	92.86
9	AGC/CAG	62	4	58	93.55

　　对 15 个居群的遗传多样性统计分析结果见表 2-8，结果显示杨山牡丹在物种水平上，总的多态性条带百分率（P）为 93.23%、基因多样性指数（H）为 0.3376、香农指数（I）为 0.5042，而在居群水平上平均遗传多样性水平则较低（P=57.70%、H=0.1961、I=0.2946）。

　　运用 Popgene 软件分析杨山牡丹不同居群的遗传结构，结果显示杨山牡丹总遗传多样性 Ht=0.3373，居群内的遗传多样性 Hs=0.1961，居群间的基因分化系数 Gst=0.4185，基因流 Nm=0.6947（表 2-9）。Gst 值为 0～1，当一个物种的居群间几乎没有分化而个体差异主要存在于居群内时其值接近于 0，反之则接近于 1，杨山牡丹 Gst 值为 0.4185，说明其遗传多样性 41.85% 存在于居群间，58.15% 存在于居群内，即其遗传结构变异主要存在于居群内，但是各居群间的遗传分化也较大。居群间的基

表 2-8　基于 AFLP 标记的杨山牡丹不同居群遗传多样性

居群	样本大小	等位基因数	有效等位基因数	基因多样性指数	香农指数	多态性条带数	多态性条带百分率 /%
保康杨山	1	1	1	0	0	0	0
云起山杨山	30	1.9300 ± 0.2555	1.6387 ± 0.2911	0.3662 ± 0.1363	0.5377 ± 0.1810	899	92.97
横冲杨山	20	1.8475 ± 0.3600	1.5476 ± 0.3311	0.3187 ± 0.1677	0.4721 ± 0.2320	819	84.69
后坪杨山	11	1.8000 ± 0.4005	1.5125 ± 0.3678	0.2941 ± 0.1870	0.4355 ± 0.2583	773	79.94
洛阳凤丹	20	1.6950 ± 0.4610	1.3406 ± 0.3622	0.2038 ± 0.1894	0.3131 ± 0.2658	672	69.49
亳州凤丹	15	1.8075 ± 0.3948	1.3842 ± 0.3333	0.2364 ± 0.1743	0.3660 ± 0.2418	780	80.66
宝天曼杨山	30	1.8025 ± 0.3986	1.3559 ± 0.3420	0.2178 ± 0.1801	0.3386 ± 0.2499	776	80.25
关山凤丹	20	1.8775 ± 0.3283	1.5236 ± 0.3453	0.3050 ± 0.1737	0.4554 ± 0.2349	848	87.69
邵阳凤丹	14	1.6550 ± 0.4760	1.3582 ± 0.3676	0.2116 ± 0.1953	0.3204 ± 0.2757	633	65.46
铜陵凤丹	15	1.7675 ± 0.4230	1.4148 ± 0.3713	0.2440 ± 0.1906	0.3699 ± 0.2628	742	76.73
获嘉杨山	15	1.6975 ± 0.4599	1.3586 ± 0.3509	0.2171 ± 0.1850	0.3330 ± 0.2613	674	69.70
两当凤丹	2	1.2725 ± 0.4458	1.1927 ± 0.3152	0.1129 ± 0.1847	0.1648 ± 0.2696	263	27.20
嵩县杨山	2	1.2575 ± 0.4378	1.1821 ± 0.3096	0.1067 ± 0.1813	0.1557 ± 0.2648	249	25.75
银屏杨山	1	1	1	0	0	0	0
湖南杨山	3	1.2600 ± 0.4392	1.1838 ± 0.3105	0.1077 ± 0.1819	0.1572 ± 0.2656	251	25.97
Average	13.27	1.5780 ± 0.3520	1.3329 ± 0.2932	0.1961 ± 0.1552	0.2946 ± 0.2176	558	57.70
All loci	199	1.9450 ± 0.2283	1.5762 ± 0.3097	0.3376 ± 0.1453	0.5042 ± 0.1883	967	93.23

表 2-9　杨山牡丹不同居群的基因分化系数

位点	总遗传多样性	居群内的遗传多样性	居群间的基因分化系数	基因流
平均值	0.3373	0.1961	0.4185	0.6947
标准差	0.0225	0.0080		

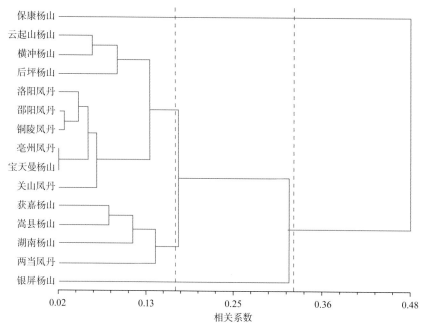

图 2-12　基于 AFLP 标记的杨山牡丹不同居群亲缘关系聚类图

因流 Nm 值小于 1，说明居群间的基因交流较少。

居群间的聚类结果显示（图 2-12），在遗传距离 0.15 的位置，13 个居群分为两大组。一组为获嘉杨山、河南嵩县、湖南杨山、甘肃两当 4 个居群，其中获嘉杨山和河南嵩县杨山居群亲缘关系较近。另一组在遗传距离 0.13 时，又分为两小组。分别为保康的 3 个居群为一小组，洛阳凤丹、邵阳凤丹、铜陵凤丹、亳州凤丹、宝天曼杨山、关山杨山等居群为另一小组。其中亳州凤丹居群与宝天曼杨山居群遗传距离最近，遗传距离为 0.02。

因此，虽然不同居群杨山牡丹的形态差异较小，但综合孢粉和分子标记分析表明，杨山牡丹居群间还是具有较高的遗传多样性。

4. 杨山牡丹在牡丹育种中的作用

中原栽培牡丹（*Paeonia suffruticosa*）是多元杂种起源的，以矮牡丹为主，有紫斑牡丹和杨山牡丹等共同参与（李嘉珏，2006；李嘉珏等，2011）。杨山牡丹在中国牡丹品种发展过程中起到了重要作用。

杨山牡丹具有结实率高，抗性和适应性较强以及纯合性较高等特点，这些特点使杨山牡丹成为较好的育种材料，有利于在保持一定观赏品质的前提下，提高牡丹的抗性，从而促进牡丹南移，进一步扩大栽培和应用范围。特别是将杨山牡丹与现有的江南品种、西南品种及其他品种群牡丹品种进行杂交，是培育江南地区适生牡丹品种的重要方法和途径。

2.1.2　紫斑牡丹 *Paeonia rockii* (S. G. Haw et L. A. Lauener) T. Hong et J. J. Li

该种为落叶灌木，茎直立，高 50 ～ 100cm，基部具鳞片状鞘，圆柱形，无毛。茎下部叶为二回羽状复叶，具长柄，轮廓卵圆形，柄上被开展的黄色柔毛，小叶三深裂或全缘，裂片卵状椭圆形或长圆形披针形，先端急尖，表面无毛或近无毛，背粉绿色，上面的二回羽片椭圆状，不分裂；茎上部叶为一回羽状复叶，小羽片与下面叶的二回羽片相似。花单生茎顶，萼片 4，淡黄绿色，

图 2-13　紫斑牡丹

近圆形，花瓣约 10，白色，腹面基部具黑紫色大斑，倒卵圆形。先端截圆形，微有蚀状浅齿；花丝浅黄色；花盘革质，鞘状，黄白色，包被子房，果期开裂成瓣；心皮 5 ～ 8 个，柱形，柱头黄白色，扁平；蓇葖果密被黄色短柔毛，顶端具喙，花期 5 月，果期 7 ～ 8 月（图 2-13）。

分布地为湖北保康县龙坪镇茄子垮和后坪镇分水岭村望佛山，由保康向西的神农架林区也有分布。

该种有两个亚种。在保康及神农架一带分布的野生种为紫斑牡丹原亚种，并且是该亚种分布最靠南的居群。

该种曾以另一个名称于 1994 年发表为紫斑牡丹的新亚种——林氏牡丹（*Paeonia rockii* subsp. *linyanshanii* T. Hong et G. L. Osti）。后来，洪德元认为该文引用模式标本有误，林氏牡丹实为紫斑牡丹（原亚种），因而 *Paeonia rockii* subsp. *linyanshanii* 应为 *Paeonia rockii* subsp. *rockii* 的异名。

紫斑牡丹原亚种保康居群及神农架居群生境条件与江南牡丹的环境条件相对接近，可作为优良育种材料，尤其是花色育种，紫斑中的色斑是后代花色变异的基础；另外，由于该种单朵花期较长，可作为今后超长花期的育种材料。

2.1.3　卵叶牡丹 *Paeonia qiui* Y. L. Pei et D. Y. Hong

该种为落叶灌木，高 60 ～ 80cm，枝皮灰褐色，有纵纹，具根出条。二回三出复叶，小叶 9 片，表面多为紫红色，背面浅绿色，多为卵形或卵圆形，先端钝尖，基部圆形，仅顶部小叶有 2 浅裂或锯齿；花单生顶枝，直径 8 ～ 12cm，花瓣 5 ～ 9 枚，粉色或粉红色；雄蕊 80 ～ 120 个，花丝粉色或粉红色，花药黄色；花盘革质，暗紫红色，全包心皮；心皮 5 个，密被白色或浅黄色柔毛，柱头扁平，翻卷呈耳状，多紫

图 2-14　卵叶牡丹

红色；蓇葖果纺锤形，密被金黄色硬毛；种子卵圆形，黑色有光泽；花期4月下旬至5月下旬，果期7～8月（图2-14）。

该种分布于湖北保康县后坪镇高碑村老虎洞，分布范围较窄，仅见于湖北西北部、河南西南部。近来陕西西南部商南县也有发现。

该种可作为江南牡丹耐湿热的优良育种材料，用于培育低矮型的品种。

2.1.4　湖北保康的野生牡丹

1. 保康野生牡丹的分布特点

保康的野生牡丹资源主要分布在其境内的荆山山脉，分布区域南北长82.5km，东西宽68.5km，面积约5600km²。牡丹资源的分布特点有两个。一是家养的多，野生的少。也就是在农家房前屋后、田间地头分布较多。而栽培植株多从山中移来，起源是野生的。那些生长在野外山林环境中的极少，只有悬崖峭壁、人迹罕至的地方有少量散生植株。二是中山、高山分布多，低海拔地区分布较少。在保康县的龙坪、后坪等地中山、高山靠近天然林的村子中，50%以上的农户房前屋后都有牡丹栽植，而城镇、公路两侧的地方则很少。

2. 关于红斑牡丹与保康牡丹

保康及其周边地区分布的野生牡丹，除杨山牡丹、紫斑牡丹和卵叶牡丹外，洪涛等1997年曾在《植物研究》上发表了红斑牡丹与保康牡丹，其具体描述如下。

1）红斑牡丹（*Paeonia ridleyi*）

收集地为湖北省保康县老鸦山长冲垭。形态特点为：落叶灌木，高约100cm，干皮带褐色有纵纹。二回三出复叶，小叶 9 片，顶生小叶近圆形，顶端 3 裂，基部心形稍圆，下面被毛，脉腋及近基部毛较密，小叶柄长 2 ～ 5cm，微被毛或无毛；侧生小叶卵形或宽卵形。先端尖，基部稍心形或圆形，下面微被毛，沿叶脉及近基部毛较密；花单生枝顶；萼片 5，花瓣 10，粉红色，长 5 ～ 6cm，宽 4.5 ～ 6.5cm，顶端稍圆或近平截，具浅缺裂，基部宽楔形，具放射状紫红色斑块，长约 1.5cm；雄蕊多数，花药黄色，花丝紫红色；花盘暗紫红色，顶部齿裂；心皮 5 个，密被褐白色粗丝毛，柱头暗紫红色；花期 5 月上旬，果期 7 ～ 8 月（图 2-15）。

2）保康牡丹（*Paeonia baokangensis*）

落叶灌木，高 150 ～ 180cm，干皮带灰褐色，有纵纹，二回羽状复叶，小叶 15 片，顶生小叶椭圆形，长 7.5 ～ 9cm，宽 4 ～ 5cm，顶端不裂或 1 ～ 3 裂，基部稍心形或楔形，下面近基部被毛，小叶柄长 1.5 ～ 2cm，微被毛；侧生小叶卵状椭圆形或椭圆形，先端尖，基部圆，稀楔形，下面近基部及沿叶脉被毛，小叶柄近无或长 0.2 ～ 1.2cm，被毛。花单生枝顶，花径约 18cm，苞片 5，萼片 3，花瓣 11，桃红色，顶端凹缺，基部宽楔形，具放射状红斑；雄蕊多数，花药黄色，花丝及花盘淡紫红色；心皮 5 个，密被淡黄白色粗丝毛，柱头暗紫红色，花期 5 月上旬，果期 8 月上旬（图 2-16）。

该种分布于湖北省保康县后坪镇车风沟。

对于红斑牡丹（*Paeonia ridleyi*）和保康牡丹（*Paeonia baokangensis*）的分类地位，专家学者还有不同的意见。这两个种由洪涛等于 1997 年提出，但是洪德元考察后认为所谓的保康牡丹就是在当地老乡引种紫斑牡丹（*P. rockii*）和卵叶牡丹（*P. qiui*）并栽在一起后自然杂交形成的，是其间的一个杂种。而红斑牡丹的模式标本（产地为湖北保康老雅山长冲垭）与卵叶牡丹也没有什么不同的性状（洪德元和潘开玉，1999）。李嘉珏等多次到保康考察，也没有发现过这两个种的野生居群（李嘉珏，2006）。

图 2-15　红斑牡丹

图 2-16　保康牡丹

3. 对保康野生牡丹的初步研究

1）物候观测

对保康野生牡丹的物候变化进行了初步观察，为今后开展杂交育种以及野生牡丹栽培管理等方面提供参考，结果见表2-10。

表2-10　保康野生牡丹的物候期观察

种类	物候期（日/月）								
	萌动	展叶	显蕾	初花	盛花	谢花	花芽形成	种子成熟	落叶期
紫斑牡丹	10/3	29/3	4/4	10/4	16/4	20/5	10/7	10/8	18/10
杨山牡丹	15/3	3/4	7/4	14/4	20/4	4/5	15/7	5/8	10/10
卵叶牡丹	18/3	27/3	12/4	20/4	25/4	2/5	5/7	—	16/10
红斑牡丹	16/3	25/3	5/4	17/4	26/4	10/5	8/7	23/7	20/10
保康牡丹	10/3	24/3	6/4	15/4	24/4	15/5	13/7	30/7	24/10
紫斑牡丹（亚种）	23/3	29/3	8/4	15/4	25/4	5/5	18/7	4/8	29/10

统计结果表明，紫斑牡丹花期最长，可达40天，卵叶牡丹花期最短，仅为12天，其他种花期均为20～30天；紫斑牡丹和保康牡丹芽萌动最早，最晚为紫斑牡丹（全缘叶亚种）；杨山牡丹落叶最早，为每年10月10日，最晚为紫斑牡丹（全缘叶亚种），为每年10月29日。另外，根据多年的记录，每年的物候期不尽一致，但差别不大，其主要影响因素是当年的气温、降雨等气象因子。

2）野生牡丹资源的保护性利用

由于气候和环境条件的变化以及人类活动的影响，目前保康的野生牡丹资源已经处于极度濒危状态。其致濒的主要因素有以下三个方面。

（1）独特的生物学特性

据观察，在天然居群中，野生牡丹实生苗生长缓慢，生长周期长，平均需7年时间才能开花结实。此外，卵叶牡丹、紫斑牡丹在天然居群中开花个体数目少，调查表明，其开花个体仅占14%～50%，并且枝条具隔年开花的特点，开花后胚珠大部分败育，因而野生植株结实率低，种子数量较少，并且萌发率和生根率都很低。

（2）野生牡丹分布分散，居群内个体数目过少

现有野生牡丹居群多呈岛屿状分布，进一步降低了异交率，导致居群遗传多样性水平偏低。野生牡丹居群内较少的个体数目，使得异交率降低，种子生活力下降，形成一种恶性循环，严重限制了种群的发展。

（3）人为破坏

野生牡丹是中药材丹皮的来源。野生牡丹分布区的人们为了获取眼前的经济利益，滥挖牡丹根皮，造成牡丹分布面积和数量减少；另外，由于大面积自然植被的破坏，

图 2-17　保康野生牡丹生境

图 2-18　保康野生牡丹移植后生长状况

如森林的砍伐、火烧和垦殖，过度放牧，以及修路开矿等不同程度地破坏了野生牡丹的生存环境，使它们失去了生长繁殖的空间，导致濒危局面的出现（图 2-17）。

保康县后坪镇詹家坡村曾经有一株"中华牡丹王"，是一株有 100 多年株龄的紫斑牡丹，株高达 2.55m，冠幅 6.65m，开花可达 400 多朵。2006 年，"百岁"牡丹王枯死。由此可见对宝贵的保康野生牡丹种质资源进行抢救性保护的工作迫在眉睫（图 2-18）。

3）保康牡丹的应用前景

湖北保康及神农架一带具有丰富的野生牡丹资源，由于其分布地处于南北牡丹分布的交错地带，具有一定的代表性。保康牡丹对于研究牡丹的群体遗传学及牡丹品种的起源和演化，对于研究植物分类学、群落生态学、植物地理学、植物资源学等方面，都具有重要的科学价值。2004 年 5 月，中国牡丹芍药协会第七届年会就在保康举办。因此，中国科学院植物所、北京林业大学及上海江南牡丹研究团队一直以来都对保康的牡丹资源保持了高度的关注。

另外，保康牡丹的自然杂交群体中，存在着具有较高观赏特性和较高油用价值（结实力强、含油率高）的种质资源，尤其一些个体既具有较高的观赏特征，同时，又具有较高的油用价值。考虑到保康牡丹对江南湿热气候具有较好的适应性，未来保康牡丹具有很好的开发利用前景。

近年来，湖北省有关部门已将'保康紫斑'定为油用牡丹中一个优良品种，在中高海拔适生地区推广。

2.2　古牡丹资源

古牡丹是江南牡丹种质资源的重要组成部分，了解和掌握江南古牡丹的现状，对江南牡丹的保护和利用具有重要意义。

一般将株龄 100 年以上的牡丹称为古牡丹。古牡丹是华夏灿烂而悠久文化的历史见证。江南地区历来多古牡丹，如诗人吴宽在《苏州虎丘昌公精舍看牡丹歌》中说：
"中庭一树丈五高……西斋亦是'玉楼春'，数之二百花色匀"。又《扬州府志》载："吕
文靖守海陵西溪（今江苏省东台城西），手植牡丹一本……岁久繁茂，复地数丈，每
春开数百朵，为海陵奇观"。宋嘉泰年编《会稽县志》，万历年编《会稽县志》，明崇
祯三年陈继儒编撰《松江府志》、明谢肇淛《五杂俎》等都有江南古牡丹的记载。

2.2.1 江南古牡丹的分布

根据文献记载及我们近年来实地考查，江南各地现在还保存的古牡丹有40余株，
集中分布在上海，浙江杭州、金华、建德、嘉兴临海，江苏盐城、常熟、常州，湖南
长沙及湘西永顺等地（表2-11）。这些百年以上的古牡丹能够长期保存下来，说明它
们对江南一带的风土环境有着很强的适应性。古牡丹栽植地环境多样，有寺庙、古典
园林、现代园林、民间宅院等。品种不同，管护条件也有差别，有待进一步研究和总结。

表2-11 江南地区古牡丹分布

序号	地点	品种	种植年代	花色	花型	株数
1	安徽省巢湖银屏山悬崖上	银屏牡丹	1000	白色	单瓣型	1
2	江苏省盐城市便仓枯枝牡丹园	盐城红	770	玫红	单瓣型	10
3	江苏省盐城市便仓枯枝牡丹园	盐城粉	770	粉红	单瓣型	10
4	杭州余杭区普宁寺牡丹园	玉楼春	500	粉色	菊花台阁	3
5	上海奉贤区奉圃工业区吴塘村	粉妆楼	400	粉色	菊花台阁	1
6	上海徐汇区康健园	玉楼春	290	粉色	菊花台阁	1
7	上海徐汇区龙华寺内	玉楼春	160	粉色	菊花台阁	1
8	上海徐汇区漕溪公园	凤丹白	120	白色	单瓣型	8
9	上海松江区醉白池	徽紫	100	紫红	菊花型至蔷薇型	1
10	上海嘉定区古猗园	徽紫	100	紫红	菊花型至蔷薇型	5
11	上海嘉定区古猗园	凤丹白	100	白	单瓣型	1
12	上海嘉定区古猗园	玉楼春	100	粉	台阁型	3
13	浙江省金华市金东区孝顺镇浦口村	黑楼紫	100	紫红	皇冠型	1
14	浙江省金华市金东区孝顺镇浦口村	大富贵	100	紫红	皇冠型	1
15	浙江省金华市金东区孝顺镇浦口村	红芙蓉	100	红紫	菊花型	1
16	浙江省衢州市九华乡寺坞村	红芙蓉	100	红紫	菊花型	1
17	浙江省金华市孝顺镇中柔一村	红芙蓉	270	红紫	菊花型	1
18	浙江省临海市岔路镇柯先村	玉楼春	800	粉	台阁型	1
19	浙江省金华市武义县明皇寺	玉楼春	700	粉	台阁型	1
20	浙江省东阳市湖溪镇	玉楼春	300	粉	台阁型	1

续表

序号	地点	品种	种植年代*	花色	花型	株数
21	浙江省建德市三都镇洋娥村	红芙蓉	200	红紫	菊花型	1
22	浙江省义乌市后宅镇塘下村	玉楼春	200	粉	台阁型	1
23	江西省富安县荷岭镇案上村	红芙蓉	350	红紫	菊花型	1
24	江西省婺源县	玉楼春	200	粉	台阁型	1
25	福建省福鼎市寺庙御赐牡丹	玉楼春	200	粉	台阁型	1
26	福建省霞浦县	玉楼春	300	粉	台阁型	1
27	湖南省永顺县松柏镇	紫绣球	500	紫红	皇冠型	1

　　*关于古牡丹的栽植年代系根据调查访问所得，仅供参考。实际上，大龄植株主干多为 30～60 年，很少有上百年的枝条，但株龄有 200～300 年的。

2.2.2　古牡丹的科学价值与文物价值

　　江南各地的古牡丹是宝贵的自然遗产，具有重要的科学价值。许多古牡丹蕴藏着丰富的历史文化信息，是活的文物，具有重要的文物价值。关于古牡丹的遗传信息我们将在第 3 章予以分析，这里重点介绍江南一带一些有重要文化背景的古牡丹。

　　1）安徽巢湖银屏牡丹——天下第一奇花

　　银屏牡丹生于巢湖银屏山仙人洞悬崖上（高约 50m），刀削般的绝壁，嶙峋的石罅中突兀出一株枝青叶茂的牡丹，可望而不可即。峭壁上刻有当代诗人、书法家张恺帆（1908～1991 年）所题"银屏奇花"4 个大字（图 2-19-A）。银屏牡丹花为单瓣型，每年谷雨盛开，洁白如银，令人注目，现已成为中国著名的观赏古牡丹之一，因其特有的观赏价值被载入了《中国观赏名胜词典》。清朝诗人周人俊曾有诗赞："笑他仙境红尘扰，峭壁犹开富贵花。"民间传说，其花开多少、花期长短可预示当年旱涝丰歉，被赋予了神奇的色彩，当地民间称其为"天下第一奇花"、"神花"。

　　银屏牡丹具体何年何月如何生于此地，已无从知晓。据巢县县志记载，自唐代起当地就有"谷雨三朝看牡丹"的习俗；北宋文学家欧阳修贬官滁州太守时，曾在庐州太守李不疑的邀请下，游览了银屏风光，写下律诗《仙人洞看花》："学书学剑未封侯，欲觅仙人作浪游，野鹤倦飞为伴侣，岩花含笑足勾留……"（图 2-19-B）这首诗可能写的就是此花，如此银屏牡丹存在有近千年的历史。清代道光年间巢湖画家刘钧元传世画作《仙洞牡丹图》，题跋云："古巢南郊三十里有仙人洞……悬崖百尺。岩上有牡丹数本，其色白皑皑如云之出岫，逼真幻境……"据此我们有理由相信在古代银屏牡丹可能不止一株，我们现在看到的可能是其中留下的某一株或是它们的后代。银屏牡丹生长年代久远，破石而生，植株大小多年来变化不大，每年开花几朵到十几朵。由于其生长位置特殊，许多植物学家确认其为自然野生，具有非常重要的科学研究价值，

图2-19　银屏牡丹（A）和银屏山上《仙人洞看花》诗句（B）

多年来相关的研究工作从未间断，根据形态学和分子生物学的证据，科学家认为该银屏牡丹就是杨山牡丹（*Peaonia ostii*）。

2）江苏便仓枯枝牡丹——便仓一绝

盐都区便仓镇位于盐城市正南，是见诸宋史的千年古镇。镇中有以"奇"、"特"、"怪"、"灵"而驰名中外的千年牡丹，因枝干苍老、形似枯枝，故称"枯枝牡丹"。此牡丹之"奇"在于鲜枝可燃，李汝珍的《镜花缘》记载："无论何时，将其枝梗摘下，放入火内，如干柴一般，登时就可着"；"特"是指便仓枯枝牡丹唯有在便仓枯枝牡丹园内才正常开花，如移植他地就不开花或花小而不艳；"怪"在枯枝牡丹花瓣能应历法增减，农历闰年十三月花开十三瓣，平年十二月花开则十二瓣；"灵"在能感应世事时事，在严冬季节花开二度的年份通常都有大事发生。

枯枝无叶、唯红花独秀，便仓枯枝牡丹悠久的历史和美妙的传说无疑增加了其神秘色彩。关于枯枝牡丹的来历有诸多说法。一种说法是宋室南渡后来便仓定居的卞济之所栽。据清同治二年《古盐卞氏宗谱·参政公传》称："卞济之，祖籍苏州，字巨川……自号仁波老人，寄情诗文花草，在庭院手植从洛阳移来的枯枝牡丹红白二本。老人享年八十三岁，葬在盐城县大冈镇。有二子，长男仕震，官扬州都转盐运使。次子仕泰。"。1987年8月，在大冈沿河发现了一块《卞公国辅隐君墓志铭》碑，铭文称"……公讳君用，字国辅，号仁波老人，长男仕震，次男讳仕泰。"立这块墓志的就是其长子仕震偕弟仕泰。据这块墓志实物，对照前述宗谱记载，可见卞君用者，即卞济之。也有说法是便仓枯枝牡丹是卞仕震之子、元末明初盐城传奇式人物卞元亨栽植的。卞元亨为元末农民义军领袖张士诚旗下大将，张士诚兵败后，在家栽培枯枝牡丹。逝世前，他还吟诵了《示后》一诗，"世祖恩荣衣紫时，牡丹携得洛阳枝……"卞元亨后裔卞破曾赋枯枝牡丹诗道，"奇哉卞氏双珠花，白如香雪，红过朝霞"。据孙炳元（1990）分析，便仓枯枝牡丹来自于洛阳，可能系宋代卞济之手栽，有红、白两种，与现存的两个品种一致，到元末明初，其后人卞元亨着意培植，使之日益繁茂，历久不衰。

　　当地政府先后 4 次重修和改建枯枝牡丹园，目前新建有典雅的天香亭、奇葩轩，四周有八角回廊环绕，颇具苏州古典园林的风格（图 2-20-A）。原国防部长张爱萍为该园题写了"枯枝牡丹园"的横额和"海水三千丈，牡丹七百年"的楹联。枯枝牡丹有盐城红（紫袍）、盐城粉两个品种（图 2-20-B），这两个品种均为单瓣型，在花瓣基部有明显的紫斑，研究表明这两个品种均为紫斑牡丹品种。近年来，枯枝牡丹园不断

图 2-20　盐城枯枝牡丹园——盐城红（A）和盐城粉（B）

引种其他地区牡丹品种，现有牡丹品种已经有百余个，成为苏北闻名的牡丹园，每年花期举办牡丹花会。

3）浙江杭州普宁寺牡丹——花中之魁

普宁寺位于杭州仁和镇普宁村，为五代后晋天福年间吴越王钱元灌所建，历史上数次重建，最后一次建于明万历十六年（1588 年）。寺中最有名望并且颇有神话色彩的是寺中的"十八墩牡丹"。据《余杭县志》记载，普宁寺牡丹相传是明代民族英雄于谦（1398～1457 年）所栽植。传说于谦上京赶考路经普宁寺，适逢狂风暴雨，船不能行，只好傍岸泊船进寺避雨。哪知一连三天风雨不止，于谦心急如焚。经寺僧指点，他向普宁菩萨烧香求援。结果菩萨显灵，风停雨止，云开日出。于谦一路顺风进京，考中了进士。回来后，于谦就在普宁寺的庭园中种下 18 株牡丹留作纪念，距今已有500 多年历史。500 多年来寺僧精心培育，每至清明时节便花满庭院。普宁牡丹园为塘栖二十四景之一，被誉为"花中之魁"。清代塘栖人张亚冬《百言之序》中说写道："牡丹则问普宁寺，凡斯古迹，笔不胜搜，策杖闲寻，放舟偶步，有不换烟景以流连，对名花而踟蹰者哉。"

普宁寺目前现存 6 株古牡丹，植株高 1.5m，冠幅 2m，品种为'玉楼春'。在清明至谷雨间开花，花朵直径可达 17cm，粉色，菊花台阁型。

4）上海奉贤邬桥镇古牡丹——江南第一牡丹

上海奉贤的吴塘村有一株享有"江南第一牡丹"之誉的古牡丹，这株牡丹是上海株龄最大的一株牡丹，距今已经有 400 多年的栽培历史，是上海牡丹栽培历史的见证。这株古牡丹品种名为'粉妆楼'（图 2-21），花朵粉色，菊花台阁型，花朵硕大，富丽娇艳，是上海市的一级保护古树名木。

据 1987 年版《奉贤县志》记载，明代画家董其昌（1555～1636 年）年少时就读于松江叶榭水月庵时，与邬桥金学文为同窗好友。明万历年间，金家新居落成，正值

图 2-21 奉贤邬桥镇古牡丹

董其昌升任礼部尚书。为了贺金学文乔迁新居，同时庆贺自己的荣升，董在赴任之前，将亲书匾额"瑞旭堂"和名为'粉妆楼'的牡丹赠给金学文，以寄富贵之意。董其昌是"松江派"的代表，这株古牡丹也是邬桥镇人文历史的见证。金学文将这株牡丹种于堂前天井，金家历代对这株牡丹精心养护，长势良好，每年开花达数十朵。1995 年，金家老宅拆迁，金家将古牡丹及牌匾无偿捐献给了国家，是上海市第一次私人捐献古树名木，市、区古树管理部门为其举办了专门的捐赠仪式。翌年，由上海市绿化局出资建立了一座一亩地大小的"古牡丹苑"，园中除了古牡丹外，还种植了一些'凤丹'和芍药。

5）上海龙华寺古牡丹

龙华寺是上海最著名的寺庙之一，曾名空相寺，位于上海市龙华风景区。据清同治《上海县志》载："相传寺塔建于吴赤乌十年,赐额龙华寺。"（赤乌——三国时期东吴的君主孙权的第四个年号，238 ～ 251 年）。龙华寺香火旺盛，古钟时鸣，"龙华晚钟"昔为"沪城八景"之一。在方丈室东连

图 2-22　龙华寺古牡丹

染香楼（今为斋堂）前的牡丹园中，有一株植于清咸丰年间的百年牡丹，花粉红色，菊花台阁型，品种名为'粉妆楼'，与邬桥古牡丹是同一品种，为上海市二级保护古树名木（图 2-22）。据传该古牡丹是清咸丰年间，杭州东林寺方丈从东林寺鲁智深墓附近用船运至龙华百步桥，而栽于当时寺内前庭。目前，树龄已超过 160 年，与"龙华晚钟"并称"龙华双艳"。1997 年龙华寺对古牡丹进行了复壮工作，又引进了'凤丹白'、'玉楼'、'凤尾'、'呼红'、'昌红'、'玫红'、'西施'等宁国品种和一些中原品种搭配种植在一起，增加了观赏效果。

6）上海古猗园古牡丹

古猗园位于上海市西北郊嘉定区南翔镇，建于明代嘉靖年间（1522 ～ 1566 年），为江南名园之一。南翔镇是清代江南地区主要的牡丹栽培地点之一。古猗园古牡丹相传为清咸丰年间栽植，花紫红色，花型为菊花型或蔷薇型，其形态特征与中原品种'锦袍红'极为相似（图 2-23）。目前古牡丹花枝粗壮、枝叶茂盛。公园管理处以 2 株古牡丹为核心,搭配从洛阳、菏泽引进的 30 多个品种 300 多株牡丹,构建了一个小牡丹园，每年花开时节游人不断。

7）漕溪公园古牡丹

漕溪公园素以牡丹为特色，园东南为占地约 744m² 的牡丹园，东部有一面积

图 2-23　古猗园古牡丹

图 2-24　漕溪公园古牡丹

图 2-25　醉白池古牡丹

18m² 的梅花形花坛，坛中的百年牡丹已逾 120 年，系嫁接而成，为上海市二级保护古树名木（图 2-24）。

8）松江醉白池古牡丹

醉白池位于上海松江区人民南路，占地 5hm²。与上海豫园、古猗园、秋霞圃、曲水园并称为上海五大古典园林，而醉白池又是五大园林中最古老的园林。园内以一长方形的水池为中心，四周绕以楼阁、亭榭、桥廊以及花墙。醉白池以水石精舍、古木名花之胜而驰名江南。池东有栽植百年牡丹的牡丹台，疑为江南传统品种'四旋'（图 2-25）。池北有树龄达 300 余年的香樟，池西雪海堂后院还有金桂、银桂，池中种植有荷花。园中颇有"春访牡丹夏观荷，秋天赏菊冬瞻松"之趣。

9）长沙王陵公园古牡丹

建于 2007 年 11 月的长沙王陵公园牡丹园，是湖南历史上首个利用湖南本省牡丹资源建立的牡丹园。该园共收集了湖南本土牡丹品种 23 个，包括观赏牡丹品种 13 个，其中来自湘西的 9 个、长沙的 2 个、邵阳的 2 个；药用牡丹品种 10 个，均来自邵阳。从湘西永顺县松柏乡收集的 30 余株牡丹，大部分是百年以上的古牡丹。

　　这些古牡丹从花色上分为三种类型，即白色品种、紫红色品种和粉色品种。白色品种是宋代先民从湖南永顺雪峰山引种下来的牡丹，经专家鉴定是杨山牡丹（ *P. ostii* ）。共有 4 株。其中，最大的一株冠幅达到 3m，基径超过 12cm，是目前江南地区调查到的最大的一株古牡丹。2008 年在长沙第一次开花时引起极大轰动，被誉为"千年牡丹王"。这株牡丹据称自宋朝以来代代相传，已经有上千年的历史，其花白色单瓣，基部略带粉色（图 2-26-C）。另外 3 株花色都接近纯白，植株相对较小。紫红色品种和粉色品种花型演化程度均非常高，紫花品种为皇冠型或绣球型（图 2-26-B），粉花品种则为台阁花型（图 2-26-A），花大、花头直立，观赏性非常高。从形态特征上看，其复叶为九小叶，萌蘖性较强，与普通栽培牡丹品种接近，推测这两个品种并非湘西原产，而是从中原或西南等地引种到湘西的。

　　因为园区改造，长沙王陵公园牡丹已经于 2011 年移植到长沙市园林生态园。

图 2-26 　王陵公园的古牡丹

A '湘西粉'；B '紫绣球'；C 杨山牡丹（ *P. ostii* ）

2.2.3　古牡丹的保护

作为江南牡丹中重要的种质资源，各地需要加强对古牡丹的保护工作。对古牡丹的保护要采取科学的态度，要处理好以下两个方面的关系：一是科学保护与适度开发利用相结合。保护是基础，在古牡丹健壮生长的基础上才能发挥其观赏功能、文物功能，供群众欣赏，了解牡丹文化。在实际工作中我们见到有这样两种倾向：

一种是将古牡丹绝对的神化，认为他就是神的化身，一个枝条、一个芽子甚至一片叶子都不能动；另一种是放任不管，任其自生自灭。正确的态度应当是实行科学的养护管理。

（1）视植株生长情况进行更新复壮和必要的无性繁殖，培养备用植株。牡丹是落叶灌木，其枝条年龄很少有 60 年以上的，在自然状态下，其老枝会自然死亡，而由基部萌蘖枝取代。

（2）重视日常的肥水管理和病虫害防治工作。有些地方有施用优质有机肥的经验，能使古牡丹开花繁茂。

（3）对于树体衰弱的植株可采取分年换土的措施，即用 2～3 年时间分次用配制好的无菌营养土将根部宿土更换，清除腐烂根并实施消毒，促使根颈部萌发新根、新枝，以达到植株复壮的目的。

二是就地保护与迁地保护相结合，以就地保护为主。古牡丹大多树龄较大，不宜搬迁，应以就地保护为主。有些地方条件较差，必须迁移时，一定要制订好实施方案并严格执行，才能保证移植成活并能得到复壮。这方面很多教训需要记取。例如，长沙某公园花了很大代价从湘西北移栽"千年古牡丹"，但最后未能成功。有这样几个问题没有处理好：其一，两个地方生态环境差异较大。原生地海拔 600～800m，较适宜牡丹生长，而长沙海拔仅 50 余米，夏季湿热，并不适宜牡丹的生长。其二，移栽后保护措施不力，如第二年春天开花未加控制。植株移植后尚未恢复，大量开花又过多消耗树体营养。接下来夏季又未能遮阳保护，导致树体长势很快衰弱下来，最后导致这株目前见到的、最大的、年代久远的"杨山牡丹"死亡，殊为可惜！这类古牡丹应以就地保护为主，不适宜再搬迁。此外，湖北武汉也曾从鄂西北保康移植过大"紫斑牡丹"，但最后也以失败告终。

江南各地营建牡丹园的热潮长盛不衰，而新建牡丹园中移植一些大牡丹的需求也很旺盛，大家都在追求"镇园之宝"。这些要求无可厚非，问题还在于要有科学的态度。根据作者多年经验，认为移栽大牡丹一是要品种对路，以适于江南生长的传统品种为主；二是株龄不宜过大，最大不超过 50 年的植株；三是要注意栽植地的环境条件和栽培措施，一般宜筑台种植，宜半阴，宜适度肥沃而排水通气良好的土壤；四是注意移栽季节等。

第 3 章

江南地区适生
牡丹品种

江南牡丹品种群是指在江南地理气候条件下能长期生长适应的品种的组合。这其中既包含了本地传统品种，也包含了外来经过长期栽培而适应该区域生态环境的品种。本章先就江南牡丹品种起源问题进行一些探讨，然后再分别介绍江南地区适生的牡丹品种。

3.1　江南牡丹的起源

江南牡丹品种的起源，大体上有这样的几条途径：一是野生牡丹的栽培驯化；二是域外牡丹品种特别是中原牡丹品种的引进和筛选；三是在以上基础上的杂交选育。

3.1.1　野生牡丹的驯化栽培

江南一带先民们对牡丹的药用认识很早，汉代开始就有入药的记载。而唐宋时期的药物著作已提到这一带牡丹的野生分布。宋苏颂《图经本草》记载："牡丹生巴郡山谷及汉中，今丹（指今陕西宜川）、延（陕西延安）、青（山东青州）、越（浙江绍兴）、滁（今安徽滁县）、和（今安徽和县）州山中皆有之。"提到今浙江北部以及安徽中部的滁县、和县一带有野生牡丹分布。至今，在安徽巢湖银屏山悬崖上还留下一丛古老的野生牡丹。《图经本草》还说，"人家所种单瓣者，即山牡丹"，这种牡丹"三月开花，其花叶与人家所种者相似，但花瓣止五、六叶耳"。这说明宋时已有药用牡丹栽培。在江南偏北山区分布的这种野生牡丹现在已为分类学家确认为杨山牡丹（*Paeonia ostii*）。而'凤丹'正是杨山牡丹的主要栽培品种。

药用牡丹引入安徽铜陵栽培是明永乐年间（1403～1424年）。由于铜陵凤凰山及邻近地区水土及气候适宜，牡丹长势繁茂，所产牡丹根皮（丹皮）具有肉厚、粉足、木心细、亮星多，以及久储不变色、久煎不发烂等特点，很快就以"品质绝佳"而闻名，被人们特称为"凤丹"，这就是现在相当普及的'凤丹'品种名称的由来。铜陵'凤丹'闻名之后，栽培面积不断扩大，江南及全国各地也多有引种。浙江东阳，湖南邵阳、邵东，以及重庆垫江的药用栽培中，'凤丹'都是主要的品种。

在'凤丹'长期栽培过程中，出现了以下几种情况。

（1）单纯药用栽培，与其他外来牡丹没有混杂。在这种情况下，由于药农专注于丹皮生产，除留种外其余花朵均采取摘除的措施。这样，虽然也能从中选出一些有一定变异的品种，但有较高观赏价值的材料不多。

（2）与其他药用品种作块状混栽。例如，湖南邵阳、邵东等地与红紫色的'香丹'混栽，实生后代中不断有杂交类型出现，'湘紫斑'等品种就是这样产生的。

（3）参与其他观赏品种的培育。由于历代有关牡丹品种选育过程缺乏详细记载，'凤丹'牡丹具体的参与程度不得而知。但南方牡丹谱录所记白花品种应大多与'凤丹'有关，如计楠《牡丹谱》中的'宁国白'等。而高度重瓣化的台阁品种'玉楼子'、'凤尾'等,无论从叶形还是分子分析,都表明它们与'凤丹'有很近的亲缘关系,说明'凤丹'对江南牡丹的影响是相当深远的!

杨山牡丹(*P. ostii*)也是中原牡丹(品种群)形成的重要祖先种之一,而'凤丹'在当代中原牡丹的育种中也在发挥着重要作用。据《中国牡丹》(李嘉珏,2011)载:1960 年,菏泽药材公司蒋立昶等从安徽铜陵凤凰山引种一批'凤丹',菏泽赵楼牡丹园和百花园用'凤丹'作母本,当地中原品种混合花粉作父本,进行杂交,培育出一批生长势强、花头直立而又丰花的品种,如'凤丹粉'、'凤丹紫'、'景玉'、'佳丽'、'亭亭玉立'等。此外,还有'月宫烛光'、'雪映桃花'、'玉面桃花'。它们被引种到江南后也表现出较强的耐湿热特性。

3.1.2　中原牡丹的南移

在江南牡丹发展过程中,中原牡丹南移起了重要作用。前已述及,牡丹南移早在唐代就已经开始。据唐人范摅《云溪友议》中的记载,江浙观赏牡丹首先来自中原。

湖南牡丹的观赏性栽培始于唐末五代。晚唐诗僧齐己(约 860～937 年)有一首《湘中春兴》,诗云:"雨歇江明范树干,物妍时泰恣游盘。更无轻翠胜杨柳,尽觉浓华在牡丹。终日去还抛寂寞,绕池回却凭栏干。红芳片片由青帝,忍向西园看落残。"湘中观赏牡丹从何而来?据信大多是从中原传入的。

苏州一带的牡丹和品种多来自中原,如《长州县(今苏州市)志》载:县东南资寿寺后蓝思稷所居的万华堂"植牡丹三千株,多洛中名品"。另范成大诗文中有不少记述。他的《园丁折花七品各赋一绝》,七首绝句写了七个品种:'单叶御衣黄'、'水精球'、'寿安红'、'叠罗红'、'崇宁红'、'鞓红'、'紫中贵'。又《蜀花以'状元红'为第一,金陵东御园'紫绣球'为最》诗,写金陵(今南京)最好的品种当属'紫绣球'。又范成大《吴郡志》卷三十云:"牡丹,唐以来止有单叶者。本朝洛阳始出多叶、千叶,遂为花中第一。中兴以来,人家稍复接种,有传洛阳花种至吴中者,肉红则'观音'、'崇宁'、'寿安'、'王希'、'叠罗'等;淡红则'凤娇'、'一捻红';深红则'朝霞红'、'鞓红'、'云叶'、'茜金球'、'紫中贵'、'牛家黄'等,不过此十馀种,姚、魏盖不传矣。"范成大诗文中共涉及 16 个品种。

又元陆友仁《吴中旧事》载:"吴俗好花,与洛中不异。吴中花木不可殚述,而独牡丹、芍药为好尚之最,而牡丹尤贵重焉。旧寓居诸王皆种花,尝移得洛中名品数种,如'玉盘白'、'景云红'、'瑞云红'、'胜云红'、'玉间金'之类,多以游宦,不能爱护,辄死。今惟'胜云红'在。"

宋代,铜陵有新的牡丹品种引入。《铜陵县志》载:"宋代铜陵人盛度,曾以尚书员外郎身份奉使西夏,得牡丹数本入贡,上嘉其德……御赠还所贡牡丹一本以奉亲'。今其蔚然成树,一开数百朵,世世栽培不替。"后人盛嘉佑等的《牡丹宅怀古》诗云:

"筹边持节善怀柔，西夏还辕锡予优。一种名花分御园，九重春色满嬴州。"该品种即如今铜陵栽培的重瓣浅红色牡丹，称'御苑红'。

明代，苏南江阴牡丹独树一帜。据明王世懋《学圃杂疏》记载："牡丹本出中州，江阴人能以芍药根接之，今遂繁滋，百种幻出，余澹园中绝盛，遂冠一州。其中'绿蝴蝶'、'大红狮头'、'舞青猊'、'尺素'最难开。南都牡丹让江阴，独'西瓜瓤'为绝品，余亦致之矣。"

明代不仅常德，衡州地区也有较多的牡丹种植。明嘉靖《衡州府志》载："永乐四年（1406年）召起以年老致仕，赐牡丹一本，其花盛开则邑人是岁多科甲。"

清计楠著《牡丹谱》："余癖好牡丹二十余年，求之颇广，自亳州、曹州、洞庭、法华诸地所产，圃中略备。"该谱记载各类品种103个，其中亳州种24个，曹州种19个，共计43个，占总数的41.7%。其余58.3%为当地品种及计楠自己培育的新品种。此外，还有上海《法华乡志·土产卷·牡丹专记》载："牡丹……谷雨时作花，有六十余种。其初传至洛阳……与洛阳不同，宜植沙土，移它处则不荣。即邑中艺圃必取法华土植之，始得花而茂丽终不及，故法华有'小洛阳'之号。"

根据众多的史料记载，清代湖南观赏牡丹的栽培遍布各地，形成了以今湘西北吉首市、张家界市、常德市以及湘西南的怀化市、邵阳市各县为中心的观赏栽培区。这些地方观赏牡丹品种的花色有大红、粉红、浅红、紫红、纯白等；花型有重瓣（千叶）、单瓣。品名有'紫绣球'、'朱紫'、'鹅黄'、'醉杨妃'、'单色紫'、'玉楼春'、'鹤翎红'、'玉板白'等。但从"有红、紫、粉、青、白五色各种"、"不减洛阳之产"的记载分析，清代湖南牡丹绝不会仅有上述几种，且可以肯定这些品种主要是从中原南移而来并经过驯化的产物。

以上记述表明，从唐代起，历经宋元明清、民国时期，江南牡丹并没有间断其发展进程。在这个过程中，中原牡丹品种的南移始终占据着重要地位，其次是少数西南、西北品种的引进。而西南、西北品种引进过程中，中原地区仍然是一个重要的中转站，并且有些西南品种本身，就可能是中原品种南移驯化的产物！

3.1.3　当地品种的选育

在历经1000多年的发展过程中，江南地区也有过一些地方品种的选育。例如，北宋李述《庆历花品》所记吴地牡丹品种，作者即声称这些品种"皆出洛阳花品之外者"。此后，还有不少文献记述牡丹栽培引起的变化。例如，《图经本草》提到野生单瓣品种在人们精细栽培管理下会有不少变异，但根的药性就不好了，不宜采用。另外，苏轼为杭州太守沈立《牡丹记》所作的序言中（《牡丹记》叙）即说，"盖此花见重于世三百余年，穷妖极丽，以擅天下之观美，而近岁尤复变态百出，务为新奇以追逐，时好者不可胜纪。"其中关于江南人追逐牡丹的"新奇"，使得当地牡丹亦"复变态百出"，应是形象而客观的记述。这样，当地品种来源之一，应是中原牡丹南移驯化过程中，因生境及栽培条件变化引起叶形、花型、花色等方面发生明显的形态变异（原有品种的"生态型"），人们又重新命名为新的品种。这种情况在中原地区也有发生，如菏泽'紫二乔'引种洛阳后，在洛阳风土条件下，比菏泽表现好，花朵丰满，颜色亮丽，层次更多并常出现台阁现象，并且还有大叶、小叶之分。在一次牡丹协会年会上有人建议将洛阳'紫二乔'称之为'洛阳红'后，就"约定俗成"，成为洛阳的"名品"了。当然江南牡丹品种的形成，也有实生选育的途径，如南移驯化品种之间自然杂交，实生后代经过选育形成新品种。再者，各地广泛栽培的'凤丹白'易于与其他品种杂交，也会从适生后代中选育一些品种。

宋代牡丹谱录先后有 18 部之多，其中反映中原牡丹的 6 部，反映江南牡丹的却有 5 部。除前面提到的《越中牡丹花品》《庆历花品》外，还有沈立《牡丹记》（1072年以前）、史正志《浙花谱》（约 1175 年）以及《江都花谱》。虽然后面 3 部没有能保存下来，但仍从一个侧面反映了江南牡丹的繁盛状况。所植品种不少由中原引来，但谱录及诗文所记与中原一带不同的品种名称也有 60 个之多。所以认为，宋代江南牡丹品种群已初步形成。

3.1.4　现存古牡丹提供的遗传信息

江南各地广为分布的古牡丹，给我们提供了丰富的遗传信息。仅从江南古牡丹的品种构成看，也反映了江南品种来源较为广泛。

江南古牡丹大体上由以下几类品种构成。

（1）杨山牡丹原种或其野生植株驯化而来。前者如安徽巢湖银屏山古牡丹，后者有由湖南西北部永顺县移到长沙的植株。另外，还有杨山牡丹栽培品种'凤丹白'的古树。最古老的'凤丹'当在菏泽百花园，这株大凤丹传说有 400 年。另外，河南洛阳国家牡丹园保留有一片凤丹林，凤丹最高植株在 3m 以上。上海漕溪公园也有一株百年古'凤丹'。

（2）中原牡丹南移驯化后留存下来的古牡丹。这当中按色系分，有以下几类。

一是粉花系列，主要是'玉楼春'、'粉妆楼'、'西施'、'粉莲'，花朵高度重瓣，呈台阁型。这类品种由于花朵重，花梗软，花头下垂。

二是红紫花系列，这类品种最多，分布也比较广，其花红紫色，菊花型至蔷薇型，在安徽宁国有 7 个品种，包括'四旋'、'昌红'、'呼红'、'羽红'、'玫红'、'雀好'、'轻罗'。这些品种在安徽以往也称为'魏紫'，由于'魏紫'牡丹是个很古老的名字，安在这些品种上面不合适，因而李嘉珏（2006）在宁国等地考察时，建议将该名称改成'徽紫'，而将上述 7 个品种归于'徽紫'系列，见李嘉珏主编的《中国牡丹品种图志（西北西南江南卷）》。

三是深紫红花系列，包括'黑楼紫'、'紫绣球'、'大富贵'等。

四是白花系列。这类品种主要是'玉楼'、'凤尾'。'玉楼'在四川彭州等地见有大牡丹植株，而在江南少见。

（3）其他地区来源的古牡丹，如由西北地区引来的'盐城红'、'盐城粉'等。

江南古牡丹提供的信息与前面分析基本吻合。值得注意的是，江南传统品种名称混乱现象较为严重，同一个品种在不同地区的叫法很不统一。例如，浙江慈溪的'黑楼紫'，在金华就称为'大富贵'。由于栽培条件的变化，加上以往地区间缺乏交流和沟通，这种情况在所难免，今后需要努力加以克服。

3.2 江南牡丹及相关品种的亲缘关系

为了了解江南牡丹传统品种之间，以及传统品种与中原牡丹、西北牡丹、西南牡丹之间的亲缘关系，我们对 50 多个品种（样品）分别进行了形态学、孢粉学以及分子标记方面的综合研究，选用的品种见表 3-1。

3.2.1 基于形态学标记的亲缘关系分析

对 49 个江南品种和中原品种，4 个不同产地的'凤丹'（或杨山牡丹）进行形态学指标测定后，求得不同品种形态表型遗传相似系数，然后进行聚类分析，从而得到基于形态学标记的品种间系统发育关系树状图（图 3-1）。

表 3-1 供分析用的品种名录

（一）江南品种

品种名称	采样地点	花色	花型	品种名称	采样地点	花色	花型
凤丹	铜陵	白色	单瓣型	呼红	铜陵	紫红	蔷薇型
黑楼紫	慈溪	紫黑红	绣球型	香丹	长沙	玫红	单瓣型
云芳	宁国	黑紫红	托桂或皇冠型	湘西紫	长沙	紫红	台阁型
玉楼	宁国	白色	台阁型	湘西粉	长沙	粉红	台阁型
凤尾	宁国	白色	台阁型	玉楼春	临安	粉色	台阁型
西施	宁国	粉色	台阁型	龙华古牡丹	上海	粉色	台阁型
粉莲	宁国	粉色	台阁型	邬桥古牡丹	上海	粉色	台阁型
四旋	宁国	紫红	蔷薇型	普宁古牡丹	杭州	粉色	台阁型
轻罗	宁国	紫红	蔷薇型	古猗园古牡丹	上海	紫红	蔷薇型
雀好	铜陵	紫红	蔷薇型	康健园古牡丹	上海	紫红	蔷薇型
昌红	铜陵	紫红	蔷薇型	盐城红	盐城	红色	单瓣型
羽红	铜陵	紫红	蔷薇型	盐城粉	盐城	粉色	单瓣型
玫红	铜陵	紫红	蔷薇型	呼红	铜陵	紫红	蔷薇型

（二）中原品种

品种名称	采样地点	花色	花型	品种名称	采样地点	花色	花型
姚 黄	洛阳	乳黄色	皇冠型	二乔	洛阳	复色	蔷薇型
金玉交章	洛阳	乳黄色	皇冠型	洛阳红	洛阳	紫红	蔷薇型
夜光白	洛阳	黄白色	菊花型	紫二乔	菏泽	紫红	蔷薇型
蓝线界玉	洛阳	白蓝色	皇冠型	状元红	洛阳	紫红	皇冠型
藕丝魁	洛阳	白蓝色	托桂型	首案红	洛阳	深紫红	皇冠型
蓝田玉	洛阳	粉蓝色	皇冠型	大棕紫	洛阳	紫红	蔷薇型
蓝芙蓉	洛阳	粉蓝色	台阁型	锦袍红	洛阳	紫红	蔷薇型
茄蓝丹砂	洛阳	浅紫色	菊花型	丹炉焰	洛阳	红紫色	蔷薇型
赵 粉	洛阳	粉色	多花型	青龙卧墨池	洛阳	紫黑色	荷花或托桂型
贵妃插翠	洛阳	粉色	台阁型	黑花魁	洛阳	紫黑色	菊花型
银红巧对	洛阳	粉色	菊花或蔷薇型				

（三）西北品种

品种名称	采样地点	花色	花型	品种名称	采样地点	花色	花型
黑旋风	洛阳	紫黑色	单瓣型	粉 荷	甘肃	粉色	单瓣型

（四）西南品种

品种名称	采样地点	花色	花型	品种名称	采样地点	花色	花型
太平红	上海	蓝红色	台阁型	彭州紫	常熟	紫红色	台阁型

图 3-1 表明,在遗传距离为 0.26 时,聚类分为两组:'湘西粉'与'锦袍红'聚为一组,其他为另一组。在遗传距离为 0.22 时,聚类分为三组:杨山牡丹与'盐城红'、'黑旋风'、'赵粉'聚为一组,其他江南品种与中原品种聚为一组。表明杨山牡丹与江南传统牡丹品种亲缘关系较远,而与紫斑牡丹品种关系较近。'赵粉'与杨山牡丹亲缘关系较近,表明杨山牡丹可能为其主要亲本。

另外,'云芳'先与'青龙卧墨池'、'姚黄'聚为一组,再与所有宁国徽紫系列聚为一组;'西施'、'粉莲'等与'二乔'、'贵妃插翠'、'银红巧对'聚为一组;'黑楼紫'与西南品种'彭州紫'亲缘关系最近。

这些结果表明,仅从形态数量分类聚类结果看,江南牡丹中的传统品种应主要来自中原品种以及西南品种。

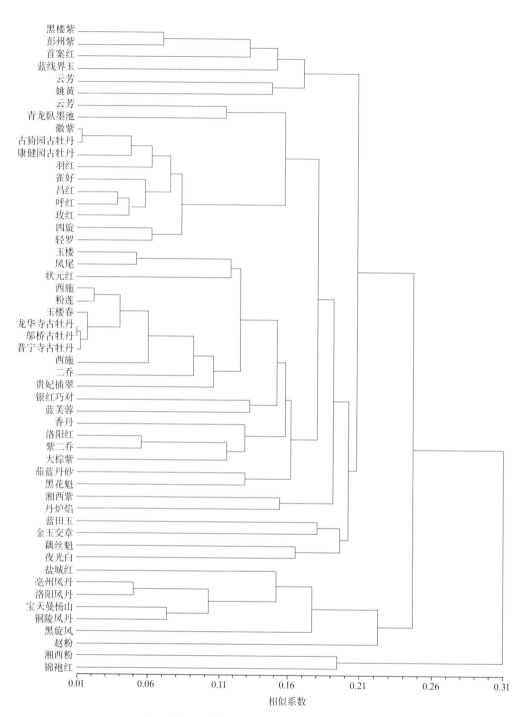

图 3-1　基于形态学标记的不同品种牡丹亲缘关系聚类图

3.2.2 基于孢粉学标记的亲缘关系分析

对上海、江苏、湖南等地典型的江南牡丹品种以及河南等地的中原牡丹品种、四川等地的西南牡丹品种共 22 个品种的花粉应用扫描电镜进行观察，发现不同品种的孢粉学特征各有不同。

牡丹花粉呈两侧对称，花粉粒长球形，少数近球形。赤道面观为椭圆形至长椭圆形，极面观为三裂圆形。具三拟孔沟，有沟膜，沟中部宽，向两端逐渐变窄。极轴长 30.579 ～ 47.271μm，赤道轴长 14.018 ～ 22.993μm，P/E 值为 1.8 ～ 2.382。脊宽 0.433 ～ 0.842μm。穿孔最大直径为 0.436 ～ 1.115μm。花粉两极大部分为平截形，少数为圆弧形。外壁表面纹饰有差别，主要有穴状、网状和粗网状（表 3-2，图 3-2）。

江南品种的花粉形态特征：江南牡丹品种花粉粒大小差别不大，但在外壁纹饰上具有较大的差异。花粉粒大小一般为（42.995 ～ 47.271）μm×（19.050 ～ 22.993）μm，其中（临安）玉楼春为 37.140（28.894 ～ 44.126）μm×20.639（13.715 ～ 26.466）μm，

表 3-2 不同品种牡丹的花粉形态特征

品种	花粉粒大小 /μm	极轴长 /赤道轴长	脊宽 /μm	穿孔直径 /μm	穿孔直径 /脊宽	类型
古猗园古牡丹	43.151×21.094	2.046	0.647	1.018×0.707	1.573	粗网状
龙华寺古牡丹	44.309×20.572	2.154	0.624	0.516×0.37	0.827	穴状
轻罗	44.022×21.496	2.048	0.709	0.694×0.51	0.978	穴状
四旋	42.995×21.165	2.031	0.595	0.567×0.458	0.953	穴状
昌红	44.554×20.879	2.134	0.635	0.462×0.323	0.727	穴状
呼红	44.714×20.227	2.211	0.643	0.592×0.455	0.921	穴状
凤尾	44.208×22.041	2.006	0.433	0.834×0.643	1.926	穴网状
粉莲	45.382×19.050	2.382	0.560	0.436×0.338	0.779	穴状
西施	45.942×19.662	2.337	0.754	0.565×0.438	0.750	穴状
云芳	45.686×21.708	2.105	0.660	0.904×0.684	1.370	穴网状
玉楼春	37.140×20.639	1.800	1.027	0.841×0.813	0.819	穴状
黑楼紫	46.746×22.179	2.108	0.517	0.665×0.542	1.288	网状
盐城红	47.271×22.021	2.147	0.626	0.987×0.784	1.577	粗网状
湘西粉	44.890×22.993	1.952	0.721	0.564×0.447	0.783	穴状
湘西紫	30.579×14.018	2.181	0.527	0.539×0.416	1.022	网状
香丹	41.427×22.988	1.802	0.824	0.681×0.495	0.826	穴状
凤丹紫	46.812×22.098	2.118	0.751	1.115×0.813	1.485	网状
彭州紫	45.603×22.089	2.064	0.842	0.961×0.705	1.141	网状
洛阳红	44.119×22.441	1.966	0.734	1.021×0.765	1.390	网状
二乔	40.674×21.904	1.857	0.697	0.688×0.527	0.987	穴状
赵粉	44.153×21.014	2.101	0.714	0.721×0.549	1.011	网状
首案红	42.485×21.350	1.990	0.628	0.772×0.615	1.228	网状

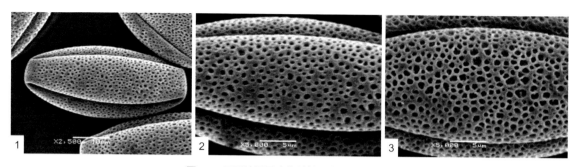

图 3-2　不同牡丹品种花粉粒形态及外壁纹饰
1、2.'呼红'，穴状纹饰；3.'凤尾'，粗网状纹饰

湘西紫为 30.579（26.582 ～ 34.658）μm×14.018（12.469 ～ 15.731）μm，花粉粒较小。
在外壁纹饰上，具网状纹饰的有'云芳'、'湘西紫'、'黑楼紫'和'凤丹紫'，穴状
的有龙华寺古牡丹、'轻罗'、'四旋'、'昌红'、'呼红'、'粉莲'、'西施'、'玉楼春'、
'湘西粉'、'香丹'，粗网状的有古猗园古牡丹、'凤尾'、'盐城红'。

　　按照数量分类学性状选择的原则，运用分析软件对江南牡丹品种花粉表型遗传相
似系数进行 UPGMA 聚类，得到 22 个牡丹品种和 4 个野生种间系统发育关系树状图
（图 3-3）。结果显示，在遗传距离为 0.05 时，分为两组：'玉楼春'、'香丹'和'二乔'

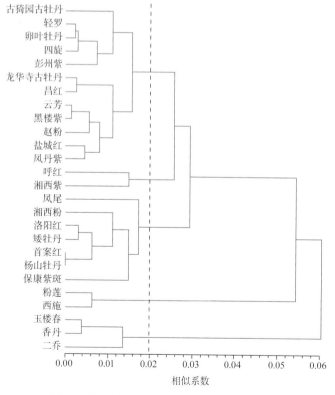

图 3-3　基于孢粉学标记的不同牡丹品种亲缘关系聚类图

为一组，其余为另一组；另一组在遗传距离 0.02 时，分为 4 组。'粉莲'、'西施'距离最近，'凤尾'、'湘西粉'、'洛阳红'、矮牡丹、'首案红'和杨山牡丹、紫斑牡丹聚为一组。杨山牡丹与'凤尾'的亲缘关系较其他江南品种更为接近，'首案红'、'洛阳红'与 3 个原种的亲缘关系较近，'黑楼紫'和'云芳'的关系较近。

江南牡丹品种群内，花粉形态与花型、花色相关性不高。传统品种花粉外壁纹饰差别明显，表明江南品种起源的多样性。江南牡丹品种大部分外壁纹饰为穴状，而杨山牡丹外壁纹饰为网状，矮牡丹为网状，紫斑牡丹为粗网状，卵叶牡丹为穴状。

3.2.3　基于ISSR标记的亲缘关系分析

简单序列重复区间扩增多态性（inter-simple sequence repeat，ISSR）技术是以 PCR 技术为基础的 DNA 分子标记技术的一种，通过利用真核生物基因组广泛存在的简单重复序列（SSR）来设计引物，而无需预先克隆和测序。由于简单重复序列在真核生物中的分布是非常普遍的，且进化变异速度很快，因而锚定引物的 ISSR-PCR 可以检测基因组许多位点的差异。扩增产物通过聚丙烯酰胺凝胶电泳或琼脂糖凝胶电泳电离，经溴化乙锭（EB）染色来检测扩增 DNA 片段的多态性，扩增 DNA 片段的多态性即反映了基因组相应区域的 DNA 多态性。这一技术已经广泛应用于物种亲缘关系和遗传多态性研究。

对 25 个江南品种与 25 个中原、西南和西北品种运用 ISSR 标记的结果进行聚类分析（图 3-4），结果表明，江南地区同花色的品种亲缘关系较近，中原牡丹品种的亲缘关系与花色也相关。中原品种'姚黄'、'蓝田玉'、'银红巧对'、'洛阳红'等与江南传统粉花品种亲缘关系较近，聚为一类。'盐城红'、'盐城粉'和西北品种'黑旋风'、'粉荷'聚为一类，说明其可能主要起源于紫斑牡丹。'云芳'、'黑楼紫'和'湘西紫'与中原品种'青龙卧墨池'，西南品种'彭州紫'、'太平红'聚为一类。江南品种中的紫花品种与'洛阳红'、'锦袍红'、'大棕紫'等聚为一类。中原牡丹品种群的大部分其他品种聚为一类。

3.2.4　江南牡丹品种亲缘关系探讨

1. 杨山牡丹在江南牡丹起源中的作用

从形态特征上看，'玉楼'和'凤尾'的叶形与杨山牡丹相似，且都叶背无毛，但聚类分析却无法得出'玉楼'和'凤尾'与杨山牡丹有较近的关系。基于形态数量分类的聚类结果也表明，杨山牡丹与其他江南牡丹传统品种间无直接的亲缘关系。

从花粉的形态特征来看，江南牡丹品种大部分外壁纹饰为穴状，而杨山牡丹外壁纹饰为网状。基于孢粉学的聚类结果表明，杨山牡丹在江南牡丹传统品种起源中所起的作用很小。但基于 ISSR 分子标记研究表明，白色重瓣品种'玉楼'、'凤尾'与'凤

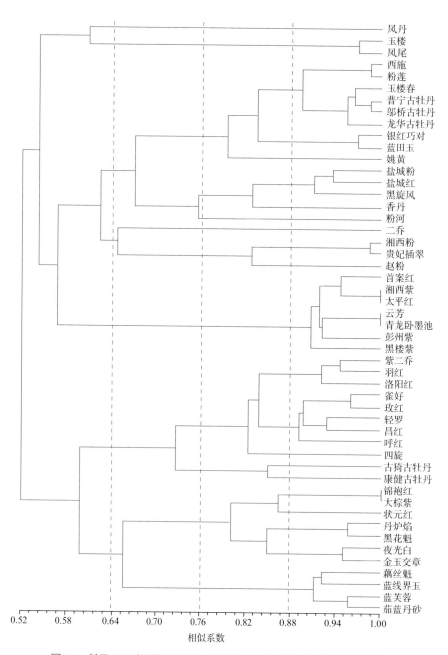

图 3-4 基于 ISSR 标记的江南牡丹传统品种与其他品种群亲缘关系聚类图

丹'亲缘关系非常接近。

2. 中原牡丹品种在江南牡丹起源中的作用

从形态学方面来看,杨山牡丹和'盐城红'与'赵粉'关系较近,'西施'、'粉莲'、'玉楼春'和粉花古牡丹等与'二乔'、'贵妃插翠'亲缘关系较近。另外,'玉楼'、'凤尾'与'状元红'聚为一组,'羽红'、'雀好'、'昌红'、'呼红'、'玫红'、'四旋'、'轻罗'、古猗园古牡丹、康健古牡丹与'云芳'和'青龙卧墨池'聚为一组,说明江南品种分别与这些传统的中原品种在形态上较为接近。

从孢粉学研究来看，'粉莲'、'西施'、'昌红'、'呼红'、'轻罗'、龙华寺古牡丹的花粉外壁纹饰很相似，'云芳'与这些品种不同而与'彭州紫'、'洛阳红'更相近，表明'云芳'与宁国系列没有太近的亲缘关系，而是与中原品种的亲缘关系更近。

'云芳'与'青龙卧墨池'聚为一组，然后与'彭州紫'聚在一起，因此'云芳'可能是中原品种直接引种到江南地区，长期适应江南环境生存下来的。'湘西粉'与'贵妃插翠'、'赵粉'的亲缘关系较近，'湘西紫'和'太平红'、'首案红'关系较近，推测湖南地区的牡丹品种也是从中原地区和西南地区引种栽培的。

虽然形态学、孢粉学和分子标记的研究结果不完全相同，但都表明江南品种与中原品种有着错综复杂的联系。

3. 西南牡丹品种在江南牡丹起源中的作用

形态学分析表明，'黑楼紫'与西南品种'彭州紫'关系最近。孢粉学分析表明，'彭州紫'与江南'轻罗'、'四旋'、古猗园古牡丹亲缘关系较近。ISSR 分析表明，西南品种'太平红'和'湘西紫'亲缘关系最近；'彭州紫'与'云芳'和'青龙卧墨池'的关系较近，说明'太平红'、'彭州紫'和'首案红'、'青龙卧墨池'之间有很近的亲缘关系。这些结果说明，西南牡丹品种参与了现有江南牡丹品种的形成和演化，或者有些江南品种就是直接从西南品种长期栽培驯化而来。

4. 西北牡丹品种在江南牡丹起源中的作用

据记载，盐城枯枝牡丹'盐城红'和'盐城粉'来自陕西，由当地卞氏先祖由长安带回。形态学聚类分析结果表明，'盐城红'和杨山牡丹、西北品种'黑旋风'聚为一组。花粉的形态特征上，'盐城红'具有典型的西北品种的特征，其花粉外壁纹饰也与湖北保康紫斑牡丹相似，都为粗网状。ISSR 分析也显示，'盐城红'、'盐城粉'与紫斑牡丹品种'黑旋风'、'粉荷'聚为一组。因此，有理由推测，'盐城红'、'盐城粉'应是西北品种直接演化而来，南移后逐渐适应了江南地区的地理气候。

综上所述，江南传统观赏牡丹品种的起源可以归结为：①来自于杨山牡丹的直接演化；②部分江南品种由中原、西南、西北品种引种驯化而来。这与前面的分析基本相符。

3.3　江南地区适生牡丹品种

3.3.1　上海地区牡丹品种适生性评价

从 21 世纪初开始，上海收集引进了国内外各地牡丹品种约 120 个，进行了较长时间的对比观察。这些品种分属江南品种群、中原品种群、西北品种群及西南品种群；国外的有日本品种群，法国、美国的杂种牡丹，以及芍药属组间杂种——伊藤杂种。这些品种在上海的适应性表现出较大的差异。

（1）萌动期。江南品种在1月下旬至2月中旬，日本品种在1月底至2月上旬，西南品种2月上中旬，西北品种2月中下旬，欧美品种2月下旬。伊藤杂种最晚，在2月底至3月初。

（2）开花期。各地品种在上海表现出一定的规律性，江南品种开花较早，一般在3月下旬或4月初，到4月上中旬，其中以'凤丹'开花最早，在3月下旬至4月初；其次为日本品种（4月下旬），然后是西北品种（4月下旬）。欧美品种与伊藤杂种开花最晚，多在4月底至5月初始花。中原品种数量多，品种间差异较大，一般在3月下旬至4月上中旬之间，以'景玉'等开花最早。

（3）秋发现象。入秋后，大部分品种进入休眠状态，其中以'凤丹'表现较为一致，当年花芽很少在秋季萌发。西北品种'书生捧墨'、'紫蝶迎风'早秋萌动，但嫩叶生长一段时间后会停止生长。而日本品种及欧美品种则普遍有不同程度的秋发现象发生。例如，'Black Priate'、'金岛'、'金星'、'金阁'，以及日本品种中的'镰田藤'、'时雨云'、'玉芙蓉'、'长寿乐'、'八重樱'等，都易秋发。而'金岛'与日本寒牡丹品种'时雨云'在深秋易于开花，这与这些品种具有两次成花能力有关。

在上海地区引种外地牡丹品种不适应的情况主要表现在以下几个方面：①土壤排水通气状况不好导致的根系坏死、腐烂；②对夏季高温湿热不适应，常有日灼发生，或导致早期落叶；③病虫害较严重，特别是病害防治不及时造成严重伤害；④易于秋发。秋发也与早期落叶有关。此外，早春倒春寒时引起部分品种缩蕾，成花率偏低等。

综合考虑各类品种在上海地区的生长适应性，对6个品种群的表现可以作出以下评价（表3-3）。

在品种选择方面，上海地区的牡丹栽培首先应是江南品种，还有日本品种及伊藤杂种；中原品种有部分适应性较强的品种，可以继续使用，这个问题我们下面还要继续讨论。至于西北品种及欧美品种，则尚需慎重选择。但美国引进品种中，'海黄'（High noon）仍不失为一个较好的品种。

表3-3　各地牡丹品种在上海地区的适应性评价

序号	品种群	适应性评价
1	江南品种群	适应性强，耐湿热，生长健壮，成花率高，无秋发现象
2	中原品种群	品种间差异大。部分品种适应性较强，多数不耐湿热，部分品种易秋发
3	西北品种群	生长势弱，越夏不良，易秋发
4	西南品种群	生长势强，适应性较强，较耐湿热，成花率较高，无秋发现象
5	日本品种群	多数品种生长健壮，成花率高，较耐湿热，少有秋发
6	欧美品种群	生长势弱，不耐湿热，秋发严重，易枯梢，适应性差，成花率低
7	伊藤杂种	生长旺盛，适应性极强。成花率高，耐湿热，无秋发

上海地区主要适生品种的观赏性状及其综合评价见表 3-4 和表 3-5。

表 3-4　上海地区适生品种主要观赏性状及适应性评价

（一）江南品种

品种名称	花色	花型	花径 /cm	花香	花期	芽位高 /cm	花枝长 /cm	雌蕊	花粉	生长势	适应性
呼红	紫色	蔷薇型	16.0	有	中早	9.3	35.0	正常	大量	强	强
凤尾	白色	楼子台阁型	15.5	有	中早	7.3	43.0	退化	少	强	强
西施	紫红	楼子台阁型	14.0	有	中早	8.0	40.0	退化	少	强	强
昌红	紫红	蔷薇型	17.0	有	中早	10	34.0	正常	大量	强	强
轻罗	紫红	蔷薇型	18.0	有	中早	10	34.0	正常	大量	强	强
四旋	紫红	蔷薇型	16.0	有	中早	10	34.0	正常	大量	强	强
羽红	紫红	蔷薇型	17.0	有	中早	—	—	正常	大量	强	强
玫红	紫红	蔷薇型	17.0	有	中早	—	—	正常	大量	强	强
雀好	紫红	蔷薇型	17.3	有	中早	8.8	34.3	正常	大量	强	强
云芳	紫红	皇冠型	15.0	有	中	—	—	—	—	一般	一般

（二）中原品种

品种名称	花色	花型	花径 /cm	花香	花期	芽位高 /cm	花枝长 /cm	雌蕊	花粉	生长势	适应性
肉芙蓉	粉红	蔷薇型	15.3	有	早（长）	3.7	20.0	正常	有	一般	良
霓虹焕彩	紫红	楼子台阁型	14.0	有	中早	6.0	21.0	瓣化	有	一般	良
彩绘	紫色	皇冠型	15.0	无	中早	4.0	25.0	退化	有	一般	良
乌龙捧盛	紫红	绣球型	14.0	有	中	4.8	22.3	退化	有	一般	良
卷叶红	红紫	千层台阁型	13.0	有	中早	4.3	22.0	退化	有	一般	良
鲁荷红	红紫	楼子台阁型	12.5	有	中早	5.0	24.7	退化	有	一般	中
胡红	红色	皇冠型	14.5	无	中	5.3	22.3	退化	无	一般	中
香玉	白色	皇冠型	17.0	浓	中	—	38.0	正常	少	强	强
锦袍红	紫红	菊花型	15.0	—	早	—	—	正常	有	一般	强
首案红	紫红	皇冠型	15.0	—	中晚	—	—	瓣化	无	强	强
墨池金辉	深红	荷花型	17.0	—	中	—	—	正常	多	强	强

（三）西北品种

品种名称	花色	花型	花径 /cm	花香	花期	芽位高 /cm	花枝长 /cm	雌蕊	花粉	生长势	适应性
书生捧墨	白色	单瓣型	17.3	有	中	9.5	31.0	正常	大量	一般	中
艳春	紫红	皇冠型	12.5	有	中晚	11.0	33.3	正常	瓣化	一般	差
桃花三转	红紫色	托桂型	16.0	无	中晚	15.0	36.0	残存	无	一般	—
白雪公主	白	绣球型	14.0	有	中晚	2.0	18.0	正常	无	弱	差

（四）西南品种

品种名称	花色	花型	花径/cm	花香	花期	芽位高/cm	花枝长/cm	雌蕊	花粉	生长势	适应性
太平红	红紫	楼子台阁型	15.5	无	早	5.6	26.3	瓣化	少	一般	良

（五）欧美品种与伊藤杂种

品种名称	花色	花型	花径/cm	花香	花期	芽位高/cm	花枝长/cm	雌蕊	花粉	生长势	适应性
金岛	黄色	菊花型	14.0	芳香	中晚	5.3	33.7	正常	少	一般	中
Reine Elisabeth	红色	千层台阁型	19.0	—	中晚	8.0	36.0	瓣化	无	强	强
海黄	黄色	菊花型	14.5	芳香	晚	10.0	33.0	正常	少	一般	中
Banquet	红色	单瓣型	15.0	无	晚	11.0	54.0	正常	少	一般	中
金阁	黄色	绣球型	14.5	芳香	晚	—	—	退化	无	一般	中
金晃	黄色	蔷薇型	13.5	芳香	晚	—	—	正常	少	一般	中
Mystery	红色	单瓣型	13.0	无	晚	—	—	正常	少	一般	中
方金东	黄色	荷花型	15.5	—	晚	—	—	正常	少	一般	良

表 3-5　上海地区适生日本品种主要观赏性状及适应性评价

品种名称	花色	花型	花径/cm	花香	花期	芽位高/cm	花枝长/cm	雌蕊	花粉	生长势	适应性
麟凤	紫黑色	蔷薇型	16.0	—	中晚	9.5	25.0	正常	大量	一般	强
岛锦	红白复色	菊花型	18.0	无	中早	12.3	35.0	正常	大量	一般	良
太阳	红紫色	菊花型	15.5	无	中早	11.3	33.0	正常	大量	一般	良
新日月	紫红色	菊花型	14.0	无	中晚	14.3	33.3	正常	大量	中等	良
玉兔	白色	菊花型	19.0	无	中	10.0	33.0	正常	大量	强	强
岛大臣	红紫色	菊花型	18.0	有	中晚	17.0	34.0	正常	大量	一般	良
锦岛	红紫色	菊花型	18.5	无	中	8.7	27.3	正常	大量	一般	强
丰代	红色	菊花型	17.6	无	中晚	14.0	35.0	正常	大量	一般	良
镰田藤	淡蓝色	菊花型	18.5	有	中	10.0	33.3	正常	大量	一般	良
长寿乐	紫色	单瓣型	18.5	无	中晚	10.5	36.5	正常	大量	一般	良
红旭	红色	菊花型	21.0	有	中晚	—	—	正常	大量	一般	良
芳纪	红色	菊花型	18.0	有	中	9.5	33.0	正常	大量	一般	中

续表

品种名称	花色	花型	花径/cm	花香	花期	芽位高/cm	花枝长/cm	雌蕊	花粉	生长势	适应性
村松樱	红紫色	菊花型	19.0	有	中	8.5	37.0	正常	大量	一般	良
花嬎	红紫色	菊花型	17.0	有	中	12.0	32.6	正常	大量	一般	良
花王	红紫色	金环型	17.5	无	中晚	19.3	42.0	退化	多	一般	良
天衣	白色	蔷薇型	20.0	有	中	12.5	31.0	正常	大量	一般	良
紫光锦	灰紫色	菊花型	16.0	有	中	12.0	27.0	正常	大量	一般	良
圣代	红紫色	菊花型	20.0	—	中晚	5.0	36.5	正常	大量	一般	良
明石泻	粉色	菊花型	21.5	—	中晚	8.3	30.3	正常	大量	一般	强
五大洲	白色	单瓣型	—	有	中	17.0	32.6	正常	大量	一般	中
连鹤	白色	荷花型	21.0		中		30.0	正常	多	一般	良
白王狮子	白色	荷花型	20.0		中晚		—	正常	多	强	强
八千代椿	粉色	菊花型	17.0	有	中晚	11.7	28.0	正常	大量	一般	中
百花撰	紫红色	菊花型	21.0	有	中晚	11.5	38.0	正常	大量	一般	良
御国之署	白色	荷花型	18.0	有	中晚	12.8	35.0	正常	大量	一般	良
镰田锦	淡紫色	菊花型	17.0	—	中晚	—	24.0	正常	有	一般	良
花遊	粉红色	菊花型	18.0	—	中	11.0	36.0	正常	多	强	强
八重樱	红紫色	菊花型	22.0	浓	中	13.0	33.3	正常	大量	一般	强
玉芙蓉	红紫色	菊花型	18.5	浓	中早	10.3	36.5	正常	多	强	优
扶桑司	白色	绣球型	23.5	有	中晚	9.0	34.0	正常	少	一般	良
锦乃艳	紫红色	菊花型	19.0	—	中	7.5	28.0	正常	大量	强	强

3.3.2　江南各地引种的中原牡丹（品种）

除上海地区外，江南各地对中原牡丹品种的引种可谓长盛不衰。究其原因，有以下几个方面：一是江南各地对发展观赏牡丹始终抱有较高的热情；二是江南各地虽有一批地方品种，但数量偏少，且色彩亮丽的不多。而中原牡丹品种繁多，变异丰富，观赏品位高，文化内涵很丰富；三是其中一些带有'凤丹'血统的品种对南国风土条件也较为适应；四是中原牡丹苗木培育成本相对较低。有些盆栽品种春节前催花，在南方表现甚至比北方还好，如此等等。但从总体上看，引进品种和植株保存率偏低，能较长时间保持中原牡丹特色，花开时场景壮观的专类园并不多见。像武汉东湖牡丹园以引进中原牡丹为主要景观特色的园子，实属不易，他们是在品种选择和栽培管理技术上下了很大工夫的。要保证中原牡丹引种取得较大成功，这两个方面都至关重要，缺一不可。

对于江南各地适生的中原牡丹品种，曾有过较多系统的总结（李嘉珏，2006；李嘉珏等，2011）。近来菏泽国花牡丹研究所赵孝知等又对南京、武汉、长沙等地的中原品种引种情况作过一次调查，以引种后5年生长开花基本正常为准，将调查结果简要列表（表3-6），以供各地参考。在以上工作的基础上，李嘉珏又于2012年秋将其中60余个品种引到湖南中南部的邵阳县栽植，并进行了三年观察。据2015年春季花期的初步总结，以其中的'月宫烛光'等品种表现最好。由此可见，江南地域辽阔，气候土壤及地形条件仍有较大差异，一些品种的表现还会发生变化，需要各地从实际情况出发，进一步加以总结和提高。

表3-6　江南各地引种中原品种适生情况

（一）引种5年及以上，较为适应的品种

色系	品种
白色	赛雪塔、香玉、琉璃贯珠、雪莲
粉色	肉芙蓉、白花展翠、银红巧对、粉中冠、恋春、月宫烛光、百花丛笑、李园春、雪映桃花（粉白）、贵妃插翠、玉面桃花
红色	迎日红、红麒麟、脂红、胡红、唇红、锦袍红、卷叶红、鲁荷红、春红娇艳（浅红）、锦红、翠羽丹霞（浅红）、丹顶鹤（大红）、青州红、霓虹焕彩（大红）、似荷莲、珊瑚台、鹤顶红、富贵红（浅红）
紫红色	藏枝红、朝衣、百园红、墨润绝伦、紫凤朝阳、百园红霞、首案红、大棕紫、青龙镇宝、紫二乔（洛阳红）、彤云、乌龙捧盛
黑色	冠世墨玉、墨楼争辉、黑海撒金、墨池金辉、乌金耀辉、珠光墨润、包公面
粉蓝色	大朵蓝、叠云、群英、绣桃花、蓝宝石、雨后风光、富贵满堂、蓝芙蓉、蓝月亮
紫色	菱花湛露、胜葛巾、彩绘、丁香紫
绿色	绿幕隐玉、春柳（绿白色）
复色	二乔

（二）引种5年以上，明显不适应的品种

色系	品种
白色	昆山夜光、玉楼点翠、冰壶献玉、雪桂、玉板
粉色	醉西施、鲁粉、西瓜瓤、赵粉、银粉金鳞、百花粉、春水绿波、盘中取果
红色	皱叶红、红梅傲霜、飞燕红妆、罗汉红、烽火、明星、丛中笑、朝阳红、红姝女、丹炉焰、红辉

续表

色系	品种
紫红色	状元红、紫红争艳、锦绣球、寿星红、红岩、八宝红
黑色	黑花魁、烟笼紫珠盘、青龙卧墨池、墨撒金
粉蓝色	蓝田玉、青翠蓝、西施蓝、雨过天晴
紫色	邦宁紫、紫蓝魁、假葛巾紫、紫瑶台
淡紫色	古城春色、金玉交章、黄金翠、姚黄、玉玺映月、雏鹅黄
绿色	豆绿、三变赛玉（绿白）、绿香球（绿白）

3.3.3　江南地区适生品种简介

目前，江南地区栽培品种来源呈现多样化，并主要由以下几个部分组成：①江南地区传统品种；②当地新选育品种；③适应江南气候、土壤条件的中原品种；④国外引进品种。下面是一些主要品种的简要介绍。

江南传统品种

1　'凤丹白'（'Fengdanbai'）

花白色，花瓣腹部有时带红紫色晕；单瓣型，花径 16cm，花瓣 2 ～ 3 轮，宽大；雌雄蕊正常，花丝、房衣、柱头均紫红色；花梗较粗壮，花头直立；当年生枝条长 40 ～ 50cm；中型长叶，小叶 11 ～ 15 片，卵状披针形，绿色，平展。

植株直立，萌蘗性较差。上海地区 3 月末始开，4 月上旬为盛花期，可持续到 4 月中旬。

该品种是中国栽培最广泛的牡丹品种之一。其生长势强，适应性强，品质良。常大量用作药用栽培，亦作观赏。2011 年起作为油用品种，各地普遍栽培。其结实力强，主要采用播种繁殖。栽培群体内有一定的变异性，广泛用于杂交育种的亲本。

2　'凤丹'系列品种

'凤丹白'在长期的栽培过程中，出现了一些较明显的花色或叶部形态性状的变异。也可能有其他类群的种质渗入。目前，在安徽和湖南地区药用栽培中还存在着以下类型。

'凤丹粉'（'Fengdanfen'）

单瓣型。花淡粉色，随花朵开放花色逐渐变淡，将败时转为白色或稍带粉色晕。花瓣宽大，先端有一凹缺，边缘具明显齿裂，且齿裂深浅不一；花瓣 8～16 片，呈 2～3 轮排列；花朵较大，花冠直径 15～20cm；芳香；雄雌蕊发育完全，结实率高。生长势强。花朵直上，花期 4 月上中旬。

'凤丹紫'（'Fengdanzi'）

花瓣淡紫色，基部颜色较深，花瓣顶端颜色变浅，随花朵的开放花色逐渐变淡，将败时转为紫白色或粉紫色，仅基部残留有淡紫色晕。花瓣宽大，先端有一凹缺，边缘具明显深浅不一的齿裂，花瓣 8～16 片，呈 2～3 轮排列；花朵较大，花径 15～20cm；芳香；雄雌蕊发育完全，结实率高。生长势强，具根蘖。花朵直上，花期 4 月上中旬。

'凤丹玉'（'Fengdanyu'）

单瓣型。花玉白色，或基部有淡粉色晕，花瓣先端有一明显凹缺，近凹缺处有少许浅齿裂；花直径约 10cm。雄雌蕊发育完全，结实率高。生长势中等，花朵直上，花期 4 月上中旬。药用栽培，亦作观赏，其花型优美，形如玉兰，晶莹润泽。芳香。

'凤丹星'（'Fengdanxing'）

单瓣型。花白色，花瓣基部有深紫红色色斑，随花瓣的张开，花色逐渐变淡并呈星状。花瓣宽大，波状，边缘具明显深浅不一的齿裂；花瓣 2～3 轮；花朵较大，花径 15～20cm；芳香；雄雌蕊发育完全，结实率高。生长势强，具根蘖。花朵直上，花期 4 月上中旬。

'凤丹绫'（'Fengdanling'）

单瓣型。花白色，或花瓣基部常有浅粉色晕，随花瓣张开色晕逐渐消失。花瓣细长，皱折呈波状，先端具有明显齿裂；花瓣 2～3 轮，开展时形如蟹爪；花朵较大，花径 15～20cm；芳香；雄雌蕊发育完全，结实率高。生长势强，具根蘖。花朵直上，花期 4 月上中旬。

'凤丹韵'（'Fengdanyun'）

单瓣型。花白色，沿花瓣中脉有一紫红色晕，越往花瓣基部颜色越深；随花瓣的开展色晕颜色逐渐变淡。花瓣 2～3 轮，狭长，瓣端具裂齿；花朵较大，花径 15～18cm；芳香；雄雌蕊发育完全。结实率高。生长势强，具根蘖。花朵直上，花期 4 月上中旬。

'凤白荷'（'Fengbaihe'）

荷花型。花白色。花瓣3～5轮，外轮花瓣宽大，内1～2轮花瓣形如荷花瓣；瓣缘有明显深浅不一的齿裂；花朵较大，花径约18cm；芳香；雄雌蕊发育完全，结实率高。生长势强。花朵直上，花期4月上中旬。

❸ '玉楼'（'Yulou'）

花白色，台阁型，花径15cm。下位花外瓣多轮，倒卵形，瓣基有浅紫色斑；雄蕊多数，多瓣化，部分发育正常，花丝紫红色，端部色浅；上位花花瓣常皱折状，内夹多数雄蕊，中心心皮多6个或以上，败育，柱头红色，房衣紫色，残存。花梗长，较软，花头常侧垂。当年生枝长35cm；中型圆叶，叶长47cm，叶宽27cm，总叶柄长23cm。复叶有9～15片小叶。

上海地区为中早花品种。其生长势强，品质优。

❹ '凤尾'（'Feng wei'）

花白色，台阁型，有时可开成单瓣型。花径15cm。下位花外瓣倒卵形，3～4轮较宽，瓣基粉紫色晕斑；雄蕊多数，多瓣化，瓣化瓣近披针形，部分发育正常；上位花花瓣混生于雄蕊之中，心皮3～7个，柱头红色，败育，房衣深紫红色，残存。花梗长，较软，花头常侧垂。当年生枝长42cm，花枝叶数8～11片，大型圆叶，叶长54cm，叶宽34cm，总叶柄长23cm，小叶11～15片。株型直立，株高100cm。

上海地区为中早花品种，生长势强，品质优。

❺ '西施'（'Xishi'）

花粉色，基部色深；楼子台阁型，花径 15cm。花瓣数多，下位花外瓣倒卵形，花瓣腹部有深色晕；雄蕊多瓣化，部分发育正常，花丝紫红色。房衣紫色，残存。上位花中心心皮 9 个或更多，败育，柱头红色，花梗长，较软，花头侧垂。株型直立，株高 105cm；当年生枝长 40cm。大型圆叶，叶长 46cm，叶宽 36cm，总叶柄长 15cm，小叶 9 片。

上海地区为中花品种，生长势强，品质优。

❻ '粉莲'（'Fen lian'）

花粉色，基部色深，台阁型。花径 15cm。外瓣多轮，倒卵形，瓣基色深；雄蕊多瓣化，部分发育正常，花丝紫红色；上位花心皮多 5 个，败育，柱头红色，房衣消失。花梗长，花头侧垂。植株中高；株型直立，当年生枝长 27cm；中型圆叶，叶长 34cm，宽 23cm，总叶柄长 16cm，小叶 9 片，顶小叶多 3 裂或更多裂。叶脉基有毛。

该品种生长势强，花期中，品质优。

❼ '盐城红'（'Yanchenghong'）

又名'紫袍'。花深紫红色；花瓣 2～3 轮，单瓣型。花朵中大，花径 17cm。外瓣倒卵形，瓣基有深色斑；雄蕊多数，发育正常，花丝紫红色；雌蕊坦露，心皮多 5 个，正常，柱头粉色，房衣全包，粉红色。花头直立。株型直立，植株中高；当年生枝长 36cm，叶长 43cm，叶宽 30cm，总叶柄长 17cm，9 片小叶，质地较薄，叶背有毛。

该品种生长势强，花期中，品质优。江苏盐城便仓枯枝牡丹园传统品种之一。

⑧　'云芳'（'Yunfang'）

花紫红色，皇冠型，花径15cm。外瓣宽大，卵圆形，瓣缘齿裂或不规则裂，花瓣基部有红斑。雄蕊较少，部分发育正常，花丝紫红色。心皮多5个，瓣化，房衣消失。花头侧垂，藏花。株型半开张；当年生枝长29cm，大型圆叶，叶长51cm，叶宽39cm，总叶柄长23cm。9片小叶，小叶宽卵圆形，叶表面有褐色晕，顶小叶多3裂，少数中裂片再裂。叶片排列正常，质地一般，叶背靠外脉有毛。

该品种主产于安徽宁国。其生长势偏弱，成花率低，中晚花品种。

⑨　徽紫系列

安徽宁国一带所产'徽紫'系列品种共有7个，形态相近，花色基本相同，花型由菊花型至蔷薇型。由于大部分品种不易区分，且分子标记显示其亲缘关系相近。有专家建议将这些品种合并。但经仔细观察，其中仍有些品种易于区分，如'四旋'等。本书仍暂按原分类加以介绍。

'呼红'（'Hu hong'）

花紫红色，外瓣倒卵形，瓣基有深紫色斑，花瓣10～12轮，蔷薇型；花径16cm，雄蕊多数，发育正常，花丝紫红色；心皮多，被毛，败育，不结实；房衣紫色，全包，柱头紫黑色。花头直立或侧垂，略藏花。

株型半开张，株高95cm；当年生枝长28cm，花枝叶数5～7片；中型圆叶，叶片长度40cm，宽度23cm，总叶柄长21cm，9片小叶，顶小叶3裂。复叶斜伸，叶背无毛。

上海地区为中早花品种，生长势强，品质优。

'羽红'（'Yuhong'）

花紫红色,蔷薇型;花径 17cm。花瓣 9 ～ 12 轮,倒卵形;雄蕊多数,发育正常,花丝紫红色;心皮 5 ～ 6 个,败育,不结实,柱头、房衣均紫红色,半包,花头直立或侧垂。株型半开张,植株中高。当年生枝长 32cm。大型圆叶,叶长 51cm,宽 31cm,总叶柄长 22cm,9 片小叶,顶小叶多 3 裂或更多裂。叶背无毛。

上海地区生长势强,花期中,品质优。

'轻罗'（'Qingluo'）

花紫红色,蔷薇型,花瓣基部有深紫色斑。花径 18cm,花头直立或侧垂。花瓣倒卵形,10 轮以上;雄蕊多数,发育正常,花丝紫红色,端白;心皮多 5 个,败育,柱头暗紫红色,株型直立,房衣暗紫色,全包,植株中高;当年生枝长 29cm,花梗色绿。大型圆叶,叶长 44cm,叶宽 32cm,总叶柄长 19cm。复叶斜伸,小叶 13 片,顶小叶 3 深裂。

上海地区为中早花品种,生长势强,品质优。

'雀好'（'Quehao'）

花紫红色,瓣基紫红色斑,蔷薇型;花径 16.5cm;花瓣 9 ～ 12 轮,外瓣倒卵形,具齿裂。雄蕊多数,花丝紫红色,心皮多 5 个,退化,柱头紫红色,房衣半包,紫色。花头直立或侧垂;当年生枝条长 31cm,大型圆叶,叶长 45cm,宽 28cm,总叶柄长 20cm。复叶斜伸,小叶 9 片,顶小叶多 3 裂。株型半开张,株高 90cm。

上海地区为中早花品种。生长势强,品质优。

'昌红'（'Changhong'）

花紫红色，蔷薇型，花径 17cm；花头侧垂。花瓣 10～12 轮，外瓣倒卵形；瓣基有深紫色斑。雄蕊多数，花丝紫红色。心皮多 5 个，被毛，败育，房衣紫色，全包，柱头紫红色。株型半开张，株高 100cm；当年生枝长 34cm，花枝叶 6～7 片，大型圆叶，叶片长 49cm，宽 32cm，总叶柄长 20cm。复叶斜伸，9 片小叶，顶小叶 3 裂。

上海地区为中早花品种，生长势强，品质优。

'玫红'（'Meihong'）

花紫红色，蔷薇型，花径 16cm，外瓣倒卵形，瓣基有斑。雄蕊多数，花丝紫红色。心皮多 5 个，败育，柱头紫红色，房衣紫红色，全包，株型半开张，植株中高，当年生枝长 26cm，大型圆叶，叶长 35cm，叶宽 20cm，总叶柄长 16cm。复叶斜伸，9 片小叶，顶小叶（8cm×11cm）3 深裂。上海地区为中早花品种，生长势强，品质优。

'四旋'（'Sixuan'）

花紫红色，蔷薇型，花径 18cm。外瓣倒卵形，瓣基有红斑。雄蕊多数，花丝紫红色。心皮多 5 个，败育或退化，柱头紫红色，房衣紫色，残存。株型半开张，植株中高，当年生枝长 33cm，花梗色绿。大型圆叶，叶长 47cm，叶宽 34cm，总叶柄长 20cm。小叶 9 片。叶片排列正常，质地一般，叶背无毛。

上海地区为中早花品种。生长势强，品质优。该品种花开时，内数轮较小花瓣常旋转形成 4～5 个花心，故名。

⑩ '香丹'（'Xiangdan'）

花紫色，单瓣型。花朵小，花径 11cm，花头直立。花瓣 3 轮。外瓣倒卵形，瓣缘齿裂；瓣基有红斑。雄蕊多数，发育正常，花丝紫红色。心皮 5 个，柱头红色，房衣深红色，全包。自花不结实。植株较矮，株型直立，当年生枝长 26cm。复叶斜伸，小型圆叶，叶长 28cm，叶宽 20cm，总叶柄长 13cm，9 片小叶，顶小叶多 3 裂，叶背脉上有毛。

该品种适应性强。生长势中，花期早，品质优。湖南邵阳主要药用品种之一，因其丹皮红色有香味而称为'香丹'，后命名为'宝庆红'。为培育耐湿热品种的优良亲本之一。现各地多有引种栽培。

⑪ '黑楼紫'（'Heilouzi'）

花深紫红色，绣球型。花朵中大，花径 15cm，花高可达 14cm；外瓣卵圆形，花瓣基部有红黑斑。雄蕊残存，部分发育正常，心皮残存。花梗粗壮，花头直立。植株中高，株型直立，当年生枝长 42cm，花梗泛红。大型圆叶，叶长 45cm，叶宽 28cm，总叶柄长 18cm。复叶上举，质地较厚，叶背基部微有毛。小叶 9 片，顶小叶 3 裂，中裂片再三裂。

该品种产于浙江慈溪一带。生长势强，花期中，对营养条件要求较高，成花率低。在良好栽培条件下，花朵可开达 20cm 以上，美丽壮观。人甚珍爱之。

各地多有同物异名品种,如浙江金华等地亦称'大富贵'、'富贵紫'。四川彭州一带的'紫绣球'亦可能是同一品种。

⑫ '粉菊花'（'Fenjuhua'）

花粉红色,有光泽；菊花型。雄蕊极少，心皮 7～8 个，柱头黄白色，花丝、房衣紫红色。花朵中偏大（18cm×18cm），侧垂。花外瓣 3 轮，内瓣窄，瓣基部有红斑。中型圆叶，小叶 9 片，卵形，较厚，有缺刻，叶柄紫红色。植株高大（140cm），较开张；枝粗壮，有紫色晕。

该品种着花多，香气浓，萌芽早，花期中，耐湿热，适应性强,萌蘗枝中多。湖南永顺松柏镇一带观赏栽培。

⑬ '湘金蕊'（'Xiangjinrui'）

花粉红色，荷花型。花朵较大（20cm×8cm），花头侧垂。

花外瓣3轮，基部有紫红色斑。雄蕊多数（221～238），心皮6个，柱头红色，房衣、花丝紫红色。小型圆叶，小叶7～9片，卵形，较薄，有缺刻，叶柄紫红色。植株高大（120～150cm），较开张。新枝粗壮。

该品种着花多，花香浓，耐湿热，适应性强，萌蘖枝中多。花期中。湖南永顺松柏镇一带观赏栽培。

⑭ '土家粉'（'Tujiafen'）

花粉红色，有光泽；蔷薇型或皇冠型。花朵中大（17cm×8cm），花头侧垂。外瓣大，内瓣稍狭短，瓣基部有紫红斑。雄蕊残留，花丝淡紫色；心皮（2）5～13个，柱头紫红色。小叶7～9片，卵形，较薄，叶面稀具柔毛，有紫红晕，柄凹紫红色。植株高大（140cm），开张。枝条粗壮，新枝有紫晕。

该品种着花多，香气浓；萌蘖枝多。耐湿热。花期中，湖南永顺松柏镇一带观赏栽培。

⑮ '湘女多情'（'Xiangnüduoqing'）

花粉红色，有光泽；菊花台阁（亚）型。花朵中大（18cm×12cm），侧垂。下方花外瓣2轮，

较大，内瓣渐小；瓣基部有紫红斑。下方花与上方花之间有一圈正常雄蕊；上方花花瓣较大，直立，心皮6个，花丝、柱头、房衣紫红色。大型圆叶，小叶9片，宽卵形，较厚，有缺刻，叶面有紫红晕，叶柄紫红色。萌芽早，植株高大（130～150cm），较开张。新枝粗壮，有紫色晕。

该品种着花多，花香浓，萌蘖枝中多；耐湿热，适应性强，花期中且花期稍长。湖南永顺松柏镇一带观赏栽培。

⑯ '湘女舞'（'Xiangnüwu'）

花粉红色，单瓣型。花朵偏小（13cm×7cm）。花瓣扭曲，瓣端锯齿状，基部有紫红色晕斑。雄蕊多数（258～288），大型，心皮5个，花丝、柱头、房衣紫红色。中型长叶，小叶13～15片，卵叶披针形，全缘，叶薄，平展，叶柄淡紫色。植株中高（60～70cm），近直立。枝粗壮，分枝少。

该品种极耐湿热，适应性强。着花少，香气浓。萌蘖枝少，结实性强。根皮药用。花期中。湖南邵阳郦家坪镇农家栽培。

⑰ '湘西粉'（'Xiangxifen'）

花淡粉红色，有光泽；托桂型。花朵较大（20cm×10cm），侧垂。外瓣大，瓣基有紫红斑。雄蕊数中（120～150），心皮6～8个，柱头黄白色，花丝、房衣紫红色。植株高大（120～150cm），较开张。中型圆叶，小叶9片，卵形，较薄，有缺刻，叶面有紫红色晕，叶柄紫红色。新枝粗壮，有紫色晕。

该品种着花多，花香浓，耐湿热，适应性强。萌蘖枝中多。花期中。湖南永顺松柏镇一带观赏栽培。

⑱ '湘绣球'（'Xiangxiuqiu'）

花粉红色，有光泽；绣球台阁型。花朵大（22cm×20cm），花头侧垂。单花外瓣3轮，瓣端剪裂状，瓣基部有紫红斑。雄蕊极少，花丝紫红；心皮7～8个，柱头黄白色。大型圆叶，小叶9片，卵形，较薄，有缺刻，叶柄紫红色。植株高大（120～170cm），较开张。新枝粗壮。

该品种着花多，花香浓，萌蘖枝中多，耐湿热，适应性强。花期中，品质优。湖南永顺松柏镇一带观赏栽培。

⑲ '湘紫斑'（'Xiangziban'）

花粉色，单瓣型。花朵偏小（13cm×6cm）。花瓣基部有墨紫红斑或深紫红斑。雄蕊多数（188～221），大型，心皮5个，柱头淡紫色，花丝、房衣紫红色。小型长叶，小叶12～15片，卵状披针形，全缘，叶薄，平展，叶柄淡紫色。植株高（60～70cm），近直立。新枝长28～37cm，粗。

该品种耐湿热，生长势、适应性强，萌蘖枝少，结实性强。着花稀而花香浓，花期中。根皮药用。湖南邵阳郦家坪镇农家培育栽培。该品种似为'凤丹'与'香丹'自然杂交品种。

⑳ '潭州红'（'Tanzhouhong'）

花洋红色，有光泽；荷花型至菊花型（花瓣25～30）。花朵中大（15cm×7cm）。花瓣3～4轮，瓣基紫红色斑晕。雄蕊多数（236～252），心皮5个，柱头淡紫色，花丝、房衣紫红色。中型圆叶，小叶9片，宽卵形，较厚，有缺刻，叶面有紫红晕，叶柄紫红色。植株高大（120cm），开张。新枝粗壮，略带紫红晕。

该品种着花量多，萌芽早，花香浓。耐湿热，适应性强。萌蘖枝中。花期中。湖南长沙县黄兴镇杨梅村农民已栽培有40余年。

㉑ '土家妹'（'Tujiamei'）

花紫红色，有光泽；皇冠型。花朵较大（20cm×13cm），侧垂。花外瓣2轮，瓣基部有墨紫斑，内瓣较窄。雄蕊极少数，花丝紫红色；心皮0～4个，柱头黄白色。大型圆叶，小叶9片，宽卵形，较薄，有缺刻，叶面有紫红晕，叶柄紫红色。植株高大（130cm），较开张。新枝粗壮，有紫色晕。

该品种着花多，花香浓；萌蘖枝中；耐湿热，适应性强。花期中偏晚。湖南永顺松柏镇一带观赏栽培。

㉒ '土家紫'（'Tujiazi'）

花紫红色，蔷薇型。花朵中大（17cm×8cm），侧垂。外花瓣3轮较大，内瓣较窄，瓣基有墨紫斑。雄蕊极少，心皮11～17个，花丝、柱头、房衣紫红色。大型圆叶，小叶9片，卵形，有缺刻，叶柄紫红色。植株高大（140cm），较开张。新枝长45cm，粗壮。

该品种着花量多，花香浓。耐湿热，适应性强。萌芽早（长沙12月中旬），花期晚（3月下旬至4月上旬）。萌蘗枝多，无性繁殖。湖南永顺松柏镇观赏栽培。

㉓ '紫绣球'（'Zixiuqiu'）

花紫红色，有光泽；绣球台阁型。花朵中大（18cm×12cm），侧垂。外瓣3轮，瓣端剪裂状，内瓣窄，排列紧密，瓣基部有墨紫斑。雄蕊残留，花丝紫红色；心皮6个，柱头黄白色。中型圆叶，小叶9片，卵形，较薄，有缺刻，叶柄紫红色。植株高大（130～210cm），较开张。新枝粗壮，泛紫色晕。

该品种着花多，花香浓，耐湿热，适应性强。花期中偏晚。湖南永顺松柏镇一带观赏栽培。

新选育品种

近年来，江南各地的科研机构和牡丹栽培种植单位面向江南地区"湿"、"热"的地理和气候环境，以江南地区的生长适应性作为品种选育的重要目标，着重考察品种的花色、花型等观赏性状，选育出了一批具有较高观赏价值、又适应江南地区地理和气候特征的牡丹品种，分别介绍如下。

1 '浦江紫'（'Pujiangzi'）

花紫色（RHS:77-C），荷花型；花径 16cm，花头直立，略藏花；花瓣 3～4 轮，质地较硬，基部具明显紫斑；雄蕊多数，花药上端变异为丝状，颜色接近花瓣，花粉量大；雌蕊正常，心皮 5 个，柱头、房衣、花丝均为紫色，房衣全包。花枝长度（28±2.5）cm；花枝芽数 2～3 枚，芽位高（5±2）cm；花枝叶数 5～7。二回羽状复叶，总叶柄长（16±1）cm，小叶 9～15 片，长尖，中型长叶，叶背无毛。

该品种生长势强、成花率高，花朵耐晒、耐雨水，有香味，具有结实能力，冬季偶有早发开花现象。早花类型，上海 4 月初开花。适应性强。上海辰山植物园育出。

2 '云染'（'Yunran'）

花粉紫色，菊花型；花径 16.5cm，花头直立，立于叶上。花瓣质地软，边缘有锯齿，基部色深，边缘色淡，外瓣平均宽度 6cm。雄蕊多数，正常，心皮 5 个，柱头、房衣、花丝紫色，房衣全包。花枝长 30cm，叶片 5 片。二回羽状复叶，小叶 9 片，叶背无毛，总叶柄长（17±1.2）cm。花枝芽数 2～3 枚，芽位高 8.5cm。

该品种长势强健，抗病能力强，丰花，香味浓。具有结实能力。花期中早，上海 4 月上中旬开花。上海辰山植物园育出。

3 '丹霞醉春'（'Danxiazuichun'）

花紫红色，荷花型；花径 19.5cm，花头直立；花瓣约 4 轮，排列整齐，花瓣质地中等，基部有紫红色斑，外层花瓣宽大，平均宽度 9.5cm。雄蕊多数，正常，花丝紫色；心皮 9 个，两轮，房衣近全包，紫红色，柱头正常；花枝长度 23cm，花枝叶数 9～11。花枝基部芽 5～6 枚，芽位高 12cm。二回羽状复叶，小叶 9 片，近全缘，卵圆形，叶背无毛；总叶柄长 14cm。植株中高。

该品种干性强，新枝长；抗病，耐湿热，结实能力强。花朵有香味，耐晒、耐雨水。花期中早，上海 4 月中旬开花。从'凤丹'实生苗后代中选育。上海辰山植物园育出。

④ '娇容羞月'（'Jiaorongxiuyue'）

花粉白色，菊花型；花径 16cm，花头直立；花瓣质地软，8～9 轮，基部具粉红色晕，边缘近白色；外层花瓣平均宽度 7.3cm；雄蕊多数正常，花丝紫色；心皮 5 个，房衣全包，紫红色。花枝长 36cm，叶片 8～12 枚。中型长叶，小叶 9 片，叶背无毛，总叶柄长 18cm。花枝基部芽数 3～4 枚，芽位高 11.5cm。

该品种植株高大，长势强，分枝能力强，花具香味，耐晒、耐雨水，具结实能力。花期中早，上海 4 月上中旬开花，单花花期较长。上海辰山植物园育出。

⑤ '绿蝶探荷'（'Lüdietanhe'）

花粉红色，荷花型；花径 19.0cm，花头直立，略藏花。花瓣质地软，3～4 轮，外 3 轮花瓣宽大，平均宽 6.3cm，边缘呈粗锯齿状，内层花瓣显著变小、卷曲。雄蕊多数，部分瓣化，花丝紫色；心皮 6 个，房衣全包，紫红色，柱头瓣化成宽大条形瓣，绿色，或偶与花瓣同色。花枝长 33cm，叶片 10 枚。小叶 9 片，叶背无毛，总叶柄长 16cm。花枝基部芽数 2～3 枚，芽位高 7.5cm。

该品种花具香味，结实能力弱，萌蘖性一般。花期中早，上海 4 月上中旬开花。上海辰山植物园育出。

⑥ '东方紫'（'Dongfangzi'）

花紫红色，蔷薇型；花径 17cm，花头直立，略藏花；花瓣 7～9 轮；雄蕊多数，花粉量大，心皮 5～8 个，正常，房衣全包，柱头、房衣、花丝均为紫色。花枝长（28.0±2.0）cm；枝基部芽 2～4 枚，芽位高（6±1）cm，叶片 4～6 枚。总叶柄长（19±3）cm，小叶 6～12 片。

该品种植株高大，生长势强健，着花能力强；花朵耐晒、耐雨水，不结实。花期中晚，上海 4 月中下旬开花。上海辰山植物园育出。

⑦ '沪粉妆'（'Hufenzhuang'）

花浅粉红色，荷花型至菊花型；花径19.0cm，花头直立；花瓣5～6轮，排列整齐，基部具浅紫红色斑，瓣端齿裂，外瓣宽大略皱褶，平均宽10.0cm。雄蕊多数，正常，花丝紫红色；心皮8个，两轮，房衣近全包，紫红色。花枝长22cm，叶片9～11枚。小叶9片，卵圆形或长卵形，多全缘，总叶柄长14cm。花枝基部芽4～5个，芽位高13cm。

该品种生长势强，干性强，成花率较高，结实性差，萌蘖性不强。花朵略具香味，耐晒、耐雨水。花期中晚，上海地区花期在4月中下旬开花。上海辰山植物园育出。

⑧ '金玉满堂'（'Jinyumantang'）

花浅粉红至粉红色，荷花型或蔷薇型；花径18cm，花头直立，少数稍侧垂。花瓣8～9轮，质地较软，基部具红色放射状条纹，外瓣宽约7.5cm；雄蕊多数，花丝紫色；心皮6～8个，房衣全包，紫红色。花枝长约30cm，叶片4～8枚。小叶9～12片，总叶柄长16～20cm。花枝基部芽4～5个，芽位高10～12.5cm。

该品种上海地区适应性表现佳，具有一定的萌蘖能力，成花率较高，花朵耐晒、耐雨水，结实能力较弱。花期中，上海4月中旬开花。上海辰山植物园育出。

⑨ '美人低吟'（'Meirendiyin'）

花粉红色，绣球台阁（亚）型；花径20cm，花头侧垂。花瓣质地中等，基部深紫红色，边缘波状，齿裂，外瓣平均宽度8.5cm；雄蕊残存，不育，花丝紫色；心皮5个，房衣全包，紫红色。花枝长33cm，叶片4～7枚。小叶5～9片，总叶柄长18cm。花枝基部芽数3～4个，芽位高10.5cm。

该品种生长势较强，成花率较高，花朵耐晒、耐雨水，不结实。花期中晚，上海4月中下旬开花。单花花期较长。上海辰山植物园育出。

⑩　'醉妆粉'（'Zuizhuangfen'）

　　花深粉红色，菊花型。花朵中偏大（19cm×16cm），花头直立。花外瓣 6 ～ 8 轮，雄蕊多数，花丝红色，心皮 7 ～ 13 个，房衣紫色。

　　该品种着花多，耐湿热，适应性强。上海 4 月上中旬开花，花期中早。上海辰山植物园育出。

⑪　'皎若粉'（'Jiaoruofen'）

　　花白色，单瓣型。花朵大（23cm×20cm），花头直立。花外瓣 2 轮，宽大，先端有凹缺，边缘具明显齿裂，基部有紫红色斑。雄蕊多数，心皮 5 个，房衣、花丝红色。

　　该品种着花多，耐湿热，适应性强。上海 4 月上旬开花，花期中。上海辰山植物园育出。

⑫　'粉黛'（'Fendai'）

　　花粉红色，菊花型。花朵大（23cm×22cm），花头侧垂。花瓣 7 ～ 10 轮，花瓣宽大，边缘具明显齿裂。雄蕊正常，中多。心皮 5 个，房衣、花丝红色。

　　该品种着花多，耐湿热，适应性强。上海 4 月上中旬开花，花期中。上海辰山植物园育出。

⑬　'嫣红落粉'（'Yanhongluofen'）

　　花深粉红色，菊花型。花朵中大（16cm×15cm），花头直立。外二轮、三轮花瓣稍大，内花瓣细长，瓣边缘具明显齿裂。雄蕊正常。心皮 5 ～ 6 个，房衣、花丝红色。

　　该品种耐湿热，适应性强。上海 4 月上中旬开花，花期中。上海辰山植物园育出。

⑭　'粉舞蝶'（'Fenwudie'）

　　花粉红色，单瓣型。花朵中大（18cm×17cm），花头直立。花外瓣 2 轮，宽大，瓣缘具深浅不一的齿裂。基部有条状紫红色斑。雄蕊多数，心皮 5 个，房衣、花丝紫色。

　　该品种着花多，耐湿热，适应性强。上海 4 月上旬开花，花期较短。上海辰山植物园育出。

⑮　'粉黛玉颜'（'Fendaiyuyan'）

　　花粉红色，菊花型。花朵大（20cm×17cm），花头直立。花瓣 9 ～ 12 轮，基部有红色斑，外轮花瓣宽大，向内逐渐变小，瓣缘具明显齿裂。雄蕊多数，心皮 10 个，房衣、花丝红色。

　　该品种着花多，耐湿热，适应性强。花期中。上海 4 月中旬开花。上海辰山植物园育出。

⑯ '绛粉倚翠'('Jiangfenyicui')

花深粉红色，荷花型。花朵大（20cm×17cm），花头直立。花瓣 3～4 轮，宽大，瓣端有凹缺。雄蕊多数，心皮 5 个，房衣、花丝红色。

该品种着花多，耐湿热，适应性强。花期中。上海 4 月上旬开花。上海辰山植物园育出。

⑰ '风舞霓裳'('Fengwunishang')

花深粉红色，菊花型。花朵大（17cm×14cm），花头直立。花瓣 8～10 轮，宽大，瓣缘具明显齿裂。雄蕊多数，心皮 5 个，房衣、花丝紫色。

该品种着花多，耐湿热，适应性强。花期中。上海 4 月中上旬开花。上海辰山植物园育出。

保康自然杂交种

近年来，上海辰山植物园与湖北省保康县地方单位合作，对这一地区的牡丹资源进行了调查，发现了一些具有较高观赏价值的自然杂交品种。这些品种分别带有卵叶牡丹、杨山牡丹及紫斑牡丹的特点。下面简要介绍几例。

❶ '紫气东来'('Ziqidonglai')

花紫红色带粉白边，荷花型至菊花型，花瓣边缘多有缺刻。9 片小叶。

② '宝红霞'（'Baohongxia'）

　　花红色，菊花型。花朵中大，花头直立。雄蕊多数。有瓣化现象；心皮5～8个，房衣半包，花丝、房衣红色。该品种株型矮小，9片小叶，无结实能力。

③ '茉莉紫'（'Molizi'）

　　花紫红色，菊花型。花朵中大，花头直立。雄蕊多数，正常。心皮5个，房衣全包，花丝、房衣及柱头红色。株型中等，9片小叶。

④ '云天红'（'Yuntianhong'）

　　花红色，近绣球型。花朵中大。雄蕊、心皮完全瓣化。植株中高，中型长叶，小叶15片。

⑤　'赛西施'（'Saixishi'）

　　花粉红色，亮丽；高度重瓣，近绣球型。
花朵大，花径 18 ~ 20cm，侧垂。植株生长势强，
中高；中型长叶，小叶 15 片。

⑥　'嫣红'（'Yanhong'）

　　花粉红色，近蔷薇型。花朵中偏大，花径
16 ~ 20cm。中型圆叶，小叶 9 片。

⑦　'赫本'（'Hepburn'）

　　花白色略带粉色，近菊花型。花瓣由外向
内逐渐变小，瓣基有红斑，带红晕。花朵大，
花径 18 ~ 22cm。中型长叶，小叶 11 ~ 15 片。

⑧　'面若桃花'（'Mianruotaohua'）

花粉红色，菊花型。花朵特大，花径28～32cm。叶片肥大，半革质化，大型长叶，小叶 15 片。

江南地区适生的其他品种

引种中原品种、西北品种以及日本和欧美等牡丹品种到江南地区，是丰富江南地区牡丹品种的重要措施之一。对外来品种经多年（3 年以上）栽培，并进行适应性评价（评价结果见表 3-4 和表 3-5）后，选择其中适生的牡丹品种介绍如下。

① 中原品种

'香玉'（'Xiangyu'）

花初开浅粉色，盛开洁白如玉（15-D）。皇冠型，有时呈荷花型或托桂型，为典型的多花型品种。花朵中偏大，花径 18cm，外瓣 2～3 轮，大而平整，内瓣匀称紧密，呈半球状。瓣基具紫色晕。瓣间杂有少量雄蕊；雌蕊正常或退化变小，或瓣化成绿色彩瓣；柱头紫红色，房衣半包。花梗长而硬，花朵直上。一年生枝长 36cm，节间亦长。大型圆叶，肥大而厚，较稀疏，总叶柄长约 13cm，小叶 9 片，卵圆形，缺刻少而浅，端钝，叶面深绿色。鳞芽大，圆尖形。

该品种在上海地区为中花品种。生长势强，成花率高；分枝少，萌芽晚，萌蘖枝亦少；抗病、耐盐碱，幼蕾期耐低温。是上海地区外来品种中最适应的品种之一，抗病、抗热能力均较强。无特殊养护条件下，花芽饱满，且无秋发习性，应作为引种的重点品种之一。

该品种为菏泽赵楼牡丹园 1979 年育出。

'雨后风光'（'Yuhoufengguang'）

花粉色，楼子台阁型，花径 15cm。花外瓣倒卵形，瓣基有深色斑；雄蕊多瓣化，部分残留，花丝紫红色；心皮 8～9 个，瓣化状，房衣残存。花梗长，较软，花头侧垂，略藏花。植株分枝力较强，株高约 68cm；当年生枝长 20cm，叶 10 片；小型圆叶，叶长 27cm，叶宽 19cm，总叶柄长 12cm，9 片小叶。花枝基部芽为 4 枚，芽位高 5～6cm。

该品种在上海地区为中早花品种，生长势一般，在引种的中原品种中表现相对较好。

'乌龙捧盛'（'Wulongpengsheng'）

花紫红色（53-B），千层台阁型，江南地区常开成皇冠型，花径 15cm；花瓣有光泽。下方花花瓣多轮，外 2 轮形大，质硬，向内花瓣渐小；雄蕊量少，雌蕊瓣化成红绿镶嵌彩瓣；上方花花瓣稀少，皱褶，雌雄蕊变小或稍有瓣化。花梗较长，花朵直上或侧开；一年生枝长 22cm，叶片 6 枚，叶长 30cm，叶宽 23cm，总叶柄长约 10cm；小叶 9 片，卵形或长卵形，缺刻多，端短尖，叶面深绿色，边缘上卷，具紫色晕。

该品种在上海地区为中花品种。其生长势强，成花率较高，较其在北方的开花情况好。花朵易受春季倒春寒影响而出现畸形。萌蘖枝多。

'锦袍红'（'Jinpaohong'）

花紫红色；花瓣 6～10 轮，菊花型；花径 15cm，外大瓣 3 轮，内瓣排列整齐紧密，常向内抱合。雄蕊正常或稍有瓣化，心皮多数，柱头紫红色，有一定的结实能力。花梗硬，花朵直上，开花量大，中花品种。全叶中大，叶黄绿色有紫红晕，叶背无毛，叶柄上伸，较长，小叶柄长。植株直立型，枝条细。

该品种在上海地区属早花品种，成花率高，生长势一般，适应性强，分枝能力中，土芽多。

'首案红'（'Shouanhong'）

　　花深紫红色（61-A），皇冠型；花径15cm，形大。外瓣2～3轮，质地硬，圆整平展。雄蕊完全瓣化，内瓣紧密而褶叠，雌蕊瓣化成绿色彩瓣或退化变小。花梗粗硬，花朵直上。株型高，直立；枝粗硬，一年生枝长，暗紫色，节间较长。鳞芽大，圆锥形。大型圆叶，肥大而厚，总叶柄长约14cm，粗壮，斜伸；小叶阔卵形，缺刻少，端较钝，叶面粗糙，深绿色，叶背多毛。根系深紫红色。

　　该品种为中晚花品种。生长势强，成花率高，萌蘖枝少，是牡丹中唯一的"三倍体"品种。作为传统名品，它是江南地区引种栽培最多的品种之一，在江南地区能正常生长，连续开花，秋季落叶较其他品种略晚。

'墨池金辉'（'Mochijinhui'）

　　花深红色（187-A），荷花型，花径17cm。花瓣4～6轮，质地厚硬，花瓣上卷，基部具墨紫色斑；雌雄蕊皆正常，房衣紫红色；花朵直立向上，略藏花。

　　该品种在上海地区为中花品种，生长势较强，适应上海气候条件。

❷　日本品种

'五大洲'（'Godaishū'）

　　花色纯白（155-B）；花瓣3～5轮，荷花型，花径18～25cm。花瓣宽大、质地偏软，边缘有浅齿裂，有半透明脉纹。雄蕊正常，多数，花丝白色；心皮5～6个，柱头白色，房衣近全包，白色。花梗硬而粗壮，花头直立向上；一年生枝条长33cm，叶片8～10枚，叶长26cm，叶宽15cm，叶柄长为12cm；小叶9片，卵圆形，叶片边缘有褐色晕；花枝基部鳞芽4～5枚，芽位高17cm。植株高大。

　　上海为中晚花品种，长势中等。

'御国之曙'（'Mikunino-akebono'）

花色纯白；荷花型，花径 18cm。花瓣 4 ～ 5
轮，花瓣边缘不规整深缺刻。雄蕊正常，多
数，花丝基部淡紫红色，上部近白色；心皮 5
个，柱头浅红紫色，房衣全包，浅红紫色。花
梗短、粗壮，花朵直立；当年生枝长 35cm，叶
片数 10，叶长 39cm，叶宽 26cm，总叶柄长
16cm，小叶 9 片；花枝基部芽 5 ～ 6 枚，芽位
高 14cm。

　　该品种由日本品种'御国之旗'芽变产生，单株上常可见开出两种类型的花。上海地区能正常
开花，花期中。适应性较强。

'连鹤'（'Renkaku'）

花色纯白；荷花型，花径 21cm。花瓣
3 ～ 5 轮，外瓣宽大、圆整，边缘波状；雄蕊
正常，数量减少，花丝白色；心皮 5 个或多数，
柱头白色，房衣全包，近白色。一年生花枝长
30cm，叶片 8 ～ 10 枚，小叶 9 片。花朵直立向
上或稍侧开。

　　该品种能适应上海地区的气候和生长环境。
上海地区中花品种。花期长，长势一般。

'玉兔'（'Tamausagi'）

花白色（155-C），花瓣基部偶有淡粉色；
荷花型，花径 19cm。花瓣 5 ～ 6 轮，花瓣较大，
略向内抱合；雄蕊正常，多数，花丝基部紫红色，
上部浅黄色；心皮 5 ～ 6 个，柱头紫红色，房
衣全包，紫红色。花梗长且粗壮，花头直立向上；
枝条长 33cm，叶片 7 ～ 9 枚，叶片长 35cm，
宽 22cm，总叶柄长 14cm，小叶 9 ～ 11 片，宽
卵圆形。花枝基部鳞芽 3 ～ 4 枚，芽位高 10cm。

　　该品种在上海地区为中早花品种，长势较强，抗热性较强，但易感病。成花率高，开花表现好。

'白王狮子'（'Hakuojishi'）

花色纯白；荷花型，花径 15～20cm。花瓣 4～5 轮，倒卵形，质地较软，外瓣向外翻，内瓣直立向上；雄蕊正常或偶有瓣化，花粉量多，花丝白色，心皮 5 个，白色，房衣近全包，白色；花头直立。植株长势强。

该品种在上海地区为中晚花品种，长势较强，适应性较强。

'扶桑司'（'Fusotsukasa'）

花色纯白（155-B）；绣球型，花朵巨大，花径 22cm，花高达 17cm。外轮花瓣宽大，有半透明脉纹。雄蕊接近完全瓣化，呈披针形，少量雄蕊分布在瓣化瓣之间，花丝白色，柱头白色，房衣近全包，白色。花梗较长，花头下垂，开花时需要支撑。当年生枝条长度为 34cm，叶片 8～9 枚，叶长 38cm，叶宽 23cm，总叶柄长 15cm；小叶 9 片，叶片边缘有褐色晕；花枝基部鳞芽 3～5 枚，芽位高 9cm。

该品种在上海为中晚花品种，成花率偏低，长势中等，对上海地区气候条件有一定的适应性。

'村松樱'（'Muramatsu-zakura'）

花粉色（62-D），边缘淡粉色，基部色偏深；菊花型，花径 20cm。花瓣 6～7 轮，外瓣宽大，花瓣排列整齐。雄蕊正常，多数，花丝基部红紫色，端部近白色；心皮 5 个，柱头淡黄色，房衣全包，乳白色。花梗硬而粗壮，花头直立向上；花枝长 37cm，叶数 8，叶柄长 12cm，叶长 36cm，叶宽 21cm，小叶 9 片；花枝基部鳞芽 3～4 枚，芽位高 11cm。

上海为中花品种，长势一般。

'玉芙蓉'（'Tamafuyō'）

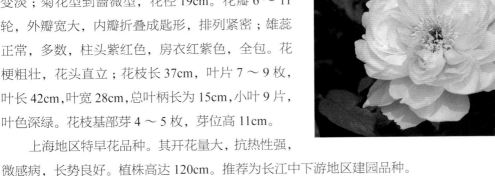

　　花淡粉红色（169-C），初开时色深，盛开后色变淡；菊花型到蔷薇型，花径 19cm。花瓣 6～11 轮，外瓣宽大，内瓣折叠成匙形，排列紧密；雄蕊正常，多数，柱头紫红色，房衣红紫色，全包。花梗粗壮，花头直立；花枝长 37cm，叶片 7～9 枚，叶长 42cm，叶宽 28cm，总叶柄长为 15cm，小叶 9 片，叶色深绿。花枝基部芽 4～5 枚，芽位高 11cm。

　　上海地区特早花品种。其开花量大，抗热性强，微感病，长势良好。植株高达 120cm。推荐为长江中下游地区建园品种。

'八千代椿'（'Yachiyotsubaki'）

　　花粉红色，花瓣边缘颜色略浅，菊花型，花径 17cm。花瓣排列整齐，自外向内逐渐变小；雄蕊多数，正常，心皮 5 个，柱头白色，房衣白色，全包；花头直立向上。当年生枝长 29cm，叶片 7～10 枚，叶长 33cm，叶宽 22cm，总叶柄长 11cm，小叶 9 片，幼嫩的小叶保持红色。花枝基部芽 4～5 枚，芽位高 12cm。

　　其为上海地区中花品种。成花率高，长势一般。耐湿热，抗病，夏季叶片仍能保持较好的状态，推荐为长江中下游地区建园品种。

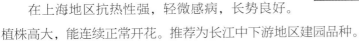

'八重樱'（'Yaezakura'）

　　花粉色，基部色深；菊花型，花朵大，花径 22cm。花瓣 6～8 轮，排列整齐；雄蕊正常，多数，花丝紫红色；心皮 10～11 个，两轮，正常，柱头深紫红色，房衣半包，深紫红色。花梗短，花朵侧开或直立向上；枝条长 30cm，叶 8 片，叶片长度 34cm，宽 20cm，总叶柄长 12cm，小叶 9 片。花枝基部芽 4～5 枚，芽位高 13cm。

　　在上海地区抗热性强，轻微感病，长势良好。植株高大，能连续正常开花。推荐为长江中下游地区建园品种。

'明石泻'（'Akashigata'）

花粉色，花瓣边缘颜色略浅；菊花型，花径21cm。花瓣 5～6 轮，花瓣宽大，外围花瓣平展，内层花瓣略向内抱合；雄蕊多数，正常，心皮 5 个，柱头粉红色，房衣白色，全包。花头直立向上。当年生枝长 36cm，叶片 10～13 枚，叶长 36cm，叶宽 28cm，总叶柄长 15cm，小叶 9～13 片。花枝基部芽 3～4 枚，芽位高 9cm。

上海地区中花品种，长势一般，耐湿热，抗病，夏季叶片仍能保持较好的状态。

'锦岛'（'Nishikijima'）

花粉红色，花瓣基部色深，菊花型，花径18cm。花瓣约 6 轮，外围花瓣宽大平展，1～3 轮有紫红色斑纹；雄蕊多数，正常，心皮 10 个，两轮，柱头淡黄色，房衣白色，全包；花头直立向上或侧垂。当年生枝长 27cm，叶片 6～9 枚，叶长 36cm，叶宽 21cm，总叶柄长 18cm，小叶 9 片。花枝基部芽 3 枚，芽位高 9cm。

上海地区中花品种，长势一般，夏季叶片呈一定程度的革质化，上部叶片变为紫红色。该品种具有非常强的抗热和抗病性。

'天衣'（'Ten'i'）

花粉色，花瓣边缘多白色，下部粉色（62-C），初开时颜色较深，盛开时为白色；菊花型；花朵硕大，花径可达 20cm 以上。花瓣 7～8 轮，外瓣大而圆整，自外向内变小，瓣缘有褶皱。雄蕊多数，正常，心皮 5 个，柱头淡红紫色，房衣全包，紫红色。花梗长而硬，花头直立向上或稍侧开；枝条长31cm，叶 10～13 枚，叶长 30cm，叶宽 19cm，叶柄长 12cm，小叶 11 片。花枝基部鳞芽 5～7 个，芽位高 13cm。

上海地区中花品种，长势较强，抗病抗热能力强，推荐为长江中下游建园品种。

'花兢'（'Hanakisoi'）

　　花粉红色，花瓣边缘色淡；菊花型，花径 18 ～ 25cm。花瓣 10 ～ 12 轮，外瓣大，质地硬，花瓣自外向内逐渐变小，花瓣表面多有皱纹；雄蕊多数，正常，柱头黄色，房衣白色，全包。花梗长而粗壮，花头直立向上；当年生枝长 41cm，叶 8 ～ 9 枚，叶片长 33cm，宽 20cm，叶柄长为 12cm，小叶 9 片，边缘有浅裂。花枝基部鳞芽 3 ～ 5 枚，芽位高 12cm，植株高 60 ～ 90cm，直立。

　　上海为中花品种，生长势强，适应性强，抗病力强，成花率高，但花瓣不耐强光直射，花瓣边缘易焦枯，需遮阴。可作为长江中下游地区建园品种。

'花遊'（'Hana-asobi'）

　　花粉红色，菊花型，花径 18cm。花瓣 7 ～ 8 轮，外瓣大，卵圆形，花瓣自外向内逐渐变小，花瓣表面多有褶皱。雄蕊多数，正常，花丝基部红紫色，柱头浅黄色，房衣白色，全包。花梗硬而粗壮，花头直立向上。花枝长 36cm，叶 7 ～ 8 枚，叶片长 34cm，宽 24cm，叶柄长 13cm，小叶 9 ～ 11 片，顶小叶 3 裂，侧生小叶边缘有浅裂。花枝基部鳞芽数为 2 ～ 3 枚，芽位高 11cm，植株高 80 ～ 90cm，直立。

　　上海为中花品种，生长势强，适应性强，抗病力强，成花率高，可作为长江流域建园品种。

'圣代'（'Seidai'）

　　花粉色，花瓣边缘颜色略浅；蔷薇型，花径 20cm，花瓣宽大，9 ～ 10 轮，外围 1 ～ 3 轮平展，内层花瓣耸立，使花朵呈绣球状。雄蕊多数，正常，心皮 6 ～ 8 个，柱头紫红色，房衣白色，全包；花头直立向上。当年生花枝长 36cm，叶片 10 ～ 13 枚，叶长 33cm，叶宽 20cm，总叶柄长 13cm，小叶 9 片。花枝基部芽 3 ～ 4 枚，芽位高 5cm。

　　上海地区中花品种，成花率高，长势一般，耐湿热，抗病，夏季叶片仍能保持较好的状态。

'太阳'（'Taiyō'）

花色纯红（58-A），鲜艳；荷花型或菊花型，花径16cm，花瓣质地偏软，略向内抱合，5～6轮。雄蕊多数，花粉量大，花丝紫红色，心皮5个，柱头紫红色，房衣近全包，红色。花梗硬，花头直立。一年生花枝长31cm，叶9～12枚，叶长34cm，叶宽20cm，总叶柄长15cm，叶柄红紫色；小叶15片，叶片边缘暗红色。花枝基部鳞芽4～7枚，芽位高11cm。

上海地区中花品种，长势较强，成花率高，是日本牡丹红色系品种中的代表品种。

'芳纪'（'Hōki'）

花色纯红（46-A），鲜艳，初开时花瓣颜色与'太阳'不同；荷花型或菊花型；花径19cm。花瓣长，4～6轮，排列整齐，外瓣大，向内逐渐变小，花瓣有光泽；雄蕊多数，花粉量大，心皮5个，柱头紫红色，房衣近全包，紫红色。花梗长，花头直立或略侧向上，与'太阳'极为相似。花枝长33cm，叶11～12枚，中型叶，叶长度为32cm，宽度为22cm，叶色常为黄绿色，小叶9片，瘦长尖，叶背无毛，叶片平展。花枝基部鳞芽4～5枚，芽位高9.5cm。植株半开张型。

上海为中花品种，开花量大，适应性中等，较耐晒和雨水，可作为长江流域建园品种，但需要定期进行更新。

'新日月'（'Shin-jitsugetsu'）

花红色，菊花型，花径17cm。花瓣5～7轮，宽大，内层花瓣表面有褶皱，花瓣厚，有光泽。雄蕊多数，正常，心皮10～12个，两轮，正常，柱头呈浅紫红色，房衣半包。花梗较硬，花头直立于叶片上方。花枝长30cm，叶数9～10，叶长33cm，叶宽18cm，总叶柄长15cm，小叶9～11片。花枝基部鳞芽5～6个，芽位高14cm。

上海地区花期中，长势中等，适应性较强，能多年连续开花。

'丰代'（'Hōdai'）

花红色，开花后颜色变浅，花瓣边缘色浅；花瓣 6 ～ 7 轮，菊花型，花径 17cm。雄蕊多数，花丝红色，花粉量大；心皮 10 ～ 14 个，两轮，柱头红色，房衣近全包，红色。花朵直立向上；花枝长 35cm，叶片长 37cm，叶宽 17cm，叶片小、稀疏，叶片 9 ～ 10 枚，总叶柄长 16cm，小叶 9 ～ 11 片。花枝基部鳞芽 5 ～ 6 枚，芽位高 14cm。

上海为中花品种，长势较强，对长江中下游气候条件有一定的适应性。

'锦乃艳'（'Nishikino-tsuya'）

花紫红色（69-A）；菊花型，花径 19cm。花瓣 7 ～ 8 轮，花瓣边缘扭曲呈波状。雄蕊正常，多数，花粉量大；心皮 7 ～ 8 个，两轮，柱头红紫色，房衣仅包围心皮基部。花头直立向上或略侧开；花枝长 28cm，叶 8 ～ 9 枚，叶长 31cm，叶宽 21cm，总叶柄长 11cm，小叶 9 片。花枝基部鳞芽 4 枚，芽位高 7.5cm。

上海地区中花品种，长势较强，能适应上海地区环境条件。

'红旭'（'Kōgyoku'）

花色纯红,鲜艳;菊花型,花径 21cm。花瓣 7 ～ 8 轮，宽大，排列整齐，质地偏软。雄蕊多数，花粉量大，花丝红色，心皮 5 个，柱头紫红色，房衣近全包，紫红色。花梗长，较软，花朵下垂，花梗易折断，需要支撑。枝长 29cm，叶 7 ～ 8 枚，中型叶，叶长度为 33cm，宽度为 20cm，叶色常为黄绿色；小叶 9 片，瘦长尖，叶背无毛，叶片平展。花枝基部鳞芽数为 3 枚，芽位高 6cm。

上海为中花品种，适应性较强，可作为长江流域建园品种。

'岛大臣'（'Shimadaijin'）

花紫色（72-A），外瓣背面有绿紫色彩纹；荷花型或菊花型，花径18cm；花瓣5～6轮，边缘有褶皱，花瓣微向内抱合。雄蕊正常，花粉量多，心皮9～10个，两轮，柱头红紫色，房衣近全包，红紫色。花梗粗而长，花朵直立向上；花枝长35cm，叶片9～10枚，叶柄长10cm，小叶9片，长披针形。花枝基部鳞芽5～7枚，芽位高21cm，植株直立型。

上海为中花品种，生长势强，适应性强，抗病力强，成花率高，可作为长江流域建园品种。

'紫光锦'

花深红色（187-B），菊花型至蔷薇型，花径18cm。最外一轮花瓣较宽大，偶有白色边，花瓣边缘波状褶皱，向内卷曲。雄蕊多数，正常，花丝暗红色；心皮5～6个，柱头紫红色，房衣残留。花梗偏短，花基部与叶片高度平齐，花头直立向上。一年生花枝条长度31cm，叶片7～9枚，叶长32cm，叶宽21cm，总叶柄长13cm，叶柄暗红色；小叶15片，分裂少，边缘有红晕。混合芽暗红色。

该品种成枝力强，营养枝顶端有时可形成丛生芽；上海地区中花品种，花期4月中旬。长势良好，抗热抗病性均较强，能够连续正常开花。

'百花撰'

花紫红色；菊花型，花径20cm，花朵硕大，花瓣宽大，9～10轮，边缘波状。雄蕊多数，正常，花丝紫红色，心皮7～8个，柱头紫红色，房衣近全包，紫红色。花梗粗壮，花头直立。花枝长38cm，叶片10～11枚，叶长40cm，叶宽30cm，总叶柄长11cm，小叶9片。花枝基部芽4～5枚，芽位高12cm。

上海地区中晚花品种，花期4月中下旬，长势良好。抗热抗病性均较强，能够连续正常开花，推荐为长江中下游地区建园品种。

'镰田锦'

　　花淡紫色，初开时色深，盛开后色浅，花瓣边缘近白色，向基部逐渐加深，基部呈紫红色。菊花型，花径 17cm。外瓣宽大，内瓣狭长，顶端尖。雄蕊数量减少，正常可育，花丝白色，心皮 5～10 个，柱头紫红色，房衣半包，粉红色。花头直立，花期中晚。花枝长 24cm，叶片 7～11 枚。

　　本品种在上海地区长势较好，但抗病性较差。

'花王'（'Kao'）

　　花紫红色，蔷薇型，有时开成台阁型，呈球状；花径 20～28cm，花朵硕大。雄蕊正常或部分退化，花粉多，心皮 6～7 个，柱头白色，常发生变异，有时完全瓣化，房衣退化。当年生花枝长 42cm，叶 8 枚，叶长 40cm，叶宽 26cm，总叶柄长 16cm，小叶 17～18 片。花梗粗壮，花头直立，花朵过大时需要支撑，以防止压断枝条。花枝基部鳞芽 5 枚，芽位高 19cm。

　　上海地区为晚花品种，花期较长，成花率高，长势较强。推荐为长江中下游地区建园品种。

'长寿乐'（'Chojuraku'）

　　花紫色，荷花型，花径 19cm。花瓣较厚，4～6 轮，花瓣基部有紫色斑。雄蕊正常，多数，心皮 5 个，柱头紫红色，房衣紫红色，全包。花梗粗壮，花头直立。一年生花枝长 37cm，叶数 8～10，叶片长 38cm，宽 23cm，总叶柄长 13cm，小叶 11 片。花枝基部芽 4～5 枚，芽位高 11cm。

　　上海地区成花率偏低，有时花朵发育不充分。长势较好，对江南地区气候环境有较好的适应能力。

'镰田藤'

花淡蓝紫色，初开时色深，盛开后色浅；蔷薇型，花径17cm。花瓣自外向内排列整齐并逐渐变小，边缘有褶皱。雄蕊正常，稍有瓣化，心皮5～10个，柱头淡粉红色，房衣半包。花梗粗壮，花头直立。花枝长33cm，叶片7～8枚，叶片长40cm，宽26cm，总叶柄长16cm；小叶11片。

上海地区中花品种，成花率较高，表现较强的适应性。

'麟凤'（'Rinpo'）

花深红色，蔷薇型，花径17cm。花瓣10轮以上，外瓣1～3轮宽大、圆整，花瓣厚，内瓣显著变小。雄蕊正常，数量减少，花丝墨紫色，心皮6～7个，柱头紫红色，房衣残存，结实能力强。枝条长28cm，叶片10～15枚。花梗粗壮，花朵直立向上或稍侧开；花枝基部芽5～6枚，芽位高10cm。

上海地区晚花品种，花期长，长势强健，能适应上海地区气候环境，推荐为长江中下游建园品种。

'岛锦'（'Shima-nishiki'）

复色（RSH），植株可同时开红色和红白两色的花。菊花型；花瓣较圆整，向内包合。雄蕊正常，多数，心皮5个，柱头紫红色，房衣近全包，紫红色。花头直立。花枝长35cm，叶数11～13，叶片长34cm，宽16cm，总叶柄长15cm，小叶9～11片。花枝基部芽4～6枚，芽位高12cm。

上海为中花品种，长势中等，抗热抗病性较好。本品种为'太阳'芽变。

③　其他品种

'书生捧墨'（'Shushengpengmo'）

花白色；花瓣 2 ～ 3 轮，单瓣型，花径 18cm。花瓣宽大，基部有黑紫色斑，质地较厚。雄蕊退化，数量少，花丝白色，花药卷曲；心皮 5 个，柱头乳白色，房衣半包，白色。花头直立，向上或侧开。一年生枝长 31cm，叶 8 ～ 9 枚，叶片长 30cm，宽 21cm，总叶柄长 11cm，小叶 15 片，叶背有毛。花枝基部芽 2 ～ 5 枚，芽位高 7 ～ 15cm。

上海地区花期中，长势强，开花效果较好。该品种由甘肃兰州引进，是少数能适应江南地区气候环境的西北牡丹品种之一。由陈德忠育出。

'艳春'（'Yanchun'）

花紫红色，托桂型到绣球型，花径 18cm。外瓣 2 ～ 3 轮，花瓣基部有紫色斑。雄蕊几乎完全瓣化，或少量正常；心皮 5 个，柱头粉红色，房衣退化。花头直立，半藏花。一年生枝长 34cm，叶 7 枚，叶片长度 39cm，叶宽 28cm，总叶柄长 15cm，小叶 15 片，叶背有毛。

上海地区花期中，长势强，开花效果较好。该品种由甘肃兰州引进，是少数对江南地区气候环境有较好的适应能力的西北品种之一。推荐为建园品种。

'太平红'（'Taipinghong'）

花紫红色（72-C），楼子台阁型，花径 15cm。花瓣数多，外瓣倒卵形，平展；雄蕊数量少，多瓣化，部分退化，雌蕊瓣化或退化。花梗长，较软，花头侧垂。株型直立，株高 70cm。当年生枝长 27cm，叶 5 ～ 8 枚，叶长 40cm，叶宽 24cm，总叶柄长 15cm；9 ～ 13 片小叶。

上海地区为中早花品种，生长势一般，有较强的适应性。该品种为重庆市垫江一带传统品种，多作药用栽培，亦供观赏。

'Mystery'

花粉红色（51-D），单瓣型，花径16cm。花瓣2～3轮，宽大，花瓣基部有暗红色斑。雄蕊正常，花丝基部红紫色，花粉量少；心皮5个，柱头淡黄色，房衣白色，近全包，香味淡。花梗长，花侧开，藏花。一年生枝长36cm；小叶深裂，裂片披针形，叶片表面有红晕。

晚花品种，上海地区4月下旬开放。长势中等，比较耐晒，适应性一般。秋季出现一定程度的秋发。

该品种系美国引进，为黄牡丹杂交品种。

'Banquet'

花猩红色（170-C）。单瓣型，花径14cm，花瓣2～3轮，外瓣宽大，质地偏软；雄蕊多数，花丝红色，花药稍有退化呈片状，有少量花粉；心皮5～6个，柱头浅红色。一年生枝长48cm，叶片13～14枚，叶长37cm，叶宽30cm。小叶片近革质，深裂，裂片披针形，有光泽。花梗长，花侧开或花头向下，单枝着花数1～3朵。花枝基部鳞芽2～3枚，芽位高10cm。

晚花品种，上海地区花期为4月底至5月上旬。该品种在上海地区长势较强，抗高温，但易感病，有二次生长的特点。秋季大量秋发，秋叶耐寒性强，11月常变成红色，并可持续到12月中下旬。该品种由A. P. Saunders于1948年育出，母本为黄牡丹与紫牡丹的杂交种，父本可能为一种深红色日本牡丹。

'Reine Elisabeth'

花红色（51-C），千层台阁型，花径19cm。下方花外瓣宽大，褶皱状或平展，花瓣基部有紫斑；上方花花瓣少，有时仅由心皮瓣化形成；下方花雄蕊正常或部分瓣化，呈线型，心皮9～11个，瓣化或者退化，房衣残存。枝条长36cm，叶片10枚，叶长44cm，叶宽25cm，叶柄长度13cm，小叶9片。花梗较长，花头直立或垂头。花枝基部鳞芽3～4枚，芽位高位8cm。株型为半开张型。

上海地区花期中。对上海地区生长环境有极强的适应性，移栽成活率高，抗病抗热能力强，成花率高，观赏性好。推荐为长江中下游地区主要建园品种。

该品种系19世纪中期意大利人Casaretto育出，具有典型的中国牡丹特征，日本大量繁殖。

'Black Priate'

花深红色（187-B），花朵小型，花径 12cm。外瓣卵圆形，花瓣边缘有不规则褶皱。雄蕊多数，少量瓣化，花粉少；心皮 4～5 个，柱头红色，房衣半包，红色。花无香味，侧开，半藏花。一年生枝长 32cm，小叶片深裂，裂片披针形。

该品种花期晚，上海地区 4 月下旬开放。在上海地区长势一般，不耐夏季高温，但每年有一定的开花量。该品种由美国育种家 A. P. Saunders 于 1948 年育出，母本为紫牡丹，父本为鲜红色日本品种。

'海黄'（'High Noon'）

花金黄色，荷花型至菊花型，花径 16cm。花瓣 6～7 轮，基部有紫红色斑，平展，卵圆形，边缘有缺刻，质地较厚。雄蕊多数，偶有瓣化，花丝黄色有红色晕，花药有少量花粉；心皮 5 个或两轮多数，柱头乳白色。

该品种花有芳香，侧开。单枝着花 1～2 朵。晚花品种。上海地区花期 4 月下旬至 5 月中旬，群体花期长达 3 周，原产地及北方地区栽培常有 8 月二次开花和秋季秋发再次开花的特性。一年生花枝长 46cm，具有一年二次生长的特性，由基部萌发的当年生枝长达 1m 以上，枝条粗壮；叶片深裂，裂片披针形，叶表面有红色晕。

该品种具有非常广的生态适应性，在世界范围内各个牡丹产区都有栽培。上海地区长势强，极耐水湿，秋季出现一定程度的秋发，偶尔会开花，但未见 8 月开花。该品种由美国育种家 A. P. Saunders 于 1952 年育出，母本为黄牡丹，父本为日本牡丹品种。

该品种系由日本引进，其中文名称亦常直译'正午'。

'金阁'('Souvenir du Professeur Maxime Cornu')

花瓣主要颜色为黄色(5-C),边缘红紫色(58-A),花高度重瓣,台阁型;花径25cm。外瓣中等大小,边缘波浪状,基部有橙红色斑。雄蕊完全退化或有少量的花药残存,心皮完全退化。花芳香;花大垂头,藏于叶片下,单枝着花1~3朵;一年生枝长45cm。小叶深裂,裂片披针形。

该品种在上海地区长势较好,5月初为盛花期,且花期长。法国育种家Louis Henry于1907年育出。母本为黄牡丹,父本为'Ville de Saint-Denis'。

'金岛'('Golden Isles')

花黄色(RHS),菊花型,花瓣基部有深紫红色斑;边缘花瓣较平展,内部花瓣褶皱,花瓣耐晒。雄蕊多数,少量瓣化,花丝紫红色,有少量花粉,心皮5个,柱头红色,花芳香;花径16cm,花侧开;一年生枝长33cm,叶数10~11,叶长28cm,叶宽26cm,小叶深裂,裂片披针形。花枝基部芽4~5枚,芽位高10cm。

该品种在上海长势一般,秋季会出现一定程度的秋发,偶有开花现象。该品种由美国育种家A. P. Saunders于1948年育出。晚花品种,上海地区花期4月底至5月上旬。

'金东方'('Oriental Gold')

伊藤杂种。花黄色(53-B),菊花型,花径15cm。花瓣5~6轮,外瓣宽大,花瓣基部有红色斑,花瓣质地软。雄蕊多数,花丝橙黄色;心皮5个,柱头黄色。花头直立。枝条长40~50cm。小叶片深裂,裂片宽,叶表面光滑,有光泽。枝叶与芍药品种类似,冬季上部枯死。晚花品种。

上海地区花期为4月底至5月初,群体花期长。该品种是一个芍药和牡丹之间的组间远缘杂种——伊藤杂种。在上海地区生长旺盛,每年可正常开花。该品种最开始由日本苗圃繁殖,使用了'Oriental Gold'这个名字,中国直接采用了该品种的中文译名,欧美育种家则怀疑其为Smirnow在美国登录的'Yellow Emperor'。

第 4 章

江南牡丹新品种选育

随着经济、社会的发展，江南地区尤其是长三角地区对牡丹的需求越来越旺盛，相继建立起一批牡丹专类观赏园，这些牡丹园每年吸引了大量的游客来赏花，丰富了地方的文化生活。但是，江南地区适生牡丹品种的匮乏不仅严重地制约了牡丹观赏园的发展，也严重制约着牡丹产业的发展。因此，重视江南牡丹的新品种选育，努力丰富江南牡丹的品种资源，是当前乃至今后需要高度重视且需要常抓不懈的重要任务。

4.1　江南牡丹育种的主要目标

江南牡丹育种，首先要增加品种数量，满足基本的观赏需求，逐步摆脱对中原品种和日本品种的被动依赖；同时大力提高品种质量，以彰显牡丹雍容华贵、国色天香的气质和风度。江南牡丹的育种工作，要以科技为先导，努力实现量和质的跨越，尽快形成新的能适应时代和产业发展要求的品种群体。

当前，以提高观赏性为主的江南牡丹传统育种目标，正在向既提高观赏品质，又提高种子产量、含油率以及高有效药用成分等多元目标发展。

江南牡丹育种的主要目标有以下几点。

4.1.1　提高抗逆性

江南牡丹育种面临的首要问题是牡丹正常生长的问题，即要求江南牡丹品种对江南地区高温、高湿以及高地下水位等环境条件，具有较好的适应性，同时对主要病害（如各种褐斑病、根腐病等）具有较强的抗性。因此，抗性育种尤其是耐湿热育种是江南牡丹新品种培育过程中一个基本的也是长期的目标，同时也是其他育种目标实现的坚实基础，对以观赏为主的牡丹新品种培育尤其显得重要。

4.1.2　提高观赏品质

提高观赏品质，主要体现在以下4个方面。

（1）花色。牡丹经过上千年的栽培，形成了白色、粉色、红色、紫红色、紫色等九大色系。随着牡丹现代育种的发展，牡丹花色在色谱上分布的范围越来越宽。而目前江南牡丹品种只有白色、粉色和红紫色等少数几种颜色，且许多品种颜色并不鲜艳。因此，既需要引入不同的颜色基因以丰富江南牡丹花色，还要顺应世界牡丹育种趋势，尝试以培育新花色为目标。其中培育鲜红色、黄色和蓝色且色彩鲜艳的品种将是首要目标。

（2）花型。牡丹花型已经演化到非常高的程度，是体现牡丹观赏性的重要方面。而目前江南牡丹品种只有单瓣型、菊花型、蔷薇型以及台阁型等少数花型，因此丰富花型也是江南牡丹育种的重要任务之一。

（3）花期。观赏期偏短一直是牡丹的弱点，大部分品种单朵花期只有 5 ～ 7 天，单个品种的花期也不过 10 天而已。但是在一些远缘杂交的后代中，出现了一些花期相对较长的品种。例如，亚组间杂种'海黄'的群体花期能延续 20 天以上，且其上年经过平茬的群体，甚至可延长到 25 天。该品种花期延长的主要原因是同一植株上出现多次花芽分化。组间杂交种大多数品种花期长达 18 ～ 20 天，'Callie's Memory'甚至达到 35 天。这一类品种的特点是形成了花序，其当年生花枝上有 2 ～ 3 个侧蕾，侧蕾发育较顶蕾慢，但是却能在顶花谢后正常开花，因而有效地延长了开花期。

（4）芳香。唐代李正封"国色朝酣酒，天香夜染衣"的佳句，使牡丹被冠上了"国色天香"的美誉，但是，现有大多数牡丹品种没有香味，或者存在不能让人愉悦的气味。而一些野生种，如紫斑牡丹、黄牡丹等却带有香味，且通过杂交获得的一些远缘杂种也带有香味，如'Bartzella'、'High Noon'、'Berry Fine'等，这为江南牡丹的芳香育种提供了较好的启示。

牡丹品种培育的最终目标是满足生产和生活的需要，江南观赏牡丹新品种的培育，除了关注上述主要观赏特性之外，还要关注牡丹的应用方向，满足不同领域对品质的需求。例如，园林应用的品种应生长势强，开花繁茂，耐粗放管理；盆栽牡丹则要求植株矮小，种苗培育时间短；用于切花的品种要求枝条足够长，且单花花期长，有一定的耐储运性能，并能连续多年产花等。

另外，牡丹虽然花瓣较大，但质地柔软，不少品种在强烈阳光照射下花瓣极易焦萎，如中原品种中的'丹炉焰'、'脂红'等。同时，在雨天大部分牡丹品种花朵极易受到伤害，严重影响其观赏性。所以，培育像'首案红'这种具有较强的抗日晒和抗雨水能力的品种也是非常有意义的工作。

4.1.3　培育高产高品质的油用牡丹新品种

目前，油用牡丹在全国范围内快速发展，而油用牡丹栽培所用品种主要是原来的药用'凤丹'。'凤丹'分布范围很广，植株个体间不仅形态变异大，种子产量、含油率以及亚麻酸含量等也有相当差异，成熟及收获时间也非常不同。因此，以高产、高含油率且成熟期一致为主要目标的油用牡丹新品种的培育已经成为油用牡丹发展的关键。

4.1.4　培育高有效成分的药用牡丹新品种

尽管凤丹作为药用栽培已有 1000 多年的历史，但少见有关提高药效成分及丹皮产量的研究报道。药用凤丹的栽培一直沿袭了传统经验，即留一些健壮母株授粉结籽，并作为后续栽培的资源，而对母株的留存主要是凭直觉，并没有研究如何将其根系的产量和品质作为繁殖素材的主要依据。因此，高产和高有效成分（丹皮酚和芍药苷）

应是药用凤丹品种改良的方向和目标。

4.2 育种途径和方法

4.2.1 种质资源的收集

任何育种工作都离不开种质资源的收集。江南牡丹资源的收集主要有以下几个方面的工作。

1）传统品种的收集和整理

江南牡丹现存品种是长期自然选择和人工选择的结果，对江南牡丹的抗性育种具有重要的价值，如江南药用'凤丹'、湖南邵阳的'香丹'、宁国牡丹品种以及各地古牡丹等。现存的大部分江南品种都只有少量的植株残存民间，如'黑楼紫'。使用量相对较多的宁国品种仍然采用分株繁殖，繁殖量偏少，需要搜集。当前的首要工作，是对江南现有传统牡丹品种的收集，建立种质资源圃进行保存，并做进一步整理。

2）野生资源的收集

原种的收集和研究是一项基础工作。早在 50 年前，南京中山植物园从国内外收集引种了一批芍药属植物，但最后都没保存下来，在江南地区保存野生资源可能存在较大的困难。但是，可以对长江流域有分布的野生杨山牡丹（*Paeonia ostii*）、卵叶牡丹（*P. qiui*）、紫斑牡丹（*P. rockii*）以及芍药组内生态适应幅度较大的部分种进行引种驯化，如鄂西地区的野生芍药（*P. lactiflora*）、草芍药（*P. obovata*）、西北及西南地区产的川赤芍（*P. veitchii*）等。有些种类露地越夏有困难，但若采用设施栽培，却有望克服这些困难。2014～2016 年，上海辰山植物园引种的四川牡丹（*P. decomposita*）、卵叶牡丹、紫斑牡丹、黄牡丹（*P. lutea*）等在温室正常开花结实，为远缘杂交工作带来了希望。

3）其他品种资源

江南地区品种数量稀少，变异类型有限，引入外来种质资源以改良江南品种的观赏品质必不可少。对于部分适应性好的品种可直接引入资源圃。对观赏性状特殊，但在江南地区露地生长困难的品种，可以收集花粉低温储藏加以利用，也可以采用设施栽培来加以保存。

4）'凤丹'天然实生后代

'凤丹'适应性强，自然结实率高，在各地观赏园以及苗圃中存在一批'凤丹'天然杂交的实生后代群体，这是江南牡丹育种的重要资源，既可以作为选择育种的材料，也可以作为进一步杂交育种的材料。

4.2.2　引种驯化

江南传统品种中有一部分是中原品种南移适应当地风土条件后形成的。现在各观赏园中使用的品种也大多是引种其他品种群的品种，经多年的驯化栽培后从中筛选出来的。因此，引种驯化在江南牡丹品种选育工作中一直占有非常重要的地位。近年引进并能较好适应江南环境条件的品种有：中原品种中的'香玉'、'首案红'、'卷叶红'、'洛阳红'、'冠世墨玉'、'胜葛巾'、'彩绘'、'霓虹焕彩'、'乌龙捧盛'、'胡红'等；西南品种中的'太平红'和'彭州紫'；西北紫斑牡丹品种在江南地区的适应性较差，存活的品种较少。日本品种中的'锦岛'、'玉芙蓉'、'八重樱'、'皇嘉门'、'明石泻'、'八千代椿'、'花王'、'岛大臣'、'和旭'、'镰田藤'、'天衣'、'紫光锦'等；牡丹亚组间杂交种有'海黄'和'金阁'；组间杂种有'金东方'等。

江南牡丹的引种工作应按照科学的思路有序进行，依据一定的标准对引入品种进行比较和综合评价，淘汰适应能力差的品种，避免重复引种。另外，要进一步扩大品种选择范围，如中原牡丹中带'凤丹'血统的杂交后代、欧美杂交种以及组间杂种（伊藤杂种）等，这些种类和品种在江南地区的引种试验还比较少。目前，国内外的各种远缘杂种已有数百个，大多杂种优势明显，其中不乏适应性较强者，但在江南地区常见的也就十来个，应引起足够的重视。此外，引种驯化过程中应对浅根系品种和叶片肥厚且有光泽的品种进行重点关注，对秋发严重的品种（部分杂交种除外）、易感病品种、夏季易焦叶或枯叶偏早的品种应该尽早淘汰。

4.2.3　选择育种

选择育种是常见的育种方法，包括芽变选种和实生选种两个具体的操作方法。这些方法在牡丹育种中应用历史悠久，现在仍在发挥重要作用。例如，'凤丹'是当前江南地区分布和栽培最为广泛的品种之一，对江南气候、土壤条件有较好的适应能力，且结实能力强。只要仔细观察，就可以发现品种内已经有不少变异而且在一些观赏牡丹苗木产区和观赏园中，'凤丹'有机会与其他优良品种杂交，形成大量的天然杂交实生后代，而这些后代中不乏优良的变异类型。从'凤丹'的天然杂交后代中选择一些观赏性强的变异单株，可能是短期内获得适应江南生境新品种一个有效的途径。

在初选时，主要是对'凤丹'天然杂交实生后代的观赏性进行选择，将花色、花型和花期发生一定变异的单株确定为引种对象。复选时，应从适应性和观赏性两个方面进行综合选择。在评价其适应性时，可以'凤丹'系列品种中的高抗类型和低抗品种为对照，比较在夏季高温高湿条件下热害和病害的状况；观赏性评价则包括花型、花色、开花量、花头直立性、花径，以及是否藏花等。

4.2.4　杂交育种

杂交育种，特别是定向杂交育种是近代牡丹品种改良的主要方法。各类牡丹现有品种遗传组成原来就比较复杂，而种或品间的杂交又会引起基因的交流和重组，因而存在产生全新性状、出现全新类型的机会。作为灌木，尽管杂交育种甚为费工费时，但仍为育种家们所青睐。近年来，国内应用传统杂交育种方法在牡丹远缘杂交中取得了一系列的突破，育出不少色彩鲜艳、令人耳目一新的品种，值得关注。

作为一项重点工作，我们将在后面单独进行较为全面的介绍。

4.2.5　诱变育种

诱变育种是花卉新品种选育中常见的一类方法，可以分为化学诱变和物理诱变两大类。化学诱变主要是利用一些能诱发细胞变化的试剂处理植物幼嫩组织，而物理诱变多是用射线处理。这里主要介绍我们在化学诱变方面做过的一些工作。

常用的化学诱变剂有秋水仙素、十二烷基硫酸钠（SDS）和平阳霉素（PYM）三种。秋水仙素是一种微管解聚剂，是最重要的微管工具药物。当秋水仙素与正在进行有丝分裂的细胞接触时，秋水仙素就与微管蛋白异二聚体结合，从而阻断微管蛋白组装成微管，并引起原有微管解聚，从而使受影响的细胞的染色体加倍，产生染色体数加倍的核。各种植物和不同组织中的微管蛋白与秋水仙素结合能力不同。因此在使用秋水仙素对牡丹进行诱变育种时，秋水仙素的不同浓度、不同处理时间、不同处理及恢复期的温度等，都会对植物细胞产生不同程度的影响。SDS 是一种阴离子表面活性剂，含有亲水的极性基团和疏水的非极性基团，在水中可解离成带疏水基团的阴离子。SDS 主要通过破坏蛋白质分子中的氢键和疏水作用而使其变性。PYM 是轮枝链霉菌平阳瘤抗生素，属糖肽类化合物，主要用于临床，对于多种癌症均有较好的疗效。PYM 能诱发植物染色体发生畸变，从而导致植物发生变异，可据此选择新的变异品种。

在进行牡丹诱变育种时，可以挑选根长 0.5cm、1～2cm 的'凤丹'种子 100 粒分别进行秋水仙素、十二烷基硫酸钠（SDS）和平阳霉素（PYM）三种化学诱变剂的浸种处理，对照各采用 50 粒'凤丹'种子。秋水仙素设计浓度为 0.2%、0.3%、0.4% 三个浓度梯度，处理时间为 36h、24h、12h；SDS 设计浓度为 0.3mmol/L、0.4mmol/L、0.5mmol/L，分别浸种 36h、24h、12h；PYM 设计浓度为 10μg/ml、30μg/ml、50μg/ml 三个浓度，在 20℃条件下处理 24h、16h、8h。

试验结果表明，秋水仙素对'凤丹'根尖有显著的促膨大效应，效率按处理浓度 0.4% >0.3% >0.2%，以 0.4% 和 0.3% 秋水仙素处理 48h 后，膨大效应最显著。不同浓度、处理时间的秋水仙素、SDS 对'凤丹'出苗率没有影响；PYM 对'凤丹'的致死率较高。三种化学试剂中 PYM 对'凤丹'种子的生长具有明显的抑制作用，这可能是由

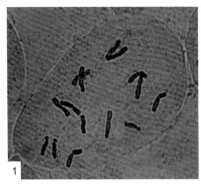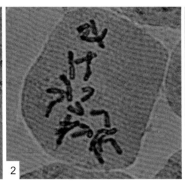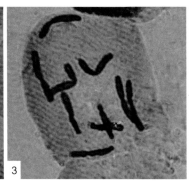

图 4-1　经诱变处理后的'凤丹'根尖染色体
1、2.秋水仙素处理后的'凤丹'根尖(1.三倍体;2.四倍体);3.SDS 处理后的'凤丹'根尖染色体

于 PYM 对于'凤丹'种子产生生理伤害所致。秋水仙素和 SDS 对于种子根的伸长无明显抑制作用。

秋水仙素对于诱变材料具有明显的加倍效应,通过对其根尖染色体的观察,可以明显看到:经秋水仙素处理后的'凤丹'根尖染色体已经或者即将发生加倍,主要有三倍体、四倍体甚至有多倍体(图 4-1-1、图 4-1-2)。SDS 对'凤丹'的染色体没有发生影响(如图 4-1-3),而 PYM 对'凤丹'的诱变效应明显,表现为染色体减少。

4.3　江南牡丹的杂交育种
4.3.1　杂交育种中需要注意的几个关键环节

要在杂交育种中取得成就,需要有决心、恒心和毅力,长期坚持,同时要抓好一些关键环节。

(1)明确育种目标。正确确定杂交育种的目标是搞好育种工作的重要前提。在江南地区,耐湿热、抗病等抗性育种应是主攻方向,然后兼顾其他。在观赏育种领域,还要考虑花色、花型、花香与花期,如此等等。

(2)重视亲本选择,精心配置杂交组合。在育种目标确定之后,就要按照育种要求选择杂交亲本。这些亲本要具备育种目标所需要的突出的优良性状,双亲之间优点要能互补。按照这个要求对双亲进行分析评价后,精心做好试验设计,配置好杂交组合。

(3)努力提高杂交成功率和杂种成苗率。杂交育种,特别是远缘杂交,如何提高杂交成功率是需要关注的重要环节。要使杂交获得成功,要注意抓好每个细节,如花粉的活力。一般花粉活力低于 10% 时,成功概率就会大大降低;再者,母本柱头的授粉时机要很好把握。要掌握母本柱头出现黏液的时间和规律,适时授粉。果实成熟后,要适时采收。种子要随采随播,以免进入深休眠状态。这样杂交种子能较好萌动、生根,翌年春天顺利出苗。随后要抓好田间管理。

在杂交亲本花期不遇时，要采取环境调节等措施，调控花期，或者采用花粉储藏措施，解决早花、晚花之间、异地之间的授粉问题。

（4）注意观察记载，不断总结和提高。在整个工作实施过程中，要细心做好观察记载，及时总结，提高操作技术水平，掌握杂交后代的遗传变异规律，不断修改补充试验设计。

4.3.2　杂交育种工作的实施

1）亲本的选择

江南牡丹新品种培育的首要目标是能适应江南地区湿热的气候条件，因此用于杂交育种的亲本中，至少有一方必须具备较强的抗湿热特性。'凤丹'在江南地区分布范围广，栽培数量多，适应性强，同时具有花枝长，花头直立，遗传背景相对纯合以及结实性强等诸多优点，是做母本的理想材料。

在改善观赏品质方面，可供选择的材料虽然比较多，但仍然需要精心挑选。例如，在中原品种中，尽量选择对江南环境条件有一定适应能力，而花色和花型较好的品种；在日本品种中，要特别注意选择花色鲜艳纯正、花型标准的品种。

2）开花授粉生物学特性的观察

为了更好地进行具体操作，需要对牡丹开花授粉过程中的一些生物学现象进行仔细观察。

（1）开花过程

牡丹开花过程可分为初开、盛开、谢花三个阶段。花朵初开是指花蕾破绽露色1～2天后，花瓣微微张开的过程。单瓣类一般1～2天，重瓣类3～4天。这一时期最明显的特点是雄蕊成熟。初开第一天部分品种开始散粉，第二天，绝大部分品种散粉。据观察，绝大部分牡丹品种雄蕊先于雌蕊成熟，属于雄先型。

花瓣完全张开标志着花朵进入盛花期，此时花径最大，花型花色充分展示，散发香味，雄蕊干枯，花粉散尽，柱头上分泌大量黏液，时间因品种而异，2～3天不等，有的可能更长一些。这一阶段是人工授粉的最佳时期。

谢花期是指花瓣凋萎脱落的时期，单瓣品种一般从初花第5天开始，重瓣品种从第7～9天开始。此时，雄蕊脱落，柱头停止分泌黏液以致硬化。

（2）'凤丹'开花授粉特性

通过对'凤丹'的开花授粉特性进行了观察（董兆磊，2010），取得以下结果。

'凤丹'天然授粉及人工异花授粉结果率达100%，即每个蓇葖果都能采到种子，而结籽率分别为58.04%和52.69%。

'凤丹'人工同株异花授粉及自花授粉结实率90%以上，但结籽率显著下降，分别为22.22%和17.05%；而自然状态下的自花授粉有60%果实可收到种子，但结籽率仅为 7.95%。

上述结果表明：'凤丹'为异花授粉植物，但自交仍具一定的亲和性，只是育性偏低。

（3）'凤丹'与其他种或栽培品种的杂交亲和性

上海江南牡丹研究团队曾将'凤丹'与 11 个日本牡丹品种进行杂交试验，其中的 10 个杂交组合结实率可达到 100%，单果平均结籽数量为 39 粒，与中原的'黑花魁'、江南的'香丹'杂交都得到类似的结果，说明'凤丹'与亚组内的各品种都有比较好的亲和性。

此外，还有应用'凤丹'与四川牡丹、狭叶牡丹杂交取得成功的报道（何丽霞等，2012），说明在亚组间的远缘杂交也取得成效。

3）花粉收集与准备

杂交工作中往往会出现父母本花期不遇的问题，如'凤丹'的花期与日本牡丹花期相差 10 天左右，芍药与'凤丹'花期相差可达半月以上。因此，制定好育种计划后，应采取必要的措施尽可能使父母本花期相遇。通常的做法是将父本上盆，若父本开花期早于母本，则可放置于温度较低的冷室，适当控制其开花进程；若父本开花期晚于母本，则提前将其移入温室中，促使其提前开花。

在低温条件下，花粉在储藏 6 周之后，依然可以保持相对较高的生活力，短期（2 周左右）储藏，两者没有大的差别。如果储藏时间较长，需要采用超低温储藏。

4）杂交组合的确定

'凤丹'作为杂交的主要母本，父本则以观赏价值的高低作为选择的首要标准。上海植物园从 2006 年开始牡丹杂交育种，其中，2007～2009 年三年的杂交组合如下。

2007 年共选择了 17 个父本，其中江南传统品种 3 个，日本品种 11 个，美国品种 3 个（表 4-1）。

表 4-1　江南牡丹新品种培育的杂交组合

母本	父本	年份
凤丹	Reine Elisabeth（日本）、花王（日本）、玉芙蓉（日本）	2006
凤丹	呼红、凤尾、粉莲、镰田藤、镰田锦、太阳、芳纪、岛大臣、皇嘉门、连鹤、锦岛、紫光锦、绯之司、丰代、Mystery、Banquet	2007
凤丹	海黄、旭港、百花选、绯之司、花竞、岛乃藤、新日月锦、五大洲、日暮、天衣、花邀、太阳、黑花魁、新国色、香丹、盐城红、粉莲	2008
Mystery	SY-20	2008
Gold Isles（金岛）	SY-20	2008
Black Private	SY-20	2008
海黄	紫光锦	2009
凤丹	香玉、紫蝶迎风、黑海撒金、岛大臣、岛锦、玉芙蓉、花王、村松樱、麟凤、玉楼、西施、呼红、赵粉、芍药	2009
Pd-1	细叶芍药	2009

2008 年进行了 20 个杂交组合试验。尝试采用美国杂种牡丹为母本与芍药进行杂交，'凤丹' 为母本的组合 17 个，分别以日本牡丹（13 个）、江南牡丹（2 个）、中原牡丹（1 个）、美国杂种牡丹（1 个）为父本，另外以 3 个美国杂种牡丹为母本，一种单瓣芍药为父本，进行了组间远缘杂交试验。

2009 年 '凤丹' 为母本的组合 15 个，父本材料包括日本牡丹（5 个）、中原牡丹（3 个）、江南牡丹（3 个）、西北品种（2 个）在内，另外做了两个远缘杂交组合。

5）杂交授粉及其结果

开花前 1～2 天对母本去雄套袋，从去雄到柱头分泌黏液一般要 5～7 天的时间。当柱头开始分泌黏液时，每天上午 8～10 时进行授粉，然后套袋。对于亲缘关系较远的组合通常连续授粉 3 次。

杂交结果列入表 4-2 和表 4-3。

'凤丹' 与江南牡丹品种和大部分日本牡丹、中原牡丹都有比较好的杂交亲和性，杂交结实率高，且有比较长的可授期。其中，'凤丹'×'镰田锦'，'凤丹'×'锦岛'，

表 4-2　2007 年各杂交组合结实数量

编号	杂交组合（♀×♂）	授粉花数/朵	种子数量/粒	平均结籽数/（粒/朵）
1	'凤丹'×'呼红'	25	480	19.20
2	'凤丹'×'凤尾'	14	355	25.36
3	'凤丹'×'粉莲'	5	83	16.60
4	'凤丹'×'镰田锦'（5 号）	25	59	2.36
5	'凤丹'×'镰田藤'（15 号）	30	514	17.13
6	'凤丹'×'太阳'	22	679	30.86
7	'凤丹'×'海黄'	34	11	0.32
8	'凤丹'×植物园红（'芳纪'）	41	660	16.10
9	'凤丹'×'岛大臣'（10 号）	35	1018	29.09
10	'凤丹'×'皇嘉门'	12	247	20.58
11	'凤丹'×'连鹤'	18	250	13.89
12	'凤丹'×'锦岛'	21	185	8.81
13	'凤丹'×'紫光锦'	61	1547	25.36
14	'凤丹'×'绯之司'	12	310	25.83
15	'凤丹'×'丰代'	15	252	16.80
16	'凤丹'×'Banquet'（11 号）	3	2	0.67
17	'凤丹'×'Mystery'（13 号）	4	58	14.50
总数		377	6710	

表 4-3　2008 年各杂交组合结实数量

编号	母本	父本	果实数量	结果率/%	种子数量/粒	单果平均结籽数/（粒/朵）	千粒重/g
1	凤丹	旭港（日本）	15	100	576	38.40	415.33
2	凤丹	百花选（日本）	17	64.7	489	44.45	337.67
3	凤丹	绯之司（日本）	19	100	568	29.89	279.00
4	凤丹	花兢（日本）	15	100	861	57.4	352.67
5	凤丹	岛乃藤（日本）	12	100	545	45.41	418.88
6	凤丹	新日月锦（日本）	16	100	670	41.88	395.67
7	凤丹	五大洲（日本）	14	100	603	43.07	352.67
8	凤丹	日暮（日本）	12	100	508	42.33	376.33
9	凤丹	天衣（日本）	19	100	813	42.79	399.00
10	凤丹	花遨（日本）	15	100	623	41.53	404.33
11	凤丹	香丹（药用）	10	60	228	38.00	417.77
12	凤丹	新国色（日本）	15	55.33	116	14.5	335.67
13	凤丹	黑花魁（中原）	6	50	100	33.33	549.33
14	凤丹	太阳（日本）	5	60	86	28.66	262.67
15	凤丹	海黄	22	0.22	14	2.8	—
16	凤丹	盐城红（江南）	10	10	7	7	—
17	凤丹	粉莲（江南）	8	12.5	4	4	—
18	Mystery	SY-20	5	200	1	1	—
19	金岛	SY-20	3	33.3	1	1	—
20	Black Private	SY-20	4	0	0	0	—
总数			242		6843		

‘凤丹’×‘新国色’结实率相对较低，可能与花粉生活力偏低有关，‘新国色’花粉在低温条件下储藏了一个月。

‘凤丹’群体中也有少量单株的杂交亲和性差，所有的杂交均不成功。

‘凤丹’与美国牡丹品种亲和力差，结实量非常少，‘凤丹’×13 号虽然结实率较高，但种子都不正常，水选全部浮于水面上，原因是所用的美国品种均为远缘杂种 F1 代，花粉生活力低，存在杂交亲和性低和杂种育性差的问题，但相对于芍药与牡丹的组间杂交成功率仍然要高些。

6）杂种种子的采收与处理

长江中下游平原地区种子成熟期一般在 8 月初至 8 月中旬，7 月底应将杂交的果实套上种子袋，防止果实裂开时种子散落。当果实外皮转变成蟹黄色，有果荚开始裂开时即可采收。一般每隔两天采收一次，采收期最长可持续 10 天左右。采收后的果实宜在阴凉的环境下自然裂开，不宜放在太阳下暴晒，以免果荚失水变硬，种子不易取出。一般放置一周后，果荚会自然裂开，然后将种子取出，统计各杂交组合的结实情况，供制订下一年杂交计划时参考。

采收的杂交种子不宜储藏太久，最好在8月底至9月初播种。播种后浇透水，遮阳网覆盖，以防杂草滋生。对于结实量非常低的组合的种子要小心处理，宜经过沙藏后进行盆播，通过精心管理提高成苗率。

7）杂种的 ISSR 鉴定

ISSR 标记技术是以简单重复序列作引物直接进行基因组 DNA 的 PCR 扩增，分析 PCR 产物的多态性。通常利用 DNA 分子标记对亲代、子代关系进行鉴定需要在杂交后代中检测到如下证据：①与双亲共同具有的位点（或扩增带）；②分别与亲本之一共同具有的位点（或扩增带）。ISSR 技术可以用于牡丹杂种鉴定，其试验结果较为可靠（索志立等，2004，2005）。

王佳等选择'凤丹'、'凤尾'、'呼红'、'花王'、'太阳'、'1号'、'紫光锦'等作为实验材料，对江南牡丹杂种进行了 ISSR 分子标记分析，检测其与亲本的亲缘关系。其试验步骤包括以下几点。

亲本及杂种的 DNA 提取。提取父本、母本及6个杂交组合（'凤丹'与'凤尾'、'凤丹'与'呼红'、'凤丹'与'花王'、'凤丹'与'太阳'、'凤丹'与'1号'、'凤丹'与'紫光锦'）子代的 DNA，每个杂交组合随机选取3株子代。

ISSR 扩增分析。研究中筛选出8对引物对不同杂交组合基因组 DNA 片段长度多态性进行了选择性扩增。不同的引物组合，扩增谱带的多少则各不相同（表4-4）。扩增情况见电泳图（图4-2）。结果表明各引物扩增出的多态性条带的比例不同，以 UBC827 最高，为72.72%；其次是 UBC864，为66.67%；UBC895 最低，仅

表4-4　8个 ISSR 引物的 PCR 扩增

引物	扩增条带数	多态性条带数	多态性条带比例 /%
807	9	5	55.56
811	10	6	60.00
825	8	5	62.50
827	11	8	72.72
850	12	7	58.33
859	13	6	46.15
864	6	4	66.67
895	9	3	33.33
总计	78	44	
平均	9.75	5.5	56.91

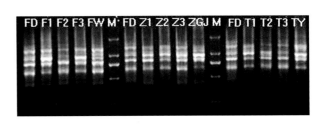

图 4-2　杂种后代的 PCR 扩增
FD: 凤丹；FW: 凤尾；ZGJ: 紫光锦；
TY: 太阳；F_1 ～ F_3: 3 株杂种后代

为 33.33%，平均每条引物扩增出的多态性条带率为 56.91%。

筛选长度 200 ～ 1200bp 的清晰而稳定的 ISSR 扩增片段用于统计分析。各个样品在同一位点上有扩增片段时记为 1，无扩增片段时记为 0，构建 0，1 矩阵。根据 0，1 矩阵生成各个体的 DNA 指纹图谱。

结果表明，F_1 代的 ISSR 扩增条带，多数为双亲共有条带，也有父本或母本所特有的条带，还有少量 F_1 个体出现双亲都没有的条带。因此，这些杂种后代确实是父本和母本的杂交后代。后代不仅遗传了亲本的特征还产生了一定的变异。

后代与亲本的亲缘性分析。根据 8 对引物的扩增结果，计算 6 个杂交组合间的遗传相似系数，并以此建立遗传矩阵。用所得相似距离数据，采用非加权配对算术平均法（UPGMA）进行了聚类分析。结果见图 4-3。

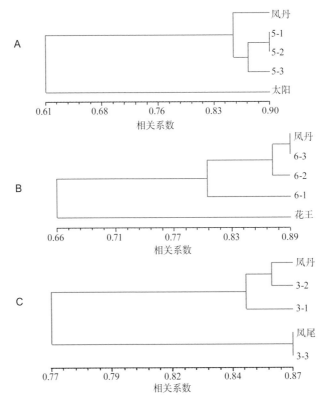

图 4-3　杂交组合各样本 UPGMA 聚类结果
A. '凤丹' × '太阳' 杂交组合；B. '凤丹' × '花王' 杂交组合；C. '凤丹' × '凤尾' 杂交组合

根据聚类图，可以将各样本之间的关系分为三种类型。

（1）子代间先相聚，后与母本聚在一起，最后与父本相聚（图4-3-A），'凤丹'与'呼红'、'太阳'杂交组合属于这一类型。说明子代间亲缘关系最近，并且子代与母本亲缘关系较父本近。

（2）子代与母本或者其他几个子代先相聚，最后与父本相聚（图4-3-B），'凤丹'与'花王'、'1号'、'紫光锦'杂交组合属于这一类型。说明最先与母本相聚的子代与母本亲缘关系较其他子代近，同时子代与母本亲缘关系较父本近。

（3）父本与子代，母本与子代间分别相聚后再聚在一起（图4-3-C），'凤丹'与'凤尾'杂交组合属于这一类型。

以上结果表明，ISSR分子分析可以对江南牡丹杂种进行有效的子代与亲本亲缘关系鉴定，为江南牡丹杂种的早期选育及选择亲和性较强的杂交亲本提供了有利的工具。

远缘杂交可产生全新的变异类型，是一种非常值得尝试的育种方法。对于江南牡丹来说，远缘杂交育种的重要性不仅在于能创造新的有较高观赏价值的变异类型，还体现在远缘杂种的强适应性。现有的牡丹远缘杂交品种主要来源于牡丹、芍药的几个种或品种与黄牡丹、紫牡丹的杂交后代。而芍药属植物有30多个原种、数千个品种！可见，牡丹芍药的远缘杂交育种有着多么广阔的空间！

远缘杂交育种可从以下几个方面提高杂交的效率：

一是通过各种杂交组合试验，寻找一些亲和性相对好的杂交组合；

二是研究不同杂交组合不亲和障碍发生的时期，采用重复授粉、蒙导法、药剂处理等方法提高结实率。

三是引进高世代的杂交品种进行杂交，提高成功的可能性。

4.4　江南牡丹花色育种的探索

4.4.1　牡丹花色育种概说

花色是花卉最为重要的观赏性状之一。花色改良与创新一直是牡丹育种中的重要目标。

江南传统牡丹品种较少，且花色单一，目前仅有白色系（如'凤丹'、'玉楼'）、粉色系（如'西施'、'粉莲'）和红紫色系（如'云芳'、'呼红'、'昌红'等）少数几个色系，问题十分突出。除花色单一外，花色偏暗也是值得关注的问题。因而在今后育种中进一步丰富适生品种的花色，是江南牡丹应用和发展中急待解决的重要问题。

目前，牡丹新品种的培育主要还是利用传统的育种技术来完成的，效率很低。这一方面是因为牡丹育种的周期很长，另一方面，人们对牡丹花色遗传机制还不是很清楚。目前，国内外对牡丹花色的研究主要集中于花色表型分析和花色素成分分析方面，牡丹花色素苷生物合成途径以及内源基因的表达模式还不清楚，其花色形成分子机制的研究仅限于 *CHS*、*CHI* 等个别相关基因。

影响花色表达的因素有很多，但主要是由花色素组成、色素含量和色素分布三大因子所决定。它们分别由不同的基因或基因群所控制。植物花色素的种类繁多，但是大体可分为 4 大类：类黄酮、类胡萝卜素、叶绿素类和生物碱。牡丹花色素属于类黄酮化合物。

研究表明，牡丹花瓣中的类黄酮主要有花色素苷、黄酮和黄酮醇的苷类。从牡丹花瓣中检出的花色素苷有 6 种，分别是芍药花素 -3,5- 二葡糖苷（peonidin-3,5-di-*O*-glucoside，Pn3G5G）、矢车菊素 -3,5- 葡糖苷（cyanidin-3,5-di-*O*-glucoside，Cy3G5G）、天竺葵素 -3,5- 二葡糖苷（pelargonidin-3, 5-di-*O*-glucoside，Pg3G5G）、芍药花素 -3- 葡糖苷（peonidin-3-*O*-glucoside，Pn3G）、矢车菊素 -3- 葡糖苷（cyanidin-3-*O*-glucoside，Cy3G）和天竺葵素 -3- 葡糖苷（pelargonidin-3-*O*-glucoside，Pg3G）。在苷元水平上检出了 3 种黄酮，即芹黄素（apigenin，Ap）、木犀草素（luteolin，Lu）和金圣草黄素（chrysoeriol，Ch）；还检出了 3 种黄酮醇，包括山奈黄素（kaempferol，Km）、槲皮素（quercetin，Qu）和异鼠李黄素（isorhamnetin，Is）。在糖苷水平上已分离得到的黄酮苷有：芹黄素 -7- 葡糖苷（apigenin-7-*O*-glucoside）、芹黄素 -7- 鼠李葡糖苷（apigenin-7-rhamnoglucoside）、芹黄素 -7- 新橙皮苷（apigenin-7-*O*- neohesperidoside）和木犀草素 -7- 葡糖苷（luteolin-7-*O*-glucoside）；黄酮醇苷有：山奈黄素 -3- 葡糖苷（kaempferol-3-*β*-glucoside）、山奈黄素 -3, 7- 二葡糖苷（kaempferol-3-*β*-glucoside-7-*β*-glucoside）和山奈黄素 -7- 葡糖苷（kaempferol-7-*O*-glucoside）（Wang et al., 2001, 2004；Zhang et al., 2007）。

除了江南品种群和西南品种群以外，已有其他 5 个品种群的花色及花色素组成的研究取得了进展（zhang et al., 2007）。分析表明：中原品种群的花色素苷以 Pn3G5G 为主体，其次是 Pg3G5G 和 Cy3G5G，而 Pn3G 和 Cy3G 的含量较低，几乎都不含有 Pg3G。西北品种群大多数品种花瓣的非斑部分的花色素苷由 Pn3G5G、Cy3G5G 和 Cy3G 组成，Pn3G 含量很低，几乎不含 Pg 系色素（李嘉珏，1996；Wang et al., 2001, 2004）。日本品种群黑红或深红紫色品种的花瓣中含有大量花色素苷，而粉色或白色品种含有微量花色素苷。红色品种主要含有 Pg3G5G 和 Pg3G；粉色品种主要含有 Pg3G5G 和 Pn3G5G；紫色花品种中 Pn3G5G 是主要成分，Pn3G 和 Cy3G 次之。美国品种和法国品种中，大部分含有 Pn3G、Pn3G5G、Cy3G 和 Cy3G5G，缺少 Pg3G 和 Pg3G5G，几乎所有的品种都含有查尔酮（Hosoki et al., 1991）。此外，王亮生等还对 7 个牡丹野生种的花色素组成进行了研究分析（Wang et al., 2001；Zhang et al., 2007）。

上述工作为今后牡丹花色育种提供了基础资料。然而，有关江南牡丹花色研究暂付阙如，于是，我们开展了相关工作。

4.4.2　江南牡丹花色的表型测定

江南牡丹不同品种的花色表型结果如表 4-5 所示。各品种花色在 CIE 表色系统坐标系上分布广泛，红绿属性 a^* 值的范围为 $-1 \sim 77$，黄蓝属性 b^* 值为 $-30 \sim 6$，亮度 L^* 值为 $30 \sim 93$，彩度 C^* 值为 $1.00 \sim 82.64$，色相角 h 值为 $-0.79 \sim 0.15$。江南牡丹是一个包含白色系、粉色系、红紫色系以及色度在蓝色到紫红色的宽泛区间内变化的颜色群体。

表 4-5　江南牡丹不同品种花色的表型测定

色系		品种（种）	CIE 参数				
			亮度 L^*	色相 a^*	色相 b^*	彩度 C^*	色相角
粉色	粉红色	卵叶牡丹（P.qiui）	50	59.8	–4	59.93	-0.07
		BK21*	35	45	4	45.18	0.09
		BK23*	30	41	6	41.44	0.15
		紫斑牡丹（P. rockii）	31	26	–7	26.93	-0.26
	粉蓝色	轻罗	67	45	–8	45.71	-0.18
		西施	49	46	–22	50.99	-0.45
		粉莲	57	42.2	-21	47.14	-0.46
红紫色		呼红	49	62	–19	64.85	-0.30
		云芳	62	77	–30	82.64	-0.37
		雀好	53	77	0	77.00	0.00
		昌红	46	71	1	71.01	0.01
白色		凤尾	87	1	–1	1.41	-0.79
		杨山牡丹（P.ostii）	85	1	0	1.00	0.00
		凤丹白	93	1	0	1.00	0.00

注：*BK21，BK23 均为保康品系。

4.4.3　江南牡丹品种类黄酮组成

1）花色苷的组成和含量

对江南牡丹花瓣中的各种花色苷的种类和含量进行测定，结果如表 4-6 所示。白色系的'凤丹白'和'凤尾'花瓣中未检测到花色苷的存在；粉色系的'西施'和'粉莲'中检测到 Pn3G5G 和 Cy3G5G 两种花色苷，其中 Pn3G5G 是粉色系牡丹的主要花色苷组分，平均相对含量为 93.33%；红紫色系的'昌红'、'呼红'和'云芳'中花色苷组成为 Cy3G5G、Pn3G5G、Cy3G 和 Pn3G，主要的花色苷为 Pn3G5G，平均相对含量为 59.63%，其次为 Cy3G5G、Cy3G 和 Pn3G。

表 4-6　江南牡丹花瓣中的花色苷

| 色系 | 品种（种） | Cy | | Pn | | Aglycone | | Glycoside | | TA |
		3G5G	3G	3G5G	3G	Cy	Pn	3G5G	3G	
粉色	粉红色 卵叶牡丹（P.qiui）	0.02	—	0.52	—	0.02	0.52	0.54	—	0.54
	BK21	0.43	0.18	1.76	—	0.62	1.76	2.20	0.18	2.38
	BK23	0.30	—	0.69	—	0.30	0.69	0.99	—	0.99
	紫斑牡丹（P. rockii）	1.78	—	31.16	2.25	1.78	33.41	32.94	2.25	35.19
	粉蓝色　轻罗	—	—	—	—	—	—	—	—	—
	西施	0.11	—	2.05	—	0.11	2.05	2.17	—	2.17
	粉莲	0.26	—	3.02	—	0.26	3.02	3.29	—	3.29
红紫色	呼红	2.49	0.23	10.37	0.61	2.72	10.98	12.86	0.84	13.71
	云芳	4.52	4.54	12.00	3.14	9.05	15.14	16.51	7.68	24.19
	雀好	1.60	—	7.25	—	1.60	7.25	8.85	—	8.85
	昌红	4.15	2.18	9.66	2.01	6.34	11.67	13.82	4.20	18.01
白色	凤尾	—	—	—	—	—	—	—	—	—
	杨山牡丹（P.ostii）	—	—	—	—	—	—	—	—	—
	凤丹	—	—	—	—	—	—	—	—	—

注：—. 未检测到；TA. 花色苷总量 [mg/100 g（鲜重）]。

这些结果表明，在红紫色、粉红色、粉蓝色 3 种色系中，各花色之间花色素苷总含量差异均极显著（$P<0.01$）（图 4-4）。随着花色由深变浅（由红紫色变为粉色至白色），不同品种的花色素苷含量由多变少，花色深浅与花色素苷的积累量呈正相关。进一步分析发现，白色系之外的品种花色素组成均为 PnCy 型色素，Pn3G5G 含量最高，其次为 Cy3G5G。并且随着花色由深变浅（由红紫色变为粉色至白色），不同品种中 Pn3G5G、Cy3G5G 的含量由多变少，花色深浅与这两种色素的积累量也呈正相关。这与中原品种群紫色系和西北粉色系和紫色系花色苷组成相近，但与红色系日本品种群和中原品种相比，普遍缺少 Pg 型色素（天竺葵素）。

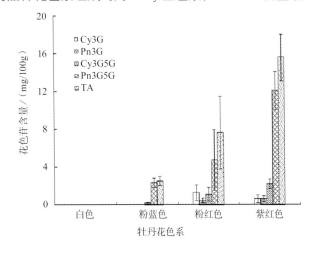

图 4-4　江南牡丹各色系花色苷类物质含量

2）黄酮、黄酮醇的组成和含量

江南牡丹中黄酮、黄酮醇类物质的含量如表 4-7 和图 4-5 所示。结果表明，江南牡丹黄酮、黄酮醇组成与其他品种群相似。黄酮分别为 Ap、Lu、Ch 的单糖苷和二糖苷，黄酮醇分别为 Km、Qu、Is 的单糖苷和二糖苷。Ap、Km 的平均相对含量分别为62.93% 和 16.55%。

表 4-7　江南牡丹花瓣中黄酮、黄酮醇的组成

色系		品种（种）	A	B	C	D	E	F	G	H	I	TF
			508.4	343.4	564.8	39.3	693.4	126.5	56.9	860.1	314.6	3507.4
粉色	粉红色	卵叶牡丹（*P.qiui*）	6.0	86.9	11.0	2.3	11.0	0.2	6.1	232.7	0.3	356.6
		BK21	8.8	199.8	10.7	2.9	16.9	2.5	34.7	557.6	4.4	838.3
		BK23	23.2	281.0	57.5	7.2	27.6	19.5	13.9	304.8	217.7	952.3
		紫斑牡丹（*P.rockii*）	32.3	382.0	82.7	12.4	60.1	0.1	32.2	650.1	8.1	1260.1
	粉蓝色	轻罗	0.3	272.8	0.3	0.0	3.7	0.8	32.9	501.8	0.5	813.0
		西施	0.6	484.9	14.8	3.5	25.6	4.3	68.4	673.1	8.7	1283.9
		粉莲	0.7	0.0	7.4	0.6	35.6	12.1	28.6	639.1	14.1	738.1
红紫色		呼红	13.6	28.4	15.7	0.7	317.4	25.5	17.2	432.4	55.5	906.4
		云芳	35.5	52.7	33.6	4.9	190.4	41.8	14.4	307.1	97.2	777.7
		雀好	24.8	33.4	24.2	4.6	300.1	25.1	17.9	421.6	53.8	905.4
		昌红	22.9	43.5	18.4	5.4	276.5	27.0	15.2	420.4	41.9	871.1
白色		凤尾	0.1	269.9	0.6	0.0	5.3	0.7	29.7	514.7	—	821.0
		杨山牡丹（*P.ostii*）	0.6	484.9	14.8	3.5	25.6	4.3	68.4	673.1	8.7	1283.9
		凤丹白	0.1	340.7	0.4	0.0	10.2	4.0	57.0	606.4	4.2	1023.1

注：A. 槲皮素二糖苷；B. 山奈酚二糖苷；C. 异鼠李黄素二糖苷；D. 槲皮素单糖苷；E. 木犀草素单糖苷；F. 木犀草素二糖苷（甲基五碳糖＋六碳糖）；G. 芹黄素二糖苷（五碳糖＋六碳糖）；H. 芹黄素二糖苷（甲基五碳糖＋六碳糖）；I. 金圣草黄素单糖苷；—. 未检测到；TF. 黄酮及黄酮醇总量（mg/100g 鲜重）。

江南品种中 4 个色系花瓣中的黄酮组成相似，山奈酚二糖苷（六碳糖）和芹黄素二糖苷（甲基五碳糖＋六碳糖）的含量极显著高于其他 7 种黄酮组分。在红紫色系中木犀草素单糖苷（六碳糖）的含量较高，达到了 223.35mg/100g，推测其在红紫色江南牡丹的形成中可能有重要作用。

3）总类黄酮

对不同色系江南牡丹花瓣中的总类黄酮含量（总花色苷与总黄酮、黄酮醇含量之和）进行比较，发现粉色系、红紫色系与白色、粉蓝色系江南品种之间总类黄酮含量差异极显著（$P<0.01$）（图 4-6，表 4-7）。其中，粉色系中总类黄酮含量达到1236.6mg/100g，红紫色系中含量也达到 1194.2mg/100g。

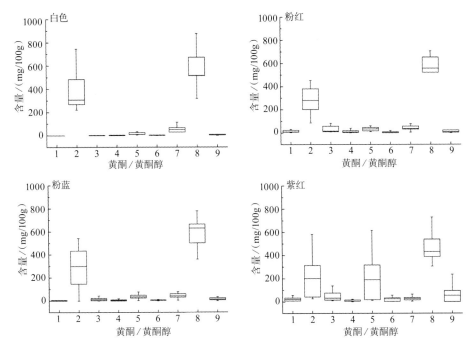

图 4-5　黄酮、黄酮醇类物质含量

1. 槲皮素二糖苷；2. 山奈酚二糖苷；3. 异鼠李黄素二糖苷；4. 槲皮素单糖苷；5. 木犀草素单
糖苷；6. 木犀草素二糖苷（甲基五碳糖＋六碳糖）；7. 芹黄素二糖苷（五碳糖＋六碳糖）；8. 芹
黄素二糖苷（甲基五碳糖＋六碳糖）；9. 金圣草黄素单糖苷

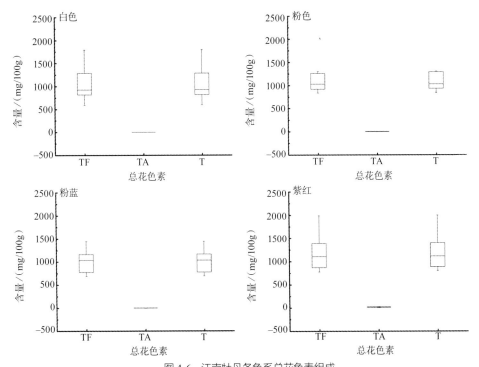

图 4-6　江南牡丹各色系总花色素组成

TA. 花色苷总量（mg/100g 鲜重）；TF. 黄酮/黄酮醇总量（mg/100g 鲜重）；T. 总花色苷和总黄
酮、黄酮醇含量（mg/100g 鲜重）

4.4.4 江南牡丹花色与花色素组成的关系

1）花色与花色苷组成的关系

江南牡丹花瓣亮度 L^*、黄蓝属性 b^* 与花色苷总量 TA、花色苷单体之间无显著相关（$P>0.5$）；红绿属性 a^* 值与花色苷总量呈极显著相关（$P<0.01$），与花色苷单体之间满足回归方程 $a^*=32.307+6.097Cy3G5G+1.312Pn3G5G-1.023Cy3G-5.860Pn3G$，其中 a^* 与 Cy3G5G、Pn3G5G 之间的偏相关系数分别为 0.3156、0.3115；P 值分别为 0.0471、0.0502，说明江南牡丹花瓣的红度 a^* 主要由 Cy3G5G、Pn3G5G 两种色素的含量决定。彩度 C^* 与花色苷总量、花色苷单体之间均呈极显著相关（$P<0.01$），即 Cy3G5G 含量越高，花色苷总量越高，花瓣彩度越高。结果如表4-8、图4-7所示。

表4-8　江南牡丹花色与花色苷的相关性分析

花色与花色苷	回归方程	R^2	显著性
L^* 与 TA	$L^*=52.917-0.142TA$	0.122	0.473
L^* 与花色苷单体	$L^*=53.113+0.431Cy3G5G-0.149Pn3G5G-1.484Cy3G-0.307Pn3G$	0.207	0.837
a^* 与 TA	$a^*=42.156+0.949TA$	0.496	0.002
a^* 与花色苷单体	$a^*=32.307+6.097Cy3G5G+1.312Pn3G5G-1.023Cy3G-5.860Pn3G$	0.611	0.001
b^* 与 TA	$b^*=-10.755-0.108TA$	0.097	0.568
b^* 与花色苷单体	$b^*=-10.681-0.241Cy3G5G-0.193Pn3G5G+0.293Cy3G+1.0414Pn3G$	0.151	0.944
C^* 与 TA	$C^*=44.698+0.928TA$	0.486	0.002
C^* 与花色苷单体	$C^*=44.995+5.783Cy3G5G+0.546Pn3G5G-3.358Cy3G-2.019Pn3G$	0.615	0.004
h^* 与 TA	$h^*=-0.236+0.001TA$	0.045	0.792
h^* 与花色苷单体	$h^*=-0.239+0.007Cy3G5G-0.0017Pn3G5G+0.024Cy3G+0.002Pn3G$	0.165	0.924

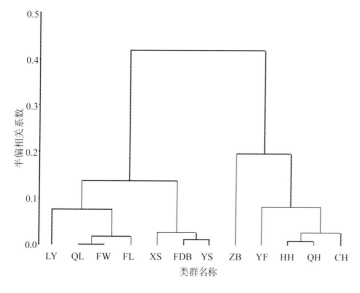

图4-7　江南牡丹化学分类聚类分析图

LY. 卵叶牡丹；QL.'轻罗'；FW.'凤尾'；FL.'粉莲'；XS.'西施'；FDB.'凤丹白'；YS. 杨山牡丹；ZB.紫斑牡丹；YF.'云芳'；HH.'呼红'；QH.'雀好'；CH.'昌红'

2）花色与黄酮、黄酮醇组成的关系

以江南牡丹花瓣中各黄酮类物质和总花色苷量 TA、总黄酮黄酮醇量 TF、总类黄酮量 T 和助色系数 CI 为考察因素，对花色参数 b^* 与上述几个因素的关系进行了逐步回归分析，经偏相关分析和显著性检验可知，只有槲皮素 - 二己糖苷、异鼠李素二己糖苷、槲皮素单糖苷（六碳糖）、木犀草素单糖苷（六碳糖）、木犀草素二糖苷（甲基五碳糖 + 六碳糖）、金圣草黄素单糖苷（六碳糖）6 个黄酮、黄酮醇组分与 b^* 值相关性达到极显著水平（$P<0.01$）。槲皮素 - 二糖苷、木犀草素单糖苷、金圣草黄素单糖苷对黄度 b^* 的增加具有正向促进作用，从回归系数上看槲皮素 - 二糖苷的促进作用更大，说明黄酮醇中的槲皮素 - 二糖苷是使江南牡丹黄度增加的主要贡献因子。

数值分析发现粉红色系品种中槲皮素 - 二糖苷、木犀草素单糖苷的量偏高，从黄酮醇组分的统计结果看，粉红色系花色偏黄，原因与槲皮素 - 二糖苷、木犀草素单糖苷的含量较高有关。

综上所述，粉红色系和粉蓝色系的花色差异应该与黄酮醇中的槲皮素 - 二糖苷、黄酮中的木犀草素单糖苷的含量相关。

4.4.5 江南牡丹基于类黄酮物质的化学分类

利用牡丹花瓣中类黄酮作为化学分类的标记物质，对 3 个野生原种及其与江南牡丹栽培品种群之间的亲缘关系进行了分析（图 4-7）。根据聚类分析，江南牡丹中花色相同或相近的品种遗传距离较近，如白色花系和粉色花系的'凤丹白'、'凤尾'、'粉莲'、'轻罗'、'西施'；红紫色系的'云芳'、'昌红'、'呼红'、'雀好'；这些现象说明，品种间的亲缘关系与花色有一定相关性，花色相同或相近的品种间的亲缘关系也相对较近。

此外，'凤丹白'、'西施'和杨山牡丹（*P.ostii*）聚为一类，表明杨山牡丹可能参与了'凤丹白'、'西施'花色的形成与演化；'轻罗'、'呼红'、'凤尾'、'粉莲'和卵叶牡丹（*P.qiui*）聚为一类，表明卵叶牡丹可能参与了'轻罗'、'呼红'、'凤尾'、'粉莲'花色的形成与演化；'云芳'、'昌红'、'呼红'、'雀好'和紫斑牡丹（*P.rockii*）聚为一类，表明紫斑牡丹可能参与了'云芳'、'昌红'、'呼红'、'雀好'花色的形成与演化。

4.4.6 关于江南牡丹类黄酮合成途径的推断

基于上述分析，并参考其他花卉有关类黄酮合成途径的研究资料，结合我们自己的工作，提出了一个江南牡丹类黄酮可能合成途径的示意图（图 4-8），从而为今后江南牡丹花色育种提供参考。

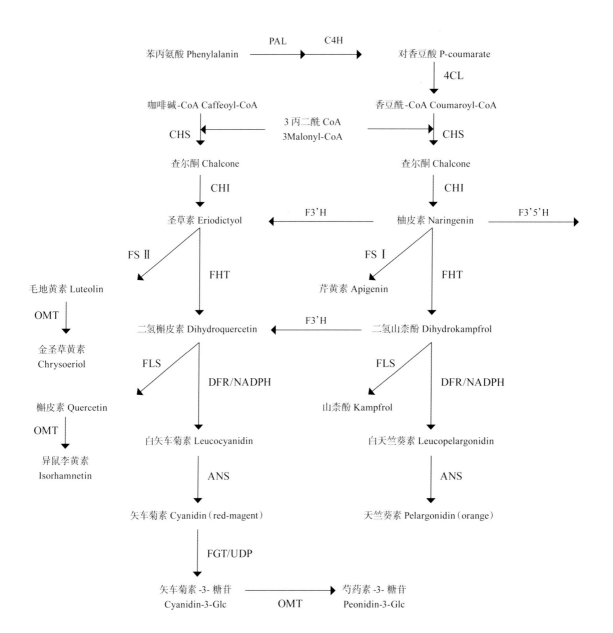

图 4-8　推测的江南牡丹类黄酮合成途径

PAL.phenyiaianine ammonia-Lyase, 苯丙氨酸解氨酶；C4H.cinnamic acid 4-hydroxyiase, 桂皮酸 -4- 羟化酶；4CL.4-coumarate: CoA ligase, 香豆酸辅酶 A 连接酶；CHS.Chalcone synthase, 查尔酮合酶；FNSⅠ／Ⅱ.Flavone synthaseⅠ／Ⅱ, 黄酮合成酶Ⅰ／Ⅱ；CHI.Chalcone isomerase, 查尔酮异构酶；FLS.Flavonol synthase, 黄酮醇合成酶；FTH.F3H, Flavanone-3-hydmxylase, 黄烷酮 -3- 羟化酶；ANS.Anthocyanidin synthase, 花色素合成酶；FGT.Flavonoid 3-O-glucosyltransferase, 类黄酮 3-O- 糖基转移酶；DFR.Dihydroflavonol 4-reductase, 二羟黄酮醇 4- 还原酶；F3'H.Flavonoid 3'-hydroxylase, 类黄酮 3'- 羟化酶；F3'5'H.Flavonoid 3'5'-hydwxylase, 类黄酮 3'5' 羟化酶；OMT. 甲基化酶

4.4.7　对江南牡丹花育种的一些思考

依据上述分析和推断,我们对今后江南牡丹的花色育种提出以下思路,供亲本选择及杂交组合设计中参考。

(1)鲜红色品种的培育。芍药属牡丹组植物具有丰富的红色花种质资源,如中原牡丹品种群和日本牡丹品种群中的红色品种,色素类型以 Cy 或 Pg 型色素为主,通过品种群间相互杂交有望获得理想的红色系新品种。亲本选择上,可以考虑选用一些 Pg3G 含量高、助色系数低的日本牡丹品种或 Pg3G5G 含量高的中原牡丹品种。另外,白色系江南牡丹花瓣中有大量的山奈酚糖苷和芹黄素糖苷存在,推测由二氢山奈酚到白天竺葵素的代谢路径可能被阻塞,因此白色系江南牡丹品种可能是培育鲜红色系江南牡丹新品种的优良材料。在分子育种方面,由于无论是粉色系还是红紫色系牡丹,花瓣中芍药素糖苷的含量均显著高于矢车菊糖苷的含量,推测其原因可能是催化矢车菊糖苷向芍药素糖苷转化的甲基化酶的活性较高,从而导致江南牡丹花色暗红。因此,获得鲜红色江南牡丹的一个策略是利用分子生物学手段抑制甲基化酶 OMT 的活性,以抑制类黄酮生物合成途径中 Cy 向 Pn 的转化,促进 Cy 型色素的积累。或者通过抑制粉色系西施、粉莲中 F3'H 基因和黄酮醇合成酶基因 FLS 的表达而促进合成 Pg 型色素、降低黄酮醇含量,从而培育鲜红色牡丹新品种。

(2)蓝色品种的培育。蓝色新品种的育种,可以借鉴利用基因工程手段获得蓝色月季的经验,将 F3'5'H 基因和外源 DFR 基因导入黄酮醇含量高的白色系江南牡丹,如'凤尾'、'凤丹白'中;同时下调内源 DFR 基因的表达,积累蓝色色素飞燕草素(Delphinidin,Dp)糖苷,与黄酮醇形成辅助着色效应,从而形成稳定的蓝色花,以实现育出蓝色牡丹新品种的目的。

(3)黄色品种的培育。黄色素的主要组成为类黄酮类色素和类胡萝卜素。其中,类黄酮中的查尔酮和噢哢(苯亚甲基香豆满酮,benzal-coumaranon)是黄色表型的主要体现者。黄色系牡丹,如黄牡丹(Paeonia lutea)花瓣中主要的类黄酮物质是异杞柳苷,在花瓣液泡中能稳定存在。因此以白色系品种和黄牡丹为育种亲本,有望获得黄色江南牡丹。

(4)其他花色品种的培育。西北牡丹品种群和部分中原牡丹品种、保康牡丹品种、紫斑牡丹品种等的花瓣基部有一个明显的色斑,选用白色系品种和上述品种为育种亲本,通过种间杂交有望获得带色斑的江南牡丹品种。

另外,'粉莲'花瓣中未检测到山奈酚,可能是 FLS 的一个自然突变体;'粉莲'、'轻罗'、'西施'中未检测到槲皮素,可能是二氢槲皮素到槲皮素的代谢通路被阻断,也有可能是 FLS 的自然突变体。'凤尾'未检测到金圣草黄素,说明其催化木犀草素合成金圣草素的代谢通路可能被阻断,应该是研究牡丹花甲基化突变的良好材料。

花色的遗传结构不是对单一位点的研究而是以其代谢途径来确定的，因此分析并掌握各种植物花色形成的代谢途径是花色改良的前提条件。一般花青素苷代谢从丙二酰和香豆酰开始，直到形成柚皮素，再从柚皮素分 3 支分别形成各种花青素苷。各代谢途径在柚皮素以上的合成途径相似，从柚皮素开始，代谢方向不同而形成不同的花青素苷。柚皮素在 *F3'H*、*F3H* 和 *F3'5'H* 三个酶的作用下，进一步分别形成矢车菊素苷、天竺葵素苷和飞燕草素苷。

江南牡丹花色育种任重道远，今后还有很长的路要走。但只要坚持不懈，相信不久的将来，江南牡丹的春天一定会更加美好！

第 5 章

江南牡丹的观赏栽培

在江南地区要建好牡丹园，或者要在公园、庭院中把牡丹种植好，确实需要下一番工夫。要抓好几个关键环节：第一，要掌握牡丹的生态习性，选好适生品种；第二，要选择适宜牡丹栽培的土地，做好土壤改良；第三，要精心栽植，精心管理和养护。

5.1 牡丹的生态习性

5.1.1 牡丹野生种的生态习性

芍药属牡丹组的野生种约有 10 种，分布在中国大陆的中部黄土高原林区、横贯东西的秦（岭）巴（山）山地，沿四川西北部向南延伸到川西南、云南中北部，以及西藏东南部这样一个大区域。其中秦岭南北分布的矮山牡丹（矮牡丹）、紫斑牡丹和杨山牡丹被认为是现有栽培牡丹的祖先种。它们大多分布在海拔 900～2000m、年降水量 500～1000mm 的山地，耐寒、耐旱性较强，喜光亦稍耐半阴，宜高燥惧湿热；而分布在西南地区的紫牡丹（滇牡丹）、黄牡丹和大花黄牡丹等，由于纬度偏南，山地海拔在 2500～3500m，因而更适应温暖湿润的气候，其耐寒、耐旱及耐高温特性不如前者。这些种类通过亚组间及组间远缘杂交参与了欧美栽培品种群的形成，一些流行品种已从国外引回中国。近十几年来，中国自己的远缘杂种逐渐增多，并且有后来居上的势头。

野生种原生境土壤呈中性至微酸性，但大部分种类对微碱性土壤也有一定的适应性。

5.1.2 牡丹栽培品种的生态习性

成书于明代的《群芳谱》曾这样记载牡丹的生态习性："性宜寒畏热，喜燥恶湿，得新土则根旺，栽向阳则性舒。阴晴相半，谓之养花天。栽接剔治，谓之弄花日。最忌烈风炎日。若阴晴燥湿得中，栽接种植有法，花可开至七百叶，面可径尺。"现在看来，这段话对牡丹生态习性的总结，大体上是恰当的。不过，现有栽培品种类群之间，由于种的起源不同，以及对不同地区气候、土壤条件长期适应的结果，其生态适应幅度存在明显差异。或者说，已经形成了不同的生态型。由于国内外大部分品种群的品种在江南都有过引种或者已有栽培，因而对这些品种的习性也需要有所了解。

中原牡丹品种群以河南洛阳、山东菏泽为栽培中心，其起源复杂，品种丰富多彩，品种群内分化明显。中原一带属暖温带气候，春季干旱多风，夏季高温多雨，冬季则寒冷干燥。因而该品种群具有一定的耐寒性，喜温暖湿润，忌酷热，宜高燥，惧湿涝。

西北牡丹品种群以甘肃中部兰州、临洮、临夏及陇西一带为栽培中心，这里海拔较高，降水稀少，阳光充足，冬季寒冷，属中温带气候。该品种群主要起源于裂叶紫斑牡丹，品种较为丰富，属冷凉干燥生态型。

江南牡丹品种群分布在长江中下游一带，海拔较低，夏季高温高湿，秋季气温偏高，冬季气温较低，但不如北方那样干燥寒冷。这里年平均气温 11.5 ～ 17℃，大于 10℃ 积温在 5000℃以上，年降雨量 1100 ～ 2000mm，空气相对湿度 80% 左右，属亚热带气候。江南传统品种对湿热生境较为适应，属高温多湿生态型。

日本牡丹品种群是由引进中国中原牡丹，长期生长在海洋性气候条件下，经过反复驯化改良形成的栽培类群。那里雨水丰富，空气湿润，但日照偏少。大部分日本品种对江南气候的适应能力较中原牡丹强。

5.1.3　牡丹的生长发育规律

（1）牡丹的生命周期

牡丹的生命周期亦称大发育周期或者年龄时期，这是指实生植株从胚胎形成、种子萌芽起，无性繁殖从繁殖成活起，历经幼年期、成年期乃至衰老死亡为止的整个过程（其中无性植株经一两年恢复生长后直接进入成年期）。

如果联系到芽的发育，则牡丹的生命周期又是由一系列世代交替的芽的生命周期所组成。

牡丹的芽按结构可分为叶芽和花芽两种类型。而牡丹的花芽为典型的混合芽，成年植株以混合芽占绝对优势。牡丹混合芽的生命周期从腋芽原基形成开始历经花芽分化到开花结实形成种子，完成生命周期为止，需历经 3 个年周期，约历时 25 个月。

第一个年周期，每年的 5 ～ 6 月开始，母代芽叶原基腋下原分生细胞开始分裂，形成多个腋芽原始体，这些腋芽原始体将分化成子一代芽，当年产生 1 ～ 2 片芽鳞原基，历时约 5 个月。

第二个年周期，随母代芽萌发成枝，子代腋芽露出形成鳞芽，一部分腋芽在这个年周期内能完成由营养生长到生殖生长的转化，在分化芽鳞原基和叶原基的基础上，继续花芽分化过程，成为混合芽；而另一部分未能向花芽转化的芽则形成了叶芽（这一年，混合芽内子二代芽原始体形成，开始其发育周期）。

第三个年周期，子一代混合芽抽枝展叶的同时，花芽中的花萼、花瓣及雄蕊、雌蕊进一步分化完成，大小孢子进行减数分裂形成花粉粒和胚囊，然后开花传粉形成果实和种子，完成整个生命周期，这一年约历时 8 个月。与此同时，子二代混合芽又进行着其生命周期中的第二个年周期。如此循环往复，使牡丹的生命过程得以延续。

（2）牡丹的花芽分化

牡丹的花芽分化主要在成年植株花枝上腋芽的第二个年周期进行。牡丹的花芽分化经历分化初期、苞片原基分化期、萼片原基分化期、雄蕊原基分化期、雌蕊原基分化期以及雌雄蕊瓣化期等。

牡丹花芽分化的起始时间和分化进度随环境条件和品种的不同而存在很大的差

异。多数牡丹品种在 6 月初至 7 月中旬这段时期内都可以进入花芽分化的阶段，以 6 月中旬至 7 月初开始分化的品种最多，起始分化早的和分化晚的品种差异可达到一个月以上。雌蕊原基分化完成标志着花器官的各部分均已产生，具备开花的基本条件。在北京、菏泽和洛阳，牡丹品种大约在 9 月初至 10 月上旬能够产生雌蕊原基，以 9 月中下旬比较集中，分化时间早、花型演化程度低的品种能在 9 月上旬产生雌蕊原基。日本牡丹品种雌蕊原基的产生基本上要延续到 10 月中旬以后，比中国牡丹晚一个月以上，从引种到中国各地的日本牡丹表现来看，其自然花期要比中国牡丹品种偏晚，这也反映了日本牡丹品种群花芽分化进程与中原牡丹品种群之间的差异。

'海黄'等美国牡丹品种是一个特殊的群体，其起源为亚组间杂种，这类品种有一年二次生长甚至二次开花的特性，其花芽分化过程比较复杂，生命周期也不同于普通牡丹品种。

除了品种特性上的差异外，气候差异也对花芽分化进程影响很大，江南地区的牡丹花芽分化起始的时间一般较北方晚。

（3）牡丹的年周期

年周期是指一年当中牡丹植株随着气候的季节变化而产生的阶段发育变化。这种变化最明显的是生长期与休眠期的交替变化。

牡丹属典型的温带落叶灌木，种子、花芽都有非常典型的休眠特性，需要一定的低温环境打破休眠才能正常生长发育，在休眠解除不充分时，即使环境条件合适也不萌发或者萌发后长势衰弱。

江南牡丹在当地环境长期作用下，形成了适应当地生境的生长发育特性。一年中，一般要经历以下几个发育阶段（表 5-1）。

表 5-1　上海地区牡丹生长物候期观测（2008 年）

返水	萌动	露叶	张叶	展叶	透色	开花	果熟	枯叶	休眠
2 月 15 日	2 月 25 日	3 月 3 日	3 月 10 日	3 月 17 日	4 月 3 日	4 月 10 日	8 月 1 日	8 月 15 日	9 月至翌年 2 月

返水期：春季随着气温上升，根系开始活动，芽体水分吸收增加，芽色开始变得有光泽。江南地区各牡丹品种开始返水的时间比较相近。

萌动期：芽返水后不久开始膨大，上端开裂，进入萌动期。

露叶期：嫩叶从芽内伸出，露出叶柄，花蕾显现。

张叶期：叶柄开始外张，节间开始伸长。叶片进一步长大。

展叶期：这一时期枝叶迅速生长，花梗伸长，花蕾膨大。

透色期：叶片充分展开，花蕾开始露色，进入开花前期。

开花期：花蕾透色后 3 ～ 4 天即进入开花期，江南牡丹品种开花较早，持续时间约 10 天。

果熟期：花期结束后，果实开始发育，到 7 月底至 8 月初进入成熟期，持续约半个月。

枯叶期：果实成熟后，叶片迅速枯萎，到 9 月叶片脱落。

休眠期：从 9 月落叶后开始，一直持续到翌年 2 月，为江南牡丹的休眠期，时间长达半年之久。开始时处于相对休眠状态，此时根系生长仍较活跃，混合芽有一个明显膨大的过程。到 12 月温度显著下降后，各项生理活动基本停止，进入休眠状态。

5.1.4　南北气候土壤条件的差异与牡丹的适应性

（1）南北气候条件的差异

长江中下游地处北亚热带和中亚热带地区，夏季高温多雨，冬无严寒。年降水量 1000～2000mm，雨水充沛。温度方面（表 5-2）：江南地区年平均温度比北方高 1.8～4.8℃，尤其是秋冬季节南方温度较北方偏高；绝对最高温度南北无显著差异；绝对最低温度北方低于南方 1～10℃；7 月南北平均温度相差仅 1～2℃，而 1 月南北平均温度相差较大，但是，夏季南方昼夜温差小，在夏季最热月，昼夜温差小于 5℃，而北方的昼夜温差多大于 5℃。这是北方牡丹难以适应江南气候的主要因素之一。湿度方面：南方年降水量大于 1000mm，北方则低于 700mm，差异显著，最热月份，南北降雨量差异不显著。但是梅雨季节高的土壤含水量是牡丹病害的潜伏期和高发期。

表 5-2　南北牡丹主要栽培地的气象因子

地点	长沙	武汉	上海	南京	亳州	洛阳	菏泽	北京
经度 /（°）	112.9	114.1	121.4	118.8	115.7	112.4	115.7	116.4
纬度 /（°）	28.2	30.6	31.4	32.0	33.8	34.6	35.2	39.8
12 月至翌年 2 月均温 /℃	6.6	5.17	6.2	3.7	2.1	1.7	0.3	−2.0
3～5 月均温 /℃	16.4	16.3	14.7	14.8	14.7	14.9	14.2	13.3
6～8 月均温 /℃	27.4	27.5	26.5	26.5	26.4	26.6	26.1	25.1
9～11 月均温 /℃	18.0	17.5	18.9	16.8	15.3	14.9	14.3	12.6
7 月均温 /℃	28.6	28.7	28.0	27.8	27.3	27.4	26.9	26.2
极端高温 /℃	39.0	39.3	39.6	39.7	41.3	41.4	42.5	41.9
1 月均温 /℃	4.9	3.7	4.7	2.4	0.6	0.4	−1.2	−3.7
极端低温 /℃	−10.3	−18.1	−7.7	−13.1	−17.5	−17.9	−20.4	−18.3
年降水量 /mm	1546.4	1269.0	1184.4	1062.4	790.1	604.9	680.8	571.9
最热月份降水量 /mm	193.7	190.3	141.8	185.5	204.1	146.8	168.4	185.2
年平均温度 /℃	17.1	16.6	16.6	15.4	14.7	14.3	13.6	12.3

（2）南北土壤条件的差异

土壤是影响牡丹生长的主要因子之一。我们从南北牡丹园区采集土壤样品，土样采集深度为 5 ～ 10cm（表层）、40 ～ 60cm（心土），然后对土壤容重、孔隙度、持水量等物理性质进行分析。据表 5-3 所示分析，安徽凤凰山、洛阳国家牡丹园表土与心土容重差异不显著，根系分布范围内土壤质地较为均一；国家牡丹园土壤容重偏高，可能与游人踩踏有关。上海青浦苗圃心土容重显著高于表土和国家牡丹园土壤。同时，观察到青浦苗圃的牡丹盘根现象比较严重，说明黏性偏高的土壤直接限制了牡丹根系的正常伸展。比较而言，上海土壤质地较为黏重，土壤含水量更高。

表 5-3　南北牡丹园区土壤物理性质与生长状况相关性分析

采样地点		上海植物园	上海青浦苗圃	洛阳国家牡丹园	安徽凤凰山
土壤含水量 /%	表土	25.27	25.17	17.78	37.92
	心土	24.89	23.80	16.11	43.04
土壤容重 /（g/cm³）	表土	1.207	1.236	1.315	1.288
	心土	1.296	1.431	1.316	1.264
总空隙度	表土	51.68	47.46	44.38	52.06
	心土	46.62	44.30	46.56	52.16
毛管孔隙度 /%	表土	41.28	36.04	32.04	41.26
	心土	37.68	38.24	30.16	44.46
品种类型		江南、日本、美国品种	中原品种	中原、日本、美国品种	凤丹
长势		江南和部分日本品种较好	一般或偏弱	好	好
牡丹生存年限		3 ～ 5 年	2 ～ 3 年	多年	多年

（3）江南引进品种的适应性分析

由于不同品种群中牡丹的适应性各不相同，因此这些品种在引种到江南地区以后，其生长表现也有所不同。

中原品种返水期与江南牡丹品种相近或略偏早，较早的如'珊瑚台'、'墨楼争辉'、'绿香球'等，这些品种开花期也偏早，而'香玉'、'肉芙蓉'、'霓虹焕彩'、'种生粉'、'首案红'、'卷叶红'等则与江南牡丹品种相近。日本品种返水和萌动期晚于江南牡丹品种，只有极少量的早花品种与江南品种萌发时间相近，如'玉芙蓉'、'八重樱'等。欧美品种的萌发期显著晚于江南品种，一般要到 3 月中旬才开始萌动，比江南品种晚约 1 个月，'金晃'要到 3 月 20 日以后才开始萌发，此时江南品种已经处于展叶期。

牡丹从 4 月初进入开花期，江南品种、中原品种及少部分日本品种大多 4 月上中旬开花，为早花类型；大部分日本品种 4 月中旬大量开放，是中花期品种；欧美品种中的'海黄'、'金阁'等 4 月下旬进入开花期，'金晃'4 月底至 5 月初才进入开花期，开花期延续到 5 月中旬，属晚花期品种。3 ～ 5 月江南地区温暖湿润，气象因子与北方牡丹主产地差异不大，对外来品种生长没有太大的影响。开花期结束后，进入营养生长阶段，表现上没有明显差异。

6 月是江南地区的梅雨期，这一时期会出现连续降雨，月降雨量超过 200mm，显著高于北方各地。此时土壤长期处于高含水量的状态，对牡丹肉质根产生不利影响。研究表明，不同品种对水涝的耐受力存在较大的差异，一般品种都能够忍受 2 天左右的水淹胁迫，外观上不会出现任何受伤害的表现。随着时间的延长不同品种对水涝的耐受能力出现分化。连续水淹 4 天后，中原品种和江南品种外观上虽都出现胁迫伤害，但江南品种的受伤害程度略轻，说明江南牡丹品种耐水淹能力略强于中原品种。由于江南品种根系多为浅根系，中原品种多为深根系，这样，大雨过后，江南品种根系受水涝胁迫的时间比中原品种短。故在相同的栽培环境下，其根系生长状况比一般的中原品种好得多。烂根现象在中原品种中比较常见，而江南品种则较少，说明江南品种的浅根系是对江南土壤水湿环境长期适应的结果。在水淹胁迫试验中，美国品种'海黄'表现了极强的耐水涝能力，水涝胁迫处理 12 天以后仍然能保持正常，可能与其根系结构有非常大的关系。

7 月，随着高温期的到来，许多品种都会有不适应的表现，主要体现在病害和热伤害两个方面。梅雨期结束后气温骤然升高，逐渐形成高温高湿的环境，很多外来品种都会出现不同程度的病害，主要为褐斑病。但是品种间的感病程度差异非常大，有的品种感病非常严重，叶片叶柄等出现圆形病斑，病斑扩大蔓延连接成片，有的甚至蔓延到枝干上，造成大面积枯死。病害感染较为严重的有中原品种'蓝田玉'、'烟笼紫'；日本品种'丰代'、'玉兔'，'紫光锦'，美国品种'Banquet'、'Mystery'。在高温环境下，有些品种上部叶片边缘还会出现大面积焦枯，说明强烈的阳光直射也会对叶片造成直接伤害。受高温伤害严重的品种有'金晃'、'御国之曙'、'镰田藤'、'海黄'、'Black Private'等，尤其是'金晃'、'Black Private'，会引起提前枯叶。相比外来品种，江南品种所受到的病害、热伤害都较轻。在引进的品种中也有一些对热害和病害抗性较强的品种，如日本品种'锦岛'、中原品种'香玉'等，其抗热、抗病性甚至优于江南品种。

进入到 8 月中旬，大部分牡丹品种叶片已有 50% 以上枯萎，此时牡丹进入到了枯叶期。这一时期高温、高湿的环境对大多数牡丹生长都会产生不良的影响，这还不能确定夏季高温高湿的环境是限制外来牡丹在江南地区生长最主要的因子。因为从平均温度、降雨量等气象因子来看，江南地区夏季的平均温度、最热月份平均温度、降雨量等只比菏泽、洛阳等主栽地区的略偏高，高温高湿同时出现的天气、极端高温等也无质的差别。而江南地区夏季的昼夜温差小，不利于养分的积累，可能会对有些品种花芽分化产生不利影响。

到 9 月，大部分品种均已完全落叶，进入了近半年的休眠期。这一时期，江南地区秋季的平均温度为 16～19℃，而中原地区秋季平均温度一般在 15℃以下。因此，在江南秋季偏暖的气候条件下，许多品种非常容易秋发。大部分中原品种基部的萌蘖芽会萌发抽生枝叶，上部的芽会出现不同程度的萌动裂口，以致叶片显露。一些在原产地易秋发的品种还会开花，如'景玉'等。日本品种中只有寒牡丹品种（如'时雨云'）易秋发，而其他品种与江南牡丹相似，对秋季偏高的温度条件反应不敏感，一直处于休眠状态。美国品种'Banquet'、'海黄'、'金岛'、'金晃'、'金阁'等也会出现大量的秋发，但与中原品种秋发现象不同的是，美国品种叶片都能充分展开，具有较大的光合面积，不致造成对植株养分的过度消耗而影响下一年的开花。大部分秋发牡丹的特点是有叶无花或有花无叶，节间不能正常伸长。中原品种和日本寒牡丹的秋发对其养分消耗非常大，会严重影响植株的长势。另外，半萌动状态的花芽，随着冬季到来、温度的降低，又被强制休眠，花蕾易受冻害。江南品种落叶后混合芽有一个明显膨大的过程，而大多数外来牡丹品种该过程不明显。

进入冬季后，江南地区的平均温度超过了 5℃，该温度条件对一些外来品种不能有效地解除其芽的休眠。

综上所述，江南地区外来牡丹生长不良的具体表现为病害、热伤害、落叶早、秋发、花芽不能正常更新、烂根等方面，江南地区外来牡丹生长不良的原因应是多方面因素（所谓风土）综合作用的结果。

5.2　江南观赏牡丹的露地栽培
5.2.1　栽培地的选择和土地准备

江南地区种植观赏牡丹，尤其是建观赏园，栽培地点及土地的选择至关重要。按照牡丹"喜寒畏热，喜燥恶湿"、"栽新土则根旺"的特性，以及牡丹为肉质根、根系发达等特点，栽植地点需地势高燥、土层深厚、疏松肥沃、富含腐殖质且排水良好，土壤质地宜为沙质壤土。凡地势低洼、地下水位较高、土壤过于黏重、排水不良、前茬作物病虫害较为严重的地块均不适宜。

通风向阳，上半日阳，下半日阴的缓坡地甚为适宜。有一定海拔的山坡地种植牡丹也是不错的选择。

牡丹忌重茬栽培。前茬牡丹根系的分泌物及残留物等对后茬牡丹生长会产生不利影响，形成连作障碍。重茬地应休种一年以上，或者改作其他作物一年以上。或对土壤进行改良后才可栽植。没有种过牡丹的土地，新鲜的土壤环境可以为牡丹的生长提供充足的养分、微量元素和良好的微生态环境。

在牡丹栽植前，用作牡丹栽培的土地要做好一系列的准备工作：① 清除园地的杂草，特别是顽固性多年生杂草；②土地翻晒，应在晴天进行，翻深应不低于 50cm，栽种前应施足基肥，以腐熟有机肥为主，配合使用土壤杀菌剂或杀虫剂。

对于不能达到要求的地方，要下决心按以下方法进行土壤改良：一是在底部铺设排水层，厚 60 ～ 80cm，材料可用煤渣、碎石，上面再铺上 80 ～ 100cm 厚的经过调制且排水好的客土，作为栽培层；二是用石块或砖围砌高台，底下做好排水层，上面比原地面高 60 ～ 100cm，垫上经调制好的园土，用作栽植牡丹。

武汉东湖植物园、苏州常熟尚湖牡丹园在园地土壤改良方面下了工夫，取得较好效果，值得借鉴。江南各地凡是牡丹保存时间长且生长良好的，基本上采取高台栽植，这是先民们留下的宝贵经验。

5.2.2　品种和苗木的选择

江南观赏牡丹的露地栽培一定要选择适应当地气候、土壤条件的品种。江南地区的适生品种本书第 3 章已作过比较详细的讨论，总体上应以当地品种为主，同时选用经过多年栽培试验，实践证明适于南方栽培的中原品种、日本品种，且要求植株生长健壮，4 ～ 5 年生的分株苗或 5 ～ 6 年生的嫁接苗。

切忌将大量未经试验的北方品种直接带土球在南方建园，这样做虽然可以在栽植后的头一年，利用植株原有较好的花芽分化和营养积累的基础，开上一次好花，但两三年内很快生长势衰弱，或因叶片、根系严重染病而死亡。有些地方死了又补，补了又死，形成恶性循环。

5.2.3　适时栽植

观赏牡丹的露地栽培，一定要注意适时栽植。据观察，江南地区 8 ～ 10 月牡丹根系有一个生长高峰，一定要注意抓好这个时间点，使牡丹栽植后根系当年能有一个多月的恢复期，不仅重新发出须根，且能生长到 10cm 以上，这样，第二年春天，刚移栽的牡丹植株正常生长开花，没有缓苗期。且大量开花也不会损伤元气，和没有移栽过的植株一样。

在栽植时间上，也不是越早越好。栽植时间过早，易引起秋发。因此，通常认为 9 月下旬至 10 月上旬是江南地区栽植牡丹的最佳时期。此时，土壤温度大体在 12 ～ 15℃，适合根系生长。到 11 月上旬，如气温稍高时仍然可栽植，但再晚就不佳了。移植过晚，温度较低，当年根系不能恢复，下一年 5 月以后，植株易失水萎蔫以致死亡。

栽植前，苗木要仔细检查和整理，剪去地上部分的过密枝和弱枝，去掉下部过长或折断的粗根（有些根皮层断裂仅中间木心相连）。老根和过多的须根也要剪去，因为这些干枯的须根已失去生命力，需要重新发根。注意检查根颈部发黑感染根腐病的植株，挑出加以单独处理，整理完成后，浸泡杀菌剂认真消毒，捞出晾干再栽。

具体栽植方法视苗木和栽植地的情况而定。可挖穴栽植，也可以采用随栽随起垄的方法，即苗木先放在土堆上，用行间开沟的土覆盖根系。牡丹栽上了，排水沟也挖成了，牡丹栽植后就长在土垄上。日本牡丹多用芍药根嫁接，其商品苗木都对根系进行了重剪，仅保留了芍药根，而牡丹的自生根偏少，这类苗木栽植后接口应低于地面5cm 左右，可以促进根颈处多发牡丹根。否则原有芍药根营养消耗完之后，苗木会迅速衰亡。其他品种苗木也要注意栽植深度，一般接口与地面齐平。

南方雨水多，要注意选择土壤含水量较低的时期种植。根系覆土后要使根系与土壤紧密接触，但又不宜踩踏过紧。栽后不宜马上浇水，最好等自然降水。5 天后，如天气干旱再开始浇水。

5.2.4　露地栽培的管理

1）中耕除草

由于江南地区气候温暖，降水丰富，田间极易滋生杂草，与牡丹争光、争肥，所以必须适时锄草，每年至少锄草 6 ～ 7 次。

2）病虫害防治

牡丹常见的病害多为真菌性病害，多在高温、高湿的季节发生，如危害枝、叶、花器官的灰霉病、褐斑病，危害根颈或根系的紫纹羽病、茎腐病、白绢病、根腐病。对牡丹危害比较严重的害虫主要是蛴螬等地下害虫和蛀干害虫。病虫害会造成牡丹的生长势衰弱、生长规律紊乱，病虫害防治是牡丹日常管理工作中的一项重要工作。详细内容请参见本书病虫害防治相关章节。

3）整形修剪

修剪是调节牡丹生长与开花的重要栽培管理措施之一。适当的修剪可以调节养分分配，促进花芽正常分化以及花的充分发育；也使各类枝条分布协调，改善通风透光条件，减少病虫害发生;同时还可以起到调整株型的作用。对江南地区牡丹进行修剪时，主要考虑以下几个因素。

品种特性。以杨山牡丹为主要起源种的部分品种有一定的干性，基部萌蘖偏弱，修剪时既可以通过重剪促进基部萌蘖，培养丛生型的株型，也可以疏掉基部萌蘖，培养只具有单一主干的株型。中原品种萌蘖性强，干性弱，以培养丛生型的株型为宜，要注重主枝的选留和培养。

植株长势。对于观赏园中的长势旺的大株牡丹，要求开花量多，修剪方式以轻剪为主,主要是疏除过密枝、细弱枝和枯枝。对于长势衰弱的植株则适宜采取重剪的方式，控制开花量，促进枝条的更新。选留的主枝以分布均匀，长势相当为原则，尽量留壮去弱，三年生种苗选留 3 ～ 4 枝主枝为宜。随着培养年限的增加，每年增加 1 ～ 2 枝。

营养调节。对于观赏牡丹，开花后要将残花剪除掉，以保证养分的积累和花芽的分化。对于需要采种的植株也要根据长势控制结果量，勿使单株结实量过多。

4）施肥

牡丹喜肥，但土地不宜过肥，以免植株生长过旺。要根据土壤肥力及植株生长状况施肥。通常是一年施三次肥，开花前 15 ～ 20 天一次，称为"花肥"；开花后一次，称为"芽肥"；秋冬季节一次，称为"冬肥"。重点抓好秋冬之交的施肥。肥料以有机肥、磷肥、复合肥为主，注意控制氮肥的使用。

在给牡丹施肥的过程中还要注意到，牡丹生长各阶段的生长与发育特点不同，对营养元素的需求也有所不同。研究各个阶段起主导作用的营养元素，能确定不同时期施肥的种类，提高施肥效率。

5）水分管理

牡丹水分供需平衡取决于根系吸水量、蒸腾作用以及植株营养消耗，其中根系吸水速度往往受土壤含水量的限制。另外，牡丹对水分需求在一年中存在阶段性差异。春季从萌发到开花，这段时间不到一个月，枝叶大量生长，耗水量非常大，春季出现干旱的情况下，需重点补充水分。花后的营养生长阶段及花芽分化阶段，一般与雨季相遇，水分供应比较充足，应注意排水沟渠的畅通。在长江中下游地区夏季会出现伏旱天气，气温高蒸发量大，则视土壤情况集中浇水 1 ～ 2 次即可，浇水时期应在早上或傍晚气温下降之后；到秋季枯叶期，蒸发量较低，应注意控制水分，以免引起秋发。

5.3　观赏牡丹的花期调控技术

实现牡丹盆栽周年生产主要依赖于牡丹促成栽培技术，包括使牡丹正常花期（通常为 4 月）以前开花的"促成栽培"技术，以及使牡丹在正常花期之后开花的"抑制栽培"技术。在江南地区应用花期调控技术进行牡丹盆花的周年生产，特别是牡丹年宵花的生产，具有明显的优势。一是市场需求量大，而在江南冬季的温度条件下，进行促成栽培成本相对较低；二是江南冬季室内温度适宜，湿度较大，催花成花率较高，花期持续时间较长，效果较好。

5.3.1　牡丹花期调控的理论基础

1）牡丹的休眠

牡丹具有典型的深休眠生理特性。在其原产地，花芽形成后，以芽鳞结构保护花芽度过寒冷、干旱的冬季。11 月中旬，牡丹基本停止生长，开始进入深休眠状态。若欲使牡丹开花，解除其休眠是关键。

2）牡丹休眠的解除

解除休眠主要有低温和外源激素处理两种方法。

低温。低温对牡丹深休眠的解除具有质的作用，是解除深休眠的根本途径。多数学者认为低温 5℃以下处理 30 天，可解除牡丹休眠。但是不同品种对休眠解除所需要的低温时数和需冷量各有差异。牡丹混合芽中花原基与不同节位的叶原基对低温的需求量也不尽相同。一般认为，0℃处理 8 天能解除花原基的休眠，而叶原基则需要 0℃处理 15 天以上才能彻底解除休眠。一般中原品种在 4℃条件下处理 28 天能够解除休眠，而日本牡丹则需要更长的处理时间，一般达到 6 周开花质量才较好。

外源激素。外源激素对解除牡丹的深休眠具有一定的辅助作用。一般认为，植物体内某些生长抑制物质的积累，是引起深休眠的主要原因。GA$_3$ 具有代替低温和长日照的作用，已经在生产中得到普遍应用。通常情况下，赤霉素的辅助处理是在显蕾后进行，用 800mg/L 的赤霉素溶液涂抹花蕾，连续处理 3 天。此后，赤霉素的浓度要逐步降低，到 500mg/L，以至 300mg/L。注意涂抹时要均匀，避免滴在幼叶上，防止叶片生长过快。另外，李云飞等（2007）在人工低温处理苗木后采用 500mg/L 喷根的方法也能取得较好的效果，而且这种方法较为节省人力。

5.3.2 苗木准备与品种选择

1）促成栽培用苗的培养与选择

种苗质量是决定促成栽培成败的重要物质基础。用作促成栽培的苗木需要在大田精细管理，并应达到以下要求：植株生长健壮，根系发达，枝条均匀，花芽饱满，无病虫害，株型匀称，每株 8～10 个花枝。一般为 4～5 年生分株苗，长势过弱过旺都不适宜，同时要注意尽早处理掉霸王枝和过弱枝。

2）秋季提前上盆催根

牡丹传统促成栽培主要是依靠根系原有的储藏营养，这样的植株花朵很难开大，而且没有后劲。近年来采用秋季提前上盆催根技术，促发大量新根，使牡丹在生长开花过程中，不仅能利用储藏营养，还可利用新根吸收营养，保证开花后期大量需要的养分，盆花质量因而大大提高。

去叶与修根。上盆前要去掉全部叶片，留下叶柄；同时进行适度修根（断根），剪除损伤根、病根，短截较长根（除毛细根和细根外）下部根段，以促进剪口部位的愈合生根；并用杀菌剂和杀虫剂混合液对植株进行消毒处理。

激素处理。试验证明，用 IBA（吲哚丁酸）150～200mg/L 喷根两次可大大加快盆花用苗生根速度，40 天后，处理苗木比不处理的苗木新根明显增加且加长；2 个月后，新根可达 400 条以上（最多达 1000 余条），长 10cm 左右。

基质配制。牡丹盆花基质以"草炭＋珍珠岩"较好，配比为 6∶1。为降低成本，也可采用"食用菌菌渣（棉子壳等）＋园土"，配比为 6∶1，但菌渣要充分腐熟，并适当补充有机肥。

适时上盆。上盆时间以 9 月初至 10 月中旬为宜，在牡丹花芽形态分化基本完成，并正值根系生长高峰时上盆最为适宜。

控制秋发。植株上盆后摆放露地，由于秋季气温仍较高，需要注意控制盆内基质温度和湿度，并适当遮阴，以控制秋发。

3）品种选择

牡丹品种很多，但并非每个品种都适宜促成栽培。由于各个品种生长发育特性及对促成栽培条件的要求不同，就形成了诸如耐冷藏程度、花期早晚、成花率高低及小气候因子的可控性等方面的差异。

近年来，通过对 100 余个品种促成栽培的对比试验，初步验证了 40 多个分别适于促成栽培和抑制栽培的品种。常用品种有：'胡红'、'洛阳红'、'鲁荷红'、'卷叶红'、'二乔'、'明星'、'肉芙蓉'、'银红巧对'、'迎日红'、'菱花湛露'、'太平红'、'富贵满堂'、'西瓜瓤'、'十八号'、'红宝石'、'蓝芙蓉'、'大红夺锦'、'珊瑚台'、'乌龙捧盛'等中原品种。

5.3.3　冬、春季节的促成栽培技术

冬季、春季促成栽培的时期为 12 月中下旬至翌年 3 月。以元旦和春节促成栽培为例，其技术要点如下。

1）适时低温冷藏

元旦促成栽培。从上盆到促成栽培，其过程历时较短。应当在 9 月初上盆，到 10 月中旬入库冷藏，露地催根时间为 40～45 天；到 11 月上中旬温室促成栽培，冷藏时间为 25～30 天（图 5-1、图 5-2）。这样既能保证促发新根，又能满足解除休眠所需的低温条件。因此，元旦促成栽培用苗必须经过冷藏。

春节促成栽培。从上盆到促成栽培，其过程历时较长。如遇寒冬，自然低温时间长，到促成栽培时（12 月上旬），露地催根时间在 60 天以上，自然低温能满足打破休眠的要求，可不必经过冷藏。如遇暖冬，自然温度较高（平均温度高于 15℃）且持续时间长，此时低温还不足以解除休眠，则必须进行冷藏，冷藏时间 15～20 天。

图 5-1　低温储藏冷库外观　　　　　　　　图 5-2　低温储藏情景

2）促成栽培前的预处理

元旦和春节促成栽培用苗经低温冷藏处理后，在进入温室催花前，需经过 3～5 天的逐渐升温过程。一般每天提高温度不要超过 10℃，切不可在温室内快速升温。

3）促成栽培的主要技术措施

应用 GA₃ 处理，促使花芽整齐萌发。在花芽萌动、鳞片开裂后，即用 GA₃ 处理，初始浓度为 800mg/L；进入小风铃期后，可降至 500mg/L 或 300mg/L。GA₃ 处理次数依花蕾发育情况而定，一般为 1～3 天一次。

调节花蕾和叶的生长势。在整个花枝生长过程中，花蕾和叶片在营养分配上往往存在矛盾，因此应及时调节花蕾、叶片的生长势。处理不当时，会导致叶片生长过旺，花蕾萎缩，这种现象称之为"叶吃蕾"；相反，某些品种花蕾发育强于叶片生长，发生花蕾大叶片小的不协调现象，被称为"蕾吃叶"。对叶片生长势强或花蕾长势弱的植株，从花蕾期开始打掉基部 2～3 片叶，并增加 GA₃ 的涂抹次数，削弱叶片长势，加快花蕾的生长，以减少缩蕾现象的发生。对"蕾吃叶"的调节，采取减少 GA₃ 的涂抹次数，少去叶或不去叶，或用 300mg/L GA₃ 喷施叶片，增强叶的长势，使花蕾与叶片协调生长。

控制开花数量。试验证明，牡丹花径大小与花朵数量呈负相关。4～5 年生植株开花数一般控制在 5～8 朵较为合适，平均花径 14cm 以上，最大花径可达 20cm。因此，在小风铃期前应再次酌情疏去花枝。

4）温室环境的调控

光照。促成栽培期间应保证光照充足。遇连阴天要适当补充光照。圆桃期后如光照不足，会造成色淡、不鲜艳，甚至不能完全开放。一般芽萌动、叶片显现时就要开始补光，叶片充分展开前全天光照时数控制为 14h，叶片充分展开后逐步延长到 16h。

温度。温度是促成栽培成败的关键因子，温度控制的目的在于满足牡丹开花对积温的要求。前期从花芽萌动到叶片完全显露 20～22 天时间，夜间温度要控制在 8～10℃，过低容易造成花蕾败育，白天温度应控制在 10～14℃。叶柄开始张开到叶片展开约 20 天时间，夜间温度提高到 10～12℃，白天温度维持在 12～18℃。后期从圆蕾期到初开期，夜间温度控制在 14～18℃，白天温度控制在 20～23℃。温度调控过程中应避免温度突升突降，尤其是夜间要防止温度降低到临界值以下。

相对湿度。包括盆内基质湿度和空气相对湿度。基质湿度通过浇水来调节。盆苗进温室后应浇透水一次，以后每 5～7 天一次，每次浇水量不超过 800ml/盆；开花期间，每隔 7～10 天浇水一次。在促发有大量新根的情况下，不可浇水过多，以免根系腐烂。盆内湿度应保持 30%～35%。空气相对湿度可以通过喷水和通风等措施来进行调控。一般萌发期至小风铃期，每天喷水 4～6 次，空气湿度保持在 50%～80%。圆桃期后，每天喷水 1～2 次。为使枝叶生长健壮，应在每天 11 时至 15 时适时通风。到后期花

图 5-3　经过低温期进入温室准备诱导开花的牡丹

图 5-4　完成促成栽培的牡丹

蕾开始透色时，应减少喷水量，同时还要尽量避免水溅到花瓣上。

施肥管理。施肥包括根施和叶面喷肥，一般与浇水交替进行。根施每 10 天一次，用沤制过的饼肥水和 0.3% 花多多的混合液灌根，每次用量 500 ~ 600ml。圆桃至花朵半开期，每 5 天用 0.3% 磷酸二氢钾均匀喷施叶片，以增加叶色。

病虫害防治。温室促成栽培，最易发生灰霉病等。除了温度、湿度调控外，可施放"速克灵"等烟雾剂，进行防治。

5）修剪与剥芽

牡丹上盆后，要修去弱枝和枝条下部多余的芽，一般一枝保留一个健壮的花芽（图 5-3）。生长过程中基部萌蘖大量发生，要全部剪除，避免与上部花枝竞争养分。花芽萌动，叶片开始伸出时，剥除芽最外面的鳞片，只保留一到两层，一方面减小花芽生长的机械阻力，另一方面减小鳞片中激素对花芽生长的影响。当花枝长出、叶片开始张开时，可以剥除花枝下部 2 ~ 3 片幼叶，只保留上部 3 ~ 4 片叶，避免叶片生长过旺，造成"叶吃蕾"的现象（图 5-4）。

5.3.4　夏、秋季节的抑制栽培

1）苗木储藏

夏季、秋季促成栽培属抑制栽培，时间为 5 ~ 11 月。一般流程是上盆的苗木先在露地越冬，通过自然春化阶段，到元月下旬再进入冷库储藏。因此，这一时期的促成栽培，苗木储藏是一个极为关键的环节。

苗木包装方式。用严格消毒的湿锯末和塑料袋包裹枝芽，可以长时间储藏苗木。如需要冷藏的时间短于 4 个月，可只用塑料袋套包枝芽，不会降低促成栽培质量。但应注意要在塑料袋上打数个通风孔，以免袋内湿度过大。

放置方式。根据冷库内空间大小，一般可以搭建上下两层棚架，将盆苗分层整齐排放，每层棚架上可叠放 2 ~ 3 层盆苗，周围留出 40cm 左右的操作通道。

储藏条件。冷库温度保持在 0 ～ 3℃，相对湿度控制在 80% 左右。多数苗木冷藏时间最长可达 10 个月，'洛阳红'、'乌龙捧盛'等耐储藏品种的根系仍很鲜活，枝芽能正常生长开花，从而保持良好的效果。

2）抑制栽培的技术措施

夏季、秋季促成栽培的一些技术要点与元旦、春节促成栽培的基本相同。但这一时期气温较高，特别是 6 ～ 8 月，温度控制不好，会使促成栽培过程缩短，一个月左右就可能开花，但开花质量差。因此，这一阶段的促成栽培重点应放在温度的调节上，主要是做好以下几个环节的工作。

延长"低温缓冲"时间。"低温缓冲"是指苗木出冷库后放置于 10℃ 左右的低温室（库）中，经缓冲过渡、逐渐解冻和适应的过程，缓冲时间为 7 ～ 10 天。

室内温度控制。在安装有大型制冷机的玻璃温室中进行促成栽培，初期白天温度应控制到 15 ～ 18℃，中后期白天控制到 18 ～ 25℃，一般夜间控制到 15℃ 以下。在促成栽培过程中，适当增加灌水、喷水和通风次数，不断调控温度、湿度。为了延长花期，在花朵半开后，将盆花移至 6 ～ 10℃ 的专用冷库中，使开花速度放慢，并起到保鲜作用。

适度遮阴。由于玻璃温室透光度好，强光照射极易快速升温。因此，适度遮阴是降温的有效措施之一。晴天高温的 10 ～ 16 点，用透光率为 50% ～ 70% 的遮阳网遮阴；16 点后至第二天 10 点前，应揭去遮阳网。

通过上述综合措施，可以延长牡丹花期，有利于新根充分吸收营养，使枝、叶、花蕾协调生长，从而提高开花质量。

5.4　观赏牡丹的繁殖方法

江南观赏牡丹主要采用嫁接繁殖，部分采用播种或分株繁殖。我们也摸索了其组织培养技术，试图建立其能应用于实践的再生体系。

5.4.1　嫁接繁殖

嫁接繁殖是牡丹最常用的繁殖方法，具有繁殖量大，成活率高，苗木规范整齐等优点。

1）嫁接时间

嫁接时间的确定对于提高牡丹嫁接成活率至关重要。生产实践经验表明，嫁接期日平均气温保持在 20 ～ 25℃ 最为适宜。长江以南地区，8 月至 9 月中旬仍处于高温酷热期，这段时期嫁接将不利于嫁接苗伤口的愈合。因此，江南一带嫁接时间宜在 9 月下旬至 10 月中旬进行，比黄河中下游晚 15 ～ 20 天。

图 5-5　'凤丹'作为砧木的根

图 5-6　芍药砧木育苗

2）砧木与接穗选取

砧木。牡丹嫁接可以选用'凤丹'根或芍药根作为砧木。'凤丹'在长江以南栽培量大，对江南地区的水土环境适应力较强，是比较理想的砧木（图 5-5）。芍药根较为粗短，木质化程度低，便于嫁接操作，而且储藏养分丰富，利于快速成苗（图 5-6）。选用砧木的粗度对嫁接成活率的影响也比较大，一般砧木粗度比接穗略粗，相对容易成活。浙江慈溪一带用'黑楼子'的幼苗根作为砧木嫁接，效果也很好。

接穗。以基部萌蘖芽（俗称'土芽'）形成的萌蘖枝为好，这类枝条长势旺，顶芽组织充实，生命力旺盛，容易嫁接成活。在较大规模生产时，应挑选好品种的健壮母株，建立采穗圃，并在定植后采取平茬的方法，促使萌发出更多的萌蘖枝。接穗数量不足的情况下，可以剪取健壮母株上部一致性好的枝条补充。接穗长 5～10cm，至少带有 1～2 个健壮的芽。接穗应尽量随采随用，远距离运输时应在低温、保湿的条件下储存，避免堆积发热或失水干枯。

3）嫁接方法

根据嫁接时砧木状态的不同，嫁接可分为地接和掘接。地接是指不将砧木挖起，直接就地嫁接，一般采用较粗的 3 年生'凤丹'实生苗的主根做砧木。掘接是将砧木挖起后裸根操作。目前，牡丹的嫁接以采用裸根嫁接的方法最为普遍。挖出砧木后，除去泥土，剪去多余的枝条和根系。用甲基托布津、多菌灵适当浓度药液浸泡进行消毒杀菌后置于阴凉处晾干（切忌阳光暴晒），待砧木失水变软后进行嫁接。这主要是因为经过晾干后的砧木切口有韧性，不易脆裂，便于操作（图 5-7）。

依据接穗的不同，牡丹嫁接

图 5-7　嫁接前对砧木的消毒

分为单芽枝接和多芽枝接，单芽枝接是指接穗上只带有一个芽，多芽枝接是指接穗上带有两个或两个以上的芽。

按照削砧木方法的不同，牡丹的嫁接又可分为切接和劈接。

劈接。用嫁接刀从芽的下方 1 ~ 1.5cm 处，两侧对称各斜削一刀，削成长 2 ~ 3cm 的"楔形头"，一边带有皮。然后用嫁接刀将根砧顶端削平，之后将根砧平放在一木板上，从根砧顶端的侧面中心线向中心纵切一条深 2 ~ 3cm 的切口（如果砧木和接穗粗度基本相同，可将砧木切透），切口纵长略长于接穗削面 2 ~ 3mm，将接穗较薄的一棱（没有皮）对准根砧的切口嵌入，以两侧形成层对准为度，然后用细麻绳或麻皮将接合部位自上而下绑紧。劈接用于单芽接和枝接均可。

切接。切接一般采用单芽嫁接，能提高繁殖系数。首先剪取接穗，每个接穗长 2 ~ 3cm，只有 1 个侧芽（或顶芽），手捏接穗顶端，用嫁接刀从芽的背面向下 0.5cm 处向下端使劲削出长 1 ~ 2cm 的光滑斜面。然后，向削切面之反面下端 0.5cm 斜切一刀，稍露出形成层即可。在砧木横断面肩部稍斜切一刀，然后向下垂直切一纵口，其宽度、长度和接穗的切削面基本相同。将接穗插入切口，使它的形成层与砧木的形成层左右两边都对齐（或一边对齐）。插入接穗时，接穗的切削面要恰好插到底，但其最上部的切口最好比砧木的横断面高出约 1mm，露出白色木质部。

4）嫁接后的管理

嫁接完成后立即埋藏到湿沙中（沙的湿度以手捏能成形，松手后能散开为宜），时间为 20 天左右（图 5-8）。沙藏过程中以草毡覆盖保湿，期间可在草毡表面撒少量水，但水分不宜过多，否则影响伤口愈合。20 天后检查成活情况，伤口愈合的就可以移植到大田（图 5-9）。移植时间尽量在 11 月之前，有利于根系的生长发育。

在安徽宁国，通常嫁接前搭设高 2m 以上的拱棚架，上面覆膜，作为牡丹嫁接苗的培养棚，以确保嫁接苗不受雨水影响，同时在大棚两端留一通风口，保持棚内空气

图 5-8　嫁接后的沙藏情景　　　　　　图 5-9　沙藏后的愈合发芽状况

图 5-10　嫁接苗的大田生长状况　　　　图 5-11　嫁接苗的生长状况

流通。苗床上铺约 25cm 厚的河沙作为基质，在嫁接前一个星期将苗床浇透水备用，苗床基质以湿透不积水为准。嫁接好的牡丹苗植入大棚苗床内，当地将此法称为"窖苗"。一般是先将苗床挖一条沟，然后将牡丹嫁接苗按顺序排放埋入苗床沙土内，稍露出点顶芽。"窖苗"期间切莫进水，否则会严重影响成活率。"窖苗"一般 20 天左右，伤口愈合即可移植到苗圃培养。主要是保持一定温度，促进伤口愈合。

嫁接苗栽植后应加强管理。通常的做法是在地面上覆盖一层稻草，一是防止积水，二是冬季保暖，而且又可抑制杂草生长。由于江南多雨水，而且地下水位又高，因此，牡丹栽植圃地要确保排水畅通，严防出现积水（图 5-10）。根据牡丹喜阳光怕暴晒的特性，尤其是嫁接苗还处在生长恢复期，夏天搭建遮阴棚，可明显提高成活率。遮阴棚的高度不低于 3m。

翌年入春，牡丹枝梢开始展叶，此时要及时清除杂草，同时注意病虫害的防治。另外，若有花蕾出现应及时除掉，砧木嫁接口以下萌发的芽也要及时抹除（图 5-11）。一般情况下长江以南地区不需浇水，如果土壤过于干旱可开沟渠浇灌。

5.4.2　播种繁殖

播种繁殖多用于育种研究或者用作培养砧木。牡丹种子具有上胚轴休眠特性，需低温打破休眠才能正常发芽，由于江南地区冬季气温较高，低温条件可能不足以打破牡丹种子上胚轴休眠。因此杂交种子除了直接地播以外，还可以采用 4℃ 条件沙藏处理，处理 30 天后再将种子混合湿沙或者腐熟锯末一起条播，可提高其出苗的整齐度。

播种时，种子播于 20cm 高、40cm 宽的垄上。播种后可以覆盖稻草保湿，同时防止杂草滋生。种子播下后 35 ～ 40 天开始生根。第二年 3 月初开始有幼芽长出地面，在此之前要除去稻草。一般每 667m² 地可下籽 50 ～ 60kg，出苗率多在 80% 以上，成

图 5-12　'凤丹'播种的大田景观

图 5-13　'凤丹'播种的局部效果

苗 8 万～ 10 万株（图 5-12）。

3 月下旬，大部分幼芽长出地面后，可以浅松行间表土。幼苗生长密度较大，施肥操作比较困难，主要依靠底肥生长。育苗期间，重点做好水分、病虫和杂草的管理（图 5-13）。

幼苗生长 1 ～ 2 年后即可移栽，以株行距为 40cm × 60cm 为宜。进行新品种选育时也可以进行单株定植，每 667m² 约定植 2500 株。

5.4.3　分株繁殖

分株是牡丹最基本、也是最常用的繁殖方法之一。分株繁殖具有成苗快、新株生长迅速的特点，但其繁殖系数低，周期长，分株苗大小不一。

分株时间的选择，以地温有利于伤口的愈合和新根系的形成为宜，在江南地区应注意避开小阳春，一般可在 10 月下旬至 11 月下旬进行。

分株苗的株龄一般以 4 ～ 5 年生为宜。分株时，挖起的母株应阴干 1 ～ 2 天，待肉质根失水变软后用利刀顺其自然从根颈处劈开（或用手掰开），注意保护枝芽，剪去老弱枝及过长枝，保留分株适量的根系。分株后伤口处及时涂抹木炭粉，也可用硫酸铜或高锰酸钾溶液消毒，以防病菌感染。可在混合液中加入 50 ～ 200mg/L 的吲哚丁酸、萘乙酸等生根剂，促进生根并增强生长势。

5.4.4　组织培养技术

牡丹传统的繁殖方法存在繁殖系数低，以及需要大量的繁殖材料和受季节限制等问题。目前，我国的牡丹生产还很难满足日益增长的社会需求，繁殖方法的滞后也限制了牡丹种质资源保存及新品种选育工作的开展。利用植物组织培养技术，可以从一个外植体离体培养繁殖与母体性状一致的植株，其繁殖效率比传统繁殖方法大大提高。更重要的是，利用组织培养技术建立有效的牡丹再生体系，可为牡丹基因工程育种奠定基础。

1）外植体的选择与灭菌

牡丹能产生再生植株的器官有多种，如种子（胚）、鳞芽、嫩枝、上胚轴、叶柄、叶片、心皮、花药等。不同来源的外植体，由于自身结构不同、所处环境不同、带菌情况不同，灭菌方法也有所不同。

种子胚的消毒方法。将种子低温沙藏 30 天后，在水中浸泡 48h，用流水冲洗 2 ～ 4h，在接种室超净工作台上，用 70% 乙醇消毒 10s，再用 10% 的 84 消毒溶液消毒 1h，无菌水冲洗 3 次。用已消毒的解剖刀、镊子，取出种胚进行初始培养。种子培养仅限于'凤丹'等重瓣程度低、结实率高的品种，每年种子收获后进行。

鳞芽的准备与灭菌。选取健壮鳞芽，剥去其外面的鳞片，75% 乙醇灭菌 30s，再用 5% 的次氯酸钠溶液灭菌 12min，无菌水冲洗 4 次。在无菌环境下，剥开鳞芽，切除其基部 2~3 张芽内小叶片，将其余部分接种于固体培养基中培养。鳞芽培养一般在每年的 1~2 月进行。另外，可在 3 月中旬选取健壮植株的腋芽，按上述方法灭菌处理后接种于初始培养基。

2）培养基和培养条件

培养基：适用于牡丹的培养基主要有 MS、WPM，也有采用改良 MS 或 1/2MS 增加 GA 离子浓度的，其中采用最多的是 MS 基本培养基。一般添加蔗糖 30g/L，水解酪蛋白 0.5g/L，琼脂粉 6.5 ～ 7g/L，pH 为 5.8 ～ 6.0。根据实验要求添加不同的激素。例如，BA 0.2 ～ 2.0mg/L；NAA 0.2 ～ 1.0mg/L，GA 0.1 ～ 0.5mg/L，IBA 0.3 ～ 2.0mg/L，IAA 0.5 ～ 1.0mg/L 等不同配比。

培养条件：培养温度（25±1）℃，光照时间 16h/d，光强 1600 ～ 2000lx。

3）不同外植体的培养

（1）种子（胚）培养

图 5-14　培养初始的'凤丹'胚

图 5-15　培养 30 天的'凤丹'生长情况

图 5-16　种胚培养

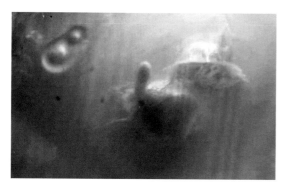

图 5-17　胚根的生长

图 5-18　胚苗的增殖培养

剥去'凤丹'种子的外种皮，取出种胚接种于初始培养基，MS+ BA 0.1mg/L + IAA 1.0mg/L + GA₃ 0.4mg/L（图 5-14）。外植体接入培养基 2 天后，乳白色的种胚子叶张开；6 天时，胚根根尖变为黄绿色，以后子叶逐渐膨大变绿；10 天后，子叶变为绿色，两子叶之间的张角继续增大。在培养 30 天后，子叶张开，逐渐转绿（图 5-15）。

在自然条件下，牡丹种子具上胚轴休眠现象，即播种后种子的上胚轴必须经过一定的低温期（自然低温或人工低温）后才能打破其休眠，向上萌芽出土。这是牡丹长期自然选择所保留下来的固有的遗传特性。胚培养技术可以克服胚败育和可能的发育不良，同时也可以缩短种子休眠期，使之提早萌发并且提高萌发率（图 5-16 ～图 5-18）。贾文庆等认为，4℃沙藏预处理后的牡丹种子培养萌发快，且萌发率高。低温层积处理对成熟胚丛生芽诱导影响显著，层积 40 天的种胚具有较高的丛生芽诱导率（达到 45.82%）。另外，添加 GA₃ 可以打破'凤丹'种胚上胚轴休眠。在初代培养基中，如不加 GA₃ 则种子不萌动，而添加不同浓度的 GA₃ 可以促进细胞纵向伸长，打破'凤丹'的上胚轴休眠，培养 40 天时上胚轴明显伸长并发育为茎芽。但与此同时，也会出现子叶卷缩、细长、

呈不规则状，心叶叶柄细长，叶片小，
颜色黄绿等弱苗现象。因此，在继代培
养时应与无 GA$_3$ 的培养基替换使用。

待'凤丹'组培苗长出茎芽后，接
入继代培养基（MS+ BA 2.0mg/L+ NAA
0.5mg/L）中，让其增殖培养。平均增殖
率在 2.0 左右。

（2）鳞芽培养

将灭菌处理后的鳞芽外植体接种于

图 5-19　培养初始的鳞芽外植体

初始培养基（图 5-19），鳞芽培养的适宜培养基是：MS+BA 1mg/L+KT 0.5mg/L+NAA
0.1mg/L+ GA$_3$ 0.3mg/L。在初始培养基上，外植体 24h 后就可萌动，5 天后可初步形
成无菌芽，15 天后无菌芽开始抽长（图 5-20、图 5-21）。上述培养基一般可以使牡丹
无菌芽的分化率达到 95% 以上，且污染率低。

获得鳞芽分化的无菌芽后，将其继代培养于增殖培养基（MS+ BA 1.0 mg/L+ KT
0.5mg/L+NAA 0.2mg/L+ GA$_3$ 0.2mg/L），不定芽从培养物的基部形成（图 5-22、图 5-23），

图 5-20　培养 10 天后外植体分化的芽

图 5-21　鳞芽培养 15 天的生长情况

图 5-22　牡丹丛芽的增殖培养

图 5-23　待切割的牡丹丛芽

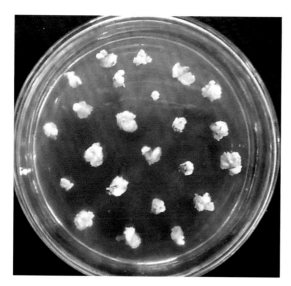

图 5-24　牡丹愈伤组织

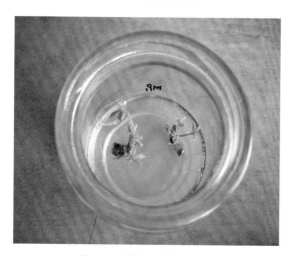

图 5-25　愈伤组织分化的小苗

图 5-26　牡丹试管苗

40天左右继代培养一次，增殖系数为3～4。

（3）愈伤组织的诱导

离体器官可以通过直接和间接两条途径得到再生，前者不经过愈伤组织阶段，后者首先通过脱分化形成愈伤组织，然后通过愈伤组织分化再生离体器官。陈怡平等先后用紫斑牡丹不同类型的外植体诱导愈伤组织，认为组织脱分化对 NAA 的浓度变化比对 BA 的浓度变化敏感。愈伤组织诱导的最佳培养基是：MS+BA 1.5mg/L+NAA 2.0mg/L。我们采用多个品种的牡丹试管苗嫩茎作外植体，在 MS+BA 1.0mg/L+NAA 2.0 mg/L 培养基上诱导获得了愈伤组织，再将其接种于 MS+BA 1.0mg/L+KT 0.5mg/L+NAA 0.2mg/L+GA$_3$ 0.2mg/L，分化培养获得了不定芽。最近的研究表明，将'凤丹'未成熟胚接种于改良 MS 培养基（BA 0.5mg/L + PIC 4.0mg/L+CH 0.5mg/L + 蔗糖100g/L）上，愈伤组织诱导率可达99%，且生长良好。在通过愈伤组织途径形成牡丹不定芽研究中发现，带有微红的、结构比较紧密但表面有突起的愈伤组织容易分化不定芽（图5-24），而颜色发绿、结构疏松的愈伤组织一般不能分化不定芽，并且会随着培养时间的推移逐渐变褐死亡。愈伤组织分化的小苗见图5-25。

图 5-27　牡丹根系的生长情况　　　　　图 5-28　生根的牡丹试管苗

4）壮苗、生根与移栽

（1）壮苗培养。在牡丹增殖培养中，一些增殖率高的材料生长比较细弱，需要进行一次壮苗培养。壮苗培养的适宜培养基是低激素（BA 0.1 ～ 0.2mg/L）或无激素的 1/2MS 培养基，经过壮苗培养后的牡丹试管苗，茎、叶柄伸长，叶片平展，从而获得较好的生长状态（图 5-26）。如果在增殖培养中，使用较低的激素浓度（BA ≤ 1.0mg/L），而试管苗生长良好的情况下也可以不进行壮苗培养，直接诱导生根。

（2）生根诱导。IBA 具有较好地促进植物生根的作用，是目前牡丹试管苗生根培养中使用较多的生长素，也有将 IBA 和 IAA 联合使用或者单独使用 IAA 的。我们以'太平红'等品种的鳞芽为材料，在培养获得大量牡丹试管苗的基础上，以不同浓度的 IBA 进行了生根试验（以 1/2MS 为基本培养基，添加适量的活性炭），结果显示 IBA 2 ～ 5mg/L 适宜牡丹生根，在此条件下培养的牡丹试管苗生长健壮，根系直接从试管苗基部形成（图 5-27、图 5-28）。当生长素浓度太高时，容易使试管苗基部形成大量愈伤组织，而后形成的根粗而脆，不利于移栽成活。孔祥生等以'洛阳红'、'姚黄'的休眠芽获得的无菌芽为材料，进行了试管苗生根研究，认为 IBA 促进生根的效果优于 IAA，尤以 1.0mg/L 效果最好，'洛阳红'、'姚黄'试管苗的生根率分别达 85.7% 和 77.8%；周仁超等以紫斑牡丹胚为材料，在 1/2MS+IAA 0.2mg/L 的培养基上，获得了 90% 的生根率；张桂花等以'黑花魁'等品种的顶芽或腋芽为材料的研究结果推断，单一生长素无法促进生根，未获得生根的牡丹试管苗。培养材料的差异及其内源激素水平的差异可能是影响牡丹试管苗能否成功生根的关键因素之一。

（3）瓶苗移栽。试管苗的移栽是一个从异养状态向自养状态转变的过程。移栽的成功与否，是生物技术能否真正应用于生产实践的关键。牡丹生根试管苗移栽前，应先将其带瓶盖在常温下炼苗 5 ～ 7 天，然后再打开瓶盖炼苗 2 ～ 3 天，使试管苗逐渐适应外界环境。孔祥生等发现在腐殖土上进行移栽时，幼苗的成活率可以达到48%。但更多的研究显示，目前牡丹试管苗的移栽成活率还很低或不能移栽成活。

5）牡丹组培技术所面临的主要问题

有关牡丹组织培养研究，目前还存在着初始培养容易污染、培养物容易褐化、生根培养困难和移栽成活率低等问题，因而至今未能形成规模并产业化用于生产实践。

（1）褐化问题。在植物组织培养中褐化现象普遍存在，牡丹初始培养中外植体的褐化尤其严重。诱发褐化现象发生的原因有很多，其中外植体的生理状态、培养基和培养条件等是重要的影响因素。多数学者认为，外植体的褐化主要是由多酚氧化酶（PPO）作用于其底物酚类物质而引起的。为抑制或减少褐化的产生，可在培养初期将培养物置于黑暗状态，更有效的方法是在培养基中添加防褐剂——活性炭、聚乙烯吡咯烷酮等。

（2）生根困难、移栽成活率低。生根培养困难是牡丹组织培养中经常遇到的问题。一方面是生根率不高，一些品种甚至至今尚未获得生根苗。另一方面是根由苗基部的愈伤组织产生，使根与茎中间形成离层，影响移栽成活率。组培苗移栽阶段的高死亡率已经成为牡丹工厂化育苗的瓶颈环节。

总之，到目前为止，虽然牡丹的组织培养研究已经有了一定的基础，但是还没有形成一个比较完善的技术体系。特别是在再生体系的建立以及生根、移栽等关键环节上还没有有效的突破。然而，作为一种高效的现代生物技术手段，组织培养技术无论对于牡丹的基础研究还是应用研究，都有着非常重要的意义。一方面，对于牡丹基因的功能验证、转基因乃至于分子定向育种等分子生物学操作，有赖于牡丹高效再生体系的建立；另一方面，牡丹的组培快繁技术，对于解决牡丹产业、特别是油用牡丹产业发展所急需的良种牡苗问题，实现良种的工厂化、规模化生产具有不可替代的作用。因此，加强并加大有关牡丹组织培养的研究和投入，已经成为一项重要和紧迫的工作。

第 6 章

江南牡丹的病虫害
及其综合防治

　　江南地区与中原或北方地区的气候土壤等环境因素有着较大的差别，牡丹面临的病虫害情况也有所不同。北方或中原地区，主要病虫害有根腐病、牡丹红斑病、柱格孢叶斑病、灰霉病、紫纹羽病、枝枯病、北方根结线虫、炭疽病、叶尖枯病（氟害）、吹绵蚧、大黑鳃金龟、暗黑鳃金龟、东方金龟甲、苹毛丽绒金龟甲、铜绿丽金龟、条花蜗牛等；江南地区常见的病虫害有牡丹红斑病、灰霉病、褐斑病、炭疽病、根腐病、金龟甲、介壳虫、天牛、刺蛾等。其中以牡丹红斑病危害最为严重，感病株率达 90% 以上，重的全株发病，提前落叶。

6.1　常见病害

6.1.1　红斑病

　　【症状】　主要为害叶片，也为害茎、叶柄、萼片、花瓣、果实和种子。初期在新叶背面出现绿色针头状小点，后扩展成直径 3 ～ 5mm 的紫褐色近圆形的小斑，边缘不明显，最后扩大成直径达 7 ～ 12mm 的不规则形大斑，大斑中央淡黄褐色，边缘紫褐色，大多数病斑有明显的同心轮纹，有时相连成片。严重时整叶焦枯。空气潮湿时，病部背面出现暗绿色霉层。叶缘发病时，叶片扭曲。绿色茎上的紫褐色长圆小点，有些突起，病斑扩展慢，大小仅 3 ～ 5mm，中间开裂并下陷，严重时可相连成片。叶柄感病的症状与绿色茎上的症状同。萼片为褐色突出小点，严重时萼片边缘焦枯，绿色霉层比较稀疏。连年发病严重的植株生长矮小，大多枯焦，不能开花，甚至全株枯死（图 6-1）。

　　【病原】　牡丹枝孢（*Cladosporium paeoniae* Pass.）。菌落表面呈短绒状，微黄色，菌丝宽约 5μm；分生孢子梗有 2 ～ 6 个分隔，131μm × 3μm；分生孢子大部分为椭圆形，着生方式为向顶生，并形成孢子链。

　　【发病规律】　病菌以菌丝在发病组织上及地面枯枝上越冬。翌春产生分生孢子侵染，无再次侵染或只有 1 次再侵染。病害严重与否取决于初次侵染。4 月可见新发叶片上的针头状病斑，后病斑逐渐扩展相连成片，6 ～ 7 月为此病害的发病盛期，8 月后很少出现新病斑。11 月后病原菌进入越冬期。

　　【防治方法】　①园艺防治。冬季清除病枝落叶，烧毁并垫土 15cm 左右。如果冬季修剪病枝不彻底则翌年发病重。下部叶片最先受害，开花后症状逐渐明显和严

图 6-1　牡丹红斑病

重。②药剂防治。冬季清园喷施波美 3 ～ 5 度石硫合剂 1 次；展叶后，用 75% 达科宁（百菌清）可湿性粉剂 600 ～ 800 倍液、80% 大生可湿性粉剂 600 ～ 800 倍液、50% 多菌灵可湿性粉剂 700 倍液等防治，连喷 3 次，间隔 10 ～ 15 天。

6.1.2　灰霉病

【症状】　幼苗被害时，茎基呈水渍状褐色腐烂，幼苗倒伏。病部产生灰色霉层。花芽受侵染时变黑或花瓣枯萎，腐烂变褐，被灰褐色霉状物。叶及叶柄发生时（叶尖、叶缘处较多）病斑圆形，紫褐色或褐色，有不规则轮纹。茎上受害时，植株易折倒。在病

图 6-2　牡丹灰霉病

组织里有时可见到菌核，小而光滑，黑色球形。天气潮湿时病部产生灰色霉层（图 6-2）。

【病原】　病原菌为牡丹葡萄孢（*Botrytis paeoniae* Oudem）。在马铃薯葡萄糖琼脂（PDA 培养基）上形成灰色菌落，菌丝松散，长绒状，显微镜下可见较紧密的团状菌丝，有隔。分生孢子梗直立，浅褐色，有隔膜。分生孢子倒卵形或椭圆形，无色或微青色。

【发病规律】　主要以菌核在病残体和根内越冬。翌春菌核萌发，产生分生孢子进行初次侵染。在牡丹整个生育期都可发病，可重复侵染，尤以花后，梅雨季节最为严重。连绵阴雨或多雾时病重。幼嫩植株容易发病。

【防治方法】　① 人工防治。枯枝落叶集中深埋，不能作堆肥或护根材料之用；春季初发病时，清除枯枝。②园艺防治。花圃通风透光，不宜栽培过密。③药剂防治。发病期可选喷 80% 代森锰锌 500 倍液，或 50% 啶酰菌胺 800 ～ 1000 倍，或 50% 嘧菌环胺 800 ～ 1000 倍液，每隔 10 ～ 15 天喷 1 次，连喷 2 ～ 3 次。

6.1.3　褐斑病

【症状】　开始时叶表面出现大小不同的苍白色圆形斑点，3 ～ 7mm，每叶中少时 2 个，多则有 30 余个。病斑中部逐渐变褐色，正面散生细小的黑点，在放大镜下观察呈绒毛状，有数层同心轮纹。相邻病斑愈合时形成不规则的大型病斑。严重时整个叶面布满病斑而枯死。叶背面病斑呈暗褐色，轮纹不明显。

【病原】　病原菌为黑座假尾孢 ［*Pseudocercospora variicolor*（G. Winter）Y.L.Guo &X. J. Liu］。分生孢子梗淡色，偶有隔膜或屈曲，不分枝，分生孢子无色至淡褐色，鞭状。

【发病规律】　以病组织中的菌丝体和分生子孢子越冬。翌年分生孢子借风雨传播蔓延。一般 7 ～ 9 月发病。台风季节，雨多时病重。

【防治方法】 ①园艺防治。发病初期,及时摘除病叶并处理。栽培地注意通风透光,做好园圃清洁工作。②药剂防治。发病时,可选喷 50% 代森锌 500 倍液。喷雾时叶片正反两面均要喷透。每隔 10 ～ 15 天喷 1 次,连喷 2 次。

6.1.4 炭疽病

【症状】 叶、叶柄及茎上均可发生。叶上病斑初为长圆形,后略成下陷的小斑,后扩大成不规则的黑褐色大型病斑。潮湿天气,病斑表面出现粉红色发黏的孢子堆。持续降雨时,病叶下垂,叶面密生病菌的孢子堆。茎上病斑与叶上相似,严重时引起倒伏。

【病原】 病原菌为盘长孢属的 *Gloeosporium* sp.。分生孢子盘圆盘状,分生孢子椭圆形或圆柱形。

【发病规律】 病菌以菌丝体在病叶中越冬。翌年分生孢子盘产生分生孢子。分生孢子传播和萌发均需雨露。8 ～ 9 月降雨多时发病重。

【防治方法】 ①园艺防治。及时清除病叶、病茎等病残体。②药剂防治。发病初期(5 ～ 6 月)可试喷 70% 炭疽福美 500 倍液,每隔 10 ～ 15 天喷 1 次,连续喷 2 次。

6.1.5 牡丹疫病

【症状】 危害植物的茎、叶、芽。茎受害最初出现灰绿色似油浸的斑点,后变为暗褐色至黑色,进而形成数厘米长的黑斑。病斑边缘色渐浅,病斑与正常组织间没有明显的界限。

【病原】 恶疫霉菌 [*Phytophthora cactorum* (Leb.et Cohn) Schrot]。该菌属鞭毛菌亚门卵菌纲霜霉目。

【发病规律】 病菌随病株残体在土壤中存活,地温 20 ～ 26℃最适于该菌的发展和传播。生长期遇有大雨之后,就有可能出现侵染及发病高峰。连阴雨多、降水量大的年份易发病,雨后高温或湿气滞留时发病更加严重。

【防治方法】 ①选择高燥地块或起垄栽培,浇地时应开沟渗浇,防止茎基部淹水。②发病初期可及时喷洒绿亨 2 号可湿性粉剂 800 倍液,72% 杜邦克露 600 倍液,64% 杀毒矾可湿性粉剂 500 倍液,25% 甲霜灵可湿性粉剂 200 倍液。

6.1.6 茎腐病

【症状】 发病时,先在茎基部产生水渍状褐色腐烂,进而植株灰白色枯萎。病菌侵染的茎干有白色菌丝体和大型黑色菌核。茎腐病较少侵染上部枝条。

【病原】 核盘菌 [*Sclerotinia sclerotiorum* (Lib. de Bary)]。

【发病规律】 病原菌以菌核在土壤中越冬。当土壤湿润时,菌核开始萌发产生子囊盘。子囊孢子可被风传到千米之外。当子囊孢子遇到老弱寄主时,它们就会进入寄主,形成菌丝并产生坏死组织。

【防治方法】 ①及时清除病株。②病原菌寄主广泛，注意不要与蔬菜地轮作。③雨季注意排水。④发病期可喷施 70% 甲基托布津或 50% 苯来特 1000 倍液进行防治。

6.1.7　根腐病

【症状】 发病部位在根部，初呈黄褐色，后变成黑色，病斑凹陷，大小不一，可达髓部，根部变黑，肉质根散落，仅留根皮呈管状，根部可局部或全部被害，重病株老根腐烂，新根不长，地上部叶黄、枯焦、脱落，枝条细弱，叶片失绿，发黄，严重者导致植株死亡（图 6-3）。

图 6-3　牡丹根腐病

【病原】 主要为茄腐皮镰刀菌［*Fusarium solani*（Mart.）Sacc.］，以及其他镰刀菌（*Fusarium* sp.）和蜜环菌（*Armillariella mellea*）等的复合侵染。

【发病规律】 病菌以菌核、厚垣孢子在病残根上或土壤中越冬，病菌经虫伤、机械损伤等伤口侵入，重茬地、潮湿地、地下害虫危害严重的地块，感病较重。

【防治方法】 ①实行轮作，避免重茬，加强地下害虫的防治。②种苗处理，剪去病残根，放入 3000 倍绿亨一号液中浸泡 10～15min，晾干后栽植。③生长期发现病株可用绘绿（50% 嘧菌酯水分散粒剂）10 000 倍液、卉友（50% 咯菌腈可湿性粉剂）10 000 倍液等喷或浇。

6.2　常见虫害

6.2.1　金龟甲类

金龟甲俗称金龟子，属鞘翅目金龟子总科。其成虫取食叶片或花器，以补充营养促进其性成熟；其幼虫统称蛴螬，蛴螬体呈"C"字形，乳白色，密被棕褐色细毛，头黄褐色或橙黄色，胸足 3 对，无腹足，尾部腹面的刚毛排列和肛门形状是鉴别蛴螬种类的主要依据，取食植物的地下根系或根颈部位，使植株青枯、死亡，或为镰刀菌的侵染创造了条件，导致根腐病等病害的发生（图 6-4）。

危害牡丹的金龟子有多种，常见的有分属鳃金龟科的大黑鳃金龟（*Holotrichia oblita* Fald.）、暗黑鳃金龟（*H.parallela* Motsch），丽金龟科的铜绿丽金龟（*Anomala corpulenta* Motsch），花金龟科的小青花金龟（*Oxycetonia jucuda* Faldermann）等。其中，

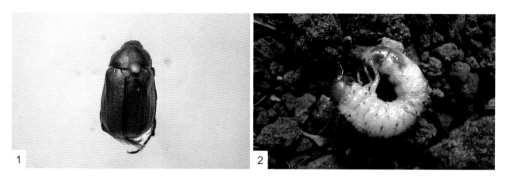

图 6-4　铜绿丽金龟
1. 成虫；2. 幼虫

以铜绿丽金龟发生较为普遍。下面以铜绿丽金龟、小青花金龟为例，介绍其形态特征、生活习性、防治方法等。

1）铜绿丽金龟

形态特征：成虫体长 24 ～ 30mm，宽 15 ～ 18mm。背面铜绿色，有光泽，前胸背板两侧具有黄褐色细边，鞘翅铜绿色，每翅各有隆起的纵脊 3 条。幼虫即蛴螬，体长约 40mm，尾部腹面的刚毛列由长针状刺毛组成，每列 12 ～ 18 根，两列间刺毛相遇或交叉，肛门裂呈"一"字形。

生活习性：一年 1 代，以 3 龄幼虫在土中越冬。翌年 4 月下旬化蛹，6 ～ 7 月成虫羽化出土危害，成虫白天潜伏，夜间出来取食叶片，造成叶片缺刻，强趋光性。成虫喜在疏松的土壤或未充分腐熟的有机肥上产卵。卵期约 10 天。幼虫即蛴螬取食牡丹的地下根系或根颈部位。

防治方法：

（1）冬季深翻土壤可以损伤或冻死越冬幼虫。

（2）施用腐熟的肥料，可避免金龟甲产卵。

（3）在成虫发生期，进行灯光诱杀，特别在雨前或闷热天气，诱杀成虫效果更好。

（4）保护和利用天敌，或使用金龟乳状杆菌、白僵菌等防治也有效果。

（5）药剂防治：在成虫发生期，可用 20% 杀灭菊酯乳油 2000 倍液在夜间喷；在幼虫即蛴螬危害期，可用 50% 辛硫磷乳油 1000 倍液或 48% 乐斯本乳油 1000 倍液等浇灌，最好在傍晚施药；或在种植时根施克百威颗粒剂，兼治线虫。

2）小青花金龟

形态特征：成虫体长约 12mm，宽约 8mm。体密被绒毛，鞘翅有黄、白、铜锈色花斑，腹部末端有 4 个黄白色斑纹。

生活习性：一年 1 代，以成虫或幼虫在土中越冬，以幼虫越冬的，于早春化蛹、羽化，4 月、5 月成虫盛发，成虫喜食花蕊、花瓣，导致败花。

防治方法同铜绿丽金龟。

6.2.2 介壳虫

介壳虫又名蚧，属同翅目蚧总科。危害牡丹的介壳虫有多种，如吹绵蚧（*Icerya purchasi* Maskell）、日本龟蜡蚧（*Ceroplastes japonicas* Guaind）、长白盾蚧（*Lopholecaspis japonica*）、桑白盾蚧（*Pseudaulacaspis pentagona* Targioni Tozzetti）等。下面以吹绵蚧为例，介绍其形态特征、生活史、防治方法等。

吹绵蚧属同翅目、硕蚧科，不完全变态，是园林主要害虫之一。

形态特征：雌雄异型。雌成虫体椭圆形（图 6-5），背部隆起，橘红色，上覆白色粉状蜡质和细长而透明的蜡丝，腹部下面分泌有白色纵条纹卵囊，通常有 15 条，卵产在卵囊内，每头雌成虫可产卵数百粒，多者达 2000 粒，产卵期约 1 个月。雄成虫体细长，胸部黑色，腹部橘红色。卵椭圆形，橙赤色。若虫 1 龄红色，椭圆形，2 龄背面红褐色，上履黄色粉状蜡层。雄蛹橘红色，腹部末端凹陷成叉状。

图 6-5 吹绵蚧雌成虫

生活史：一年 2～3 代，以成虫或若虫在枝干、叶背上越冬。越冬代成虫于翌年 3 月开始产卵，5 月下旬至 6 月上旬若虫盛发。6 月中旬开始出现第一代成虫，7 月中旬较多。世代重叠，在 6 月中旬至 11 月均可见成虫、若虫。1 龄、2 龄若虫多寄生在叶背主脉附近，2 龄后分散在枝干及果梗等处危害，每次蜕皮换居一次，有聚居性。雄虫较活泼，3 龄时口器退化，不再危害，在枝干裂缝或附近松土层内或杂草中结白色棉絮状茧化蛹。若虫和雌成虫群集枝、芽、叶上吸食植物汁液，其排泄蜜露诱致煤污病发生，使牡丹生长衰弱，枝叶变黄，重者枯死。

综合防治方法：

（1）对引进牡丹加强植物检疫。

（2）结合修剪，剪除受害严重的虫枝，并烧毁。

（3）化学防治应掌握在卵孵化期或若虫盛发期进行，药剂：蚧必治 800～1000 倍和蚧螨灵 150 倍的混合液，连喷 3 次，每次间隔 7～10 天。

（4）保护和利用天敌，主要有澳洲瓢虫等。

6.2.3 刺蛾类

刺蛾类属鳞翅目、刺蛾科，食性极杂，为多食性害虫，常见寄主有百余种植物。

刺蛾幼虫不仅危害牡丹，而且其体表的枝刺含有毒液，当人们不慎接触时，引起皮肤和黏膜中毒。

形态特征：江南地区常见有5种刺蛾，即桑褐刺蛾［*Setora postornata*（Hampson）］、褐边绿刺蛾［*Latoia consocia*（Walker）］、扁刺蛾［*Thosea sinensis*（Walker）］、黄刺蛾［*Cnidocampa flavescens*（Walker）］、丽绿刺蛾［*Latoia lepida*（Cramer）］，见表6-1，其成虫和幼虫见图6-6。

表6-1　不同刺蛾的主要特征

种类		桑褐刺蛾	褐边绿刺蛾	扁刺蛾	黄刺蛾	丽绿刺蛾
成虫	体色	褐色	淡黄绿色	灰褐色	黄色	褐色
	前翅	自前翅前缘近中部引出2条线，组合成八字形	前翅基部褐色，外缘淡棕色、狭，外缘与基部之间翠绿色	自前翅前缘近中部引出1条线	自前翅顶角向后缘引出2条线	前翅基部褐色，外缘褐色、较宽，约占翅的1/4，外缘与基部之间翠绿色
卵		扁平椭圆形，黄色	扁平椭圆形，光滑，淡黄绿色	扁平椭圆形，淡黄绿色	扁平椭圆形，黄绿色	椭圆形，米黄色
幼虫	体形	圆筒形	圆筒形	扁平	圆筒形	圆筒形
	背线或斑纹	背线蓝色	背线蓝色	背线白色，两侧有2个红点	体背有哑铃状的紫红色斑纹	背线不连续的蓝色
	体尾绒球状黑色刺毛	无	丛绒球状黑色刺毛	无	无	丛绒球状黑色刺毛
蛹		灰褐色，椭圆形	棕栗色，圆筒形，上覆白色丝状物	暗褐色，近圆球形	灰白色，近圆球形，具深褐色纵条纹	褐色，椭圆形，上覆白色丝状物

图6-6　刺蛾及其天敌

1、2.桑褐刺蛾成虫、幼虫；3、4.褐边绿刺蛾成虫、幼虫；5、6.扁刺蛾成虫、幼虫；7、8.黄刺蛾成虫、幼虫；9、10.丽绿刺蛾成虫、幼虫；11.黄刺蛾茧；12～14.天敌：上海青蜂、桑褐刺蛾寄蝇、桑褐刺蛾紫姬蜂

生活习性：刺蛾在长江流域地区 1 年发生 2 ～ 3 代，均以老熟幼虫在茧内越冬。一般越冬幼虫于 4 月下旬至 5 月上中旬化蛹，5 月下旬至 6 月上中旬成虫羽化。成虫夜晚活动，有趋光性。初孵幼虫多不取食或仅食卵壳，2 龄幼虫取食叶片下表皮，4 龄幼虫取食全叶，幼虫期 1 个月左右。一般 8 月第 1 代成虫羽化，8 月下旬至 9 月下旬第 2 代幼虫取食危害，10 月上旬第 2 代幼虫老熟，落地入土结茧越冬。

防治方法：

（1）刺蛾幼虫对药剂抵抗力弱，可喷 90% 晶体敌百虫 1000 倍液、80% 敌敌畏乳油、50% 辛硫磷乳油或用拟除虫菊酯类农药 3000 ～ 5000 倍液进行喷杀。

（2）黑光灯防治：大多数刺蛾类成虫有趋光性，在成虫羽化期，设置黑光灯诱杀，效果明显。

（3）及时清除虫茧、摘除虫叶，可以有效地减少虫口密度。

6.2.4　天牛类

天牛类属鞘翅目天牛总科，危害牡丹的天牛主要有中华锯花天牛（*Apatophsis sinica*）、桑天牛（*Apriona germari*）。其中，以中华锯花天牛危害较重，一般都是从外地传入。下面以中华锯花天牛为例，介绍其形态特征、生活史、防治方法等。

形态特征：成虫体长 15 ～ 25mm，粗壮，浅棕色，头及前胸棕褐色，体被黄色的绒毛，前口式，额中央凹陷，并有 1 纵缝延伸到唇基，触角 11 节，柄节粗大，雄虫触角略长于体长，雌虫触角略短于或等于体长，前胸背板刻点细密，中央稍凹陷，且具 2 个瘤突，两侧各有 1 个小而钝的刺突，鞘翅宽于前胸，各具纵隆线 2 条；卵长椭圆形，浅黄色，幼虫体圆柱形，老熟幼虫长 30 ～ 35mm，头近方形。

生活史：在山东菏泽地区 3 年完成一个世代，以不同龄期的幼虫越冬。从 3 月下旬开始，老熟幼虫爬出蛀道，入土筑室待化蛹，4 月下旬始见蛹，5 月成虫羽化，此虫大部分发育时间在土中，基本属于土栖性昆虫，只有成虫爬出地面，进行交配产卵，产卵后死亡。成虫夜间活动，白天多静伏于牡丹植株隐蔽处，成虫具趋光性，5 月中下旬开始产卵，5 月底至 6 月上旬为产卵盛期，卵散产于牡丹周围土中约 3cm 处，卵期约 10 天，初孵幼虫啃食嫩根或茎皮，后多从牡丹近地面的伤口蛀入，随着幼虫的生长逐渐向根下部蛀食，孔道 30 ～ 70mm。

防治方法：

（1）植物检疫，对引进苗木进行检查，重点检查老根，发现蛀孔，应清除幼虫；

（2）4 月下旬至 5 月上旬，结合松土可破坏蛹室杀死部分蛹；

（3）在牡丹周围打孔，深 20cm 左右，放入磷化铝片，每株牡丹用 1 片。

6.3　牡丹病虫害的综合防治

　　病虫害的发生、发展与园林植物、天敌、环境因素有着密切的联系，它们之间存在着相互依存与制约的关系。综合防治就是在由生物群落及其环境构成的生态系统中，强调以园林植物为中心，对各因子进行研究，创造一个有利于植物生长，不利于病虫害发生、发展的环境条件，充分发挥生态系统中的自然或生物因子对病虫害的控制作用，尽量少用化学农药，减少对环境的污染，使病虫害的危害控制在经济、观赏允许的水平之下，而并不是消灭。综合防治内容极为丰富，一般包括植物检疫、园艺防治、生物防治、物理或机械防治、化学防治及病虫害预测预报等内容。应该明确的是，综合防治并不是简单地把各种防治方法累加，而是综合地、有机地、协调地应用各种防治措施。

6.3.1　植物检疫

　　植物检疫是为了防止危险性病虫害的扩散、蔓延。江南地区的牡丹融合了北方、中原及国外的种源，在引进这些牡丹过程中，一方面应了解当地牡丹病虫害的种类、发生、危害情况；另一方面，结合江南牡丹的病虫害资料，对来自于北方、中原及国外的牡丹进行病虫害检查，尤其对一些在江南地区尚未登陆的或具有危险性的病虫害要严禁入园，如北方根结线虫、中华锯花天牛、锈病等。

6.3.2　园艺防治

　　园艺防治就是合理运用园林栽培、养护技术，创造适于植物生长的环境条件，促进植物健康生长，提高植物自身抗病虫害及不良环境的能力。

　　选苗。选择无病虫害的牡丹苗木，选择适合本地自然环境的牡丹或抗逆性较强的牡丹。牡丹品种丰富，不同品种之间，在同等栽培条件下，其抗病虫害或不良环境的能力不同。在江南地区，牡丹红斑病等病害危害相对较为严重，因此，在选择牡丹品种时，应选择抗病尤其是抗牡丹红斑病的品种。

　　种植场所改造。《牡丹八书》曾记载：牡丹"忌久雨潦暑蒸熏，根渐朽坏；忌生粪烂草多能生虫"。事实上，牡丹在栽植时，宜选择高燥、向阳、不积水、疏松的砂质壤土，同时 pH 不宜超过 8.2，土质肥沃、不重茬。江南地区的土壤往往碱性偏强、贫瘠、黏性重，通气性差，地下水位偏高。因此，在种植之前，应对土壤、水源等进行检测，根据检测结果，对土壤进行改良，并作高垄，以防止排水不畅，导致根腐；基肥要充分腐熟；同时，根据牡丹的生长习性，适地、适时种植。

　　合理的栽培养护措施。主要包括整地作畦、浇水、施肥、中耕除草、整形修剪、防寒降暑等。

6.3.3　生物防治

生物防治可分狭义和广义两种。狭义的生物防治是利用害虫天敌来防治害虫。随着科学技术的发展，生物防治领域不断扩大。广义的生物防治是指利用某些生物或生物的代谢产物或生物技术来控制害虫的危害。生物防治的优点是对人、畜、植物、环境安全，没有污染，如果使用得当，可对害虫起到长期抑制作用。

目前，对牡丹病虫害的生物防治，还没有非常成熟和有效的方法。主要的探索方向是应用微生物的生防菌剂对牡丹的病害进行生物防治。

6.3.4　物理及机械防治

物理及机械防治是利用简单器械和各种物理因素，如光、热、电、温度、湿度和放射能等来防治病虫害的方法。在牡丹病虫害中，蛾类、金龟子等对黑光灯具有很强的趋性，因此，在 4 月下旬至 11 月，挂置诱虫灯，能诱杀大量金龟子、蛾类，间接减轻蛴螬等对牡丹的危害。

6.3.5　化学防治

化学防治是指用化学农药防治园林植物病虫害的一种方法，目前化学防治仍然是不可缺少的一种防治方法。其优点是：见效快，作用大，能及时抑制病虫的猖獗危害，尤其对突发性害虫的防治；可大规模工厂化生产，剂型多，广谱性，使用方便。其缺点是：对环境造成污染，并使病虫害产生抗药性。

在药剂的使用上，应注意以下几点：

选择高效低毒或无公害的药剂。

轮换使用不同类型的药剂，并尽量减少药剂的使用次数，以避免病原菌及害虫产生抗药性。

选择合理的施药方式和时机。一般采用根施的方法可减少对环境的污染；对于侵染性病害的，应在发病初期或发病前夕防治；对虫害的防治应在该虫的敏感时期进行，如对于蚧虫的化学防治，一般掌握在其孵化期进行；对蚜虫、粉虱、螨类等，要早期防治，以压低虫口基数，减轻后期危害；对于鳞翅目等害虫掌握在 3 龄以前进行防治等。

药害。在使用新农药时，应做一些安全性试验，在确证安全时才可推广。

此外，对于侵染性病害的药剂防治，重在预防，一般在发病初期进行，多用保护性杀菌剂进行防治。常用保护性杀菌剂有：75% 百菌清可湿性粉剂、80% 大生可湿性粉剂等。多数病害的发病初期与植物的新叶生长期同步。对于已经发病的，应首先清除有病叶片，再喷施杀菌剂。

6.3.6   病虫害预测预报

病虫害预测预报是在掌握病虫害发生规律的基础上，根据当前的病虫害调查资料，结合当地的历史资料和未来的气象因素、天敌因素，进行综合分析，对未来病虫害的发生动态做出判断，并提出病虫害的防治意见，从而指导对病虫害的防治工作。病虫害预测预报是综合防治中不可缺少的一部分，对开展综合防治具有重要意义。

第 7 章

江南牡丹的药用栽培

　　素有"花王"和"国色天香"之美誉的牡丹花，不仅具有极高的观赏价值，而且其根皮还是一味名贵的中药材，具有很高的药用价值。

7.1　牡丹药用栽培的重要意义

　　什么是药用牡丹？以药用作为唯一或主要栽培目的的牡丹即属于药用牡丹。

　　牡丹自古以来即以其干燥的根皮入药，名曰"丹皮"。丹皮作为药用的历史已经有 2000 多年之久，早在东汉时期就已经有用丹皮治疗血淤病的记载。公元 235 年的《吴氏本草》记载："牡丹，神农岐伯辛，李氏小寒，雷公桐君苦无毒。叶如蓬相植，根如指，黑中有核，二月采，八月采，日干，人食之，轻身益寿"。《神农本草经》将其列为中品。

　　丹皮性微寒，味苦辛，无毒，入心、肝、肾经，具有清热凉血、活血化淤、散淤通经、抗炎、抗过敏、提高免疫力、凝血、促进内分泌、降血糖、抗病毒、祛斑等功效，临床上主要用于清肝火、凉血散淤（消炎、降压）、过敏性鼻炎、中风等症的治疗，是中药配伍中常用的一种药材，也是当今不少化妆品、日用品的一种重要的添加剂。

　　据研究，牡丹的新鲜根皮中含有牡丹酚原苷（paeonolide，$C_{20}H_{28}O_{12}$）5% ～ 6%，但易受自身存在的酶水解成为牡丹酚（paeonolum，$C_9H_{10}O_3$）及 L 阿拉伯糖。牡丹酚为丹皮的主要药用成分之一，具有抗菌、消炎、抗氧化、镇痛、降压和解痉等作用；丹皮的另一种主要药用成分为芍药苷（paeoniflorin，$C_{23}H_{28}O_{11}$）。

　　丹皮常作为肝炎的治疗药，其中的活性成分之一为丹皮总苷（total glucosides of mudan cortex，TGM）。TGM 是一种具有多种药理作用的中药有效成分。既往研究表明，TGM 具有剂量依赖性的免疫调节作用，可明显增强机体的免疫功能，且 TGM 可明显减轻乙醇、CCl_4 引起的肝损伤，具有较强的清除自由基和保护细胞的作用。

　　安徽铜陵凤凰山、三条冲和南陵县丫山所产的'凤丹'的干燥根皮，为我国的传统道地药材——"凤丹皮"。在全国的同类产品中，通常认为其质量最佳。据调查，安徽铜陵凤凰山、三条冲和南陵县丫山一带的自然条件非常适宜药用牡丹的生长，所产丹皮因具有肉厚、粉足、木心细、亮心多以及久储不变色、久煎不发烂等特点而闻名于各地，也是当地所产丹皮称为"凤丹"的由来。

　　由于丹皮的应用范围很广，是我国常用的 40 种大宗药材之一。近 30 年来，随着六味地黄丸、杞菊地黄丸、知柏地黄丸、明目地黄丸、跌打丸、妇乐冲剂等中成药（丹皮是这些传统中成药的重要成分）的不断热销，以及含丹皮保健品、化妆品的广泛应用，同时更作为中药配伍中常用的一种药材，丹皮的用量在不断扩大，国内年需要量在 500 万 kg 左右，年出口量约为 80 万 kg。

7.2　栽培区域与主栽品种

7.2.1　栽培区域

作为牡丹家族的重要成员，药用牡丹在我国不少地方都有着一定的栽培规模（表 7-1），涉及多个品种。据统计，目前我国药用牡丹的栽培面积约 1.34 万 hm^2，年产丹皮近千吨。与观赏牡丹栽培主要集中于山东、河南不同，药用牡丹的栽培则主要集中于安徽的铜陵和亳州、湖南邵阳、重庆垫江、湖北建始等地，此外山东、河南、山西、陕西和甘肃等地区也有少量栽培。

表 7-1　部分丹皮主产区的生产状况

产地	面积/亩	主栽品种	花色	栽培环境	繁殖方法	生长年限
安徽铜陵（含周边地区）	12 000	凤丹	白	山地	播种	6～7
重庆垫江	10 000	太平红	紫红	山地	分株	4～5
安徽亳州	75 000	凤丹	白	平原	播种	6～7
湖南邵阳	15 000	香丹、凤丹	白	山地	播种、分株	3～5
湖北建始	3 000	湖蓝、锦袍红	粉、紫红	山地	分株	3
山东菏泽	1 500	赵粉等	粉白	平原	播种、分株	3～5
河南洛阳	1 500	洛阳红	紫红	丘陵	分株	3～4

数据来源：安徽省牡丹协会，2014。

铜陵。位于安徽省中南部，长江下游南岸。铜陵'凤丹'栽培历史悠久，已有 500 多年的历史。1992 年被农业部授予"中国南方牡丹商品基地"称号，2000 年被国家林业局和中国花卉协会命名为"中国药用牡丹之乡"，2006 年 4 月获得"国家地理标志产品"保护，是'凤丹'主产区之一。

亳州。位于安徽省东北部。亳州牡丹栽培历史久远，在明代就有牡丹的栽培记录。目前，亳州是全国最大的中药材种植基地，也是全国'凤丹'栽培面积最大的地区。近年来，随着油用牡丹产业兴起，全国各地油用'凤丹'栽培的种苗主要来自亳州。同时，亳州也是牡丹油种子原料的主产区。

邵阳。位于湖南省西南部，是我国药用丹皮的中心产区之一。据清光绪《邵阳县乡土志》载："药属产丹皮。牡丹花大如莲，有红、白两种"。邵阳县的丹皮尤以郦家坪镇所产为上乘，相邻的邵东县也有较大规模栽培。

7.2.2　主栽品种

从品种上讲，目前药用牡丹的品种以安徽铜陵和亳州等地的'凤丹'为主，其产量约占全国丹皮总产量的一半。其次是重庆垫江的'太平红'；再次是湖北建始的'湖蓝'、'锦袍红'、'建始粉',山东菏泽的'赵粉'、'首案红',河南洛阳的'洛阳红'以及'朱砂垒'等。这些基本都属于药用、观赏两用品种,但不同品种的观赏性及药用有效成分的含量有一定的差异。

综合考虑不同品种的根产量(鲜重)、粗根率、干燥丹皮得率、有效成分含量以及繁殖方式(播种与分株)的差别等因素,'凤丹'、'建始粉'为最佳的两个药用牡丹品种,值得大力推广;其次是'锦袍红'和'太平红'2个花药兼用的牡丹品种,可以适度推广;而'赵粉'、'首案红'、'洛阳红'及'朱砂垒'等则更适宜作为观赏品种之用(图 7-1)。

图 7-1　各地主要药用栽培品种
1.'凤丹';2.'香丹';3.'太平红'

7.3　繁殖与栽培
7.3.1　传统药用牡丹栽培的特点

由于应用目的不同,与观赏牡丹以及油用牡丹栽培相比,江南药用牡丹栽培有以下几个明显的特点:

(1)栽培密度极高,为一般观赏栽培的 5 ～ 10 倍,常常是一穴 2 ～ 3 株,密度达到 7500 ～ 10 000 株 /667m^2;

(2)很少施肥,主要原因在于丹皮的市场价格低迷,减少施肥以降低管理成本;

(3)为了减少养分消耗,促进根系的快速生长,进行摘蕾处理;

(4)在安徽铜陵等地,以"斜栽"代替"直栽",从而扩大根系接触面,增加丹皮产量。

对于丹皮的传统栽培模式,应该用正确的态度来对待,取其精华,去其糟粕。实际上,高产优质丹皮的生产需要控制好选地、整地、繁殖、栽培以及田间管理等各个环节。

7.3.2　药用牡丹的繁殖方法

根据品种特性的不同,药用牡丹可以采用播种或分株法繁殖,虽然播种繁殖法的生产周期较分株法的长些，但在生产上仍然以播种繁殖法最为常用。

1）播种繁殖法

（1）育苗时间

一般从 8 月中下旬开始，到 9 月中下旬结束；如当年地温较低或育苗时间较晚，可在育苗后覆盖地膜。

（2）育苗方法

牡丹种子一般在 7 月底至 8 月初陆续成熟，当牡丹蓇葖果呈蟹黄色时即应该及时、分批进行采收，放于室内阴干，并经常翻动，以免发热，让种子在果壳内后熟，并由黄绿色渐变为褐色至黑色。待果实干裂、种子脱出后即可依次进行选种、浸种、播种。可用水选法选种，取下沉于水中的饱满种子，在 50℃ 的温水中浸 24 ～ 30h，然后拌草木灰备用。其后，有条件的地方，可以将种子与湿沙混合，置 4℃ 下冷藏 30 天，待大部分种子露白时（胚根伸长），可露地播种。使用此法，可提高发芽的整齐度。

播种之前如果育苗地干要放水浇透，待墒情适宜时整成畦面宽 80 ～ 100cm、沟深 10 ～ 15cm 的小高畦，然后播种。严禁干土播种。在整好的小高畦上，按 15 ～ 20cm 的行距开挖 5cm 深的沟，将种子均匀撒入沟内，种子间相距 1 ～ 2cm，覆土盖平，稍加镇压；也可以将种子撒播于畦面，然后覆 3 ～ 5cm 厚的土，再覆盖地膜。每 667m^2 用种子 50 ～ 70kg，成苗在 10 万株左右。

（3）育苗地的管理

牡丹种子具有上胚轴休眠的特性，因而使得秋播种子当年不能萌芽，只有胚根生长，而上胚轴仍处于休眠状态。经 50 ～ 90 天的 0 ～ 10℃ 冬季低温后，才能打破休眠而于翌春发芽出土。据观察，播种后 30 ～ 40 天牡丹种子即可长出 0.5cm 长的幼根，90 天幼根长达 7 ～ 10cm；此时土壤开始封冻。没有覆盖地膜的可在畦面上盖 3 ～ 5cm 厚的土或厩肥保温，并视墒情从沟内浇一次越冬水。第二年开春解冻后，幼苗大量出土时要及时揭去地膜。如土干要及时在畦面上洒水催芽。苗期要经常拔草、松土、保墒，适时追肥浇水。从开春到"夏至"要追肥 3 次，以饼肥为优。雨季要及时排水。

（4）移栽

管理好的牡丹苗，当年根茎粗 0.8cm，根长 15cm，每千克 200 株左右；可于当年"寒露"至"霜降"间移栽；弱苗需要培养一年，第二年移栽。

（5）移栽密度

4 ～ 5 年刨收的药用牡丹，可按行距 60cm、株距 15 ～ 20cm 移栽，有效株数在 4500 ～ 5000 株 /667m^2；种子田则按行距 60cm、株距 30 ～ 40cm 移栽，有效株数在 2500 ～ 3000 株 /667m^2。

但在实际操作过程中，栽培的密度往往比较高。以安徽铜陵为例，其栽培密度为 4000 ～ 5000 穴 /667m^2，一般 2 株 / 穴，667m^2 有效株数达到了 8000 ～ 10 000 株。

移栽时，大苗每穴一株，小苗每穴 2～3 株。放入穴内的苗要先盖 3cm 左右的细土，并将小苗轻轻向上一提，使根舒展，芽头与地面相平，压实，再浇一次透水，最后再在上面盖一层畜粪或杂草。

一般"育苗移栽"达 3 年的牡丹即可以开花结籽，但开花的第一年往往结籽率较低。通常来说，为了更好地促进根系的生长，并不让其开花结籽。

留种的牡丹一般以"育苗移栽"生长 4 年的植株为好，每 667m² 可产牡丹籽 150～200kg，可连续产籽 2～3 年。需要注意的是，牡丹种子成熟后至播种前不可暴晒，否则将影响其发芽率。

2）分株繁殖法

在江南地区，该法通常于 10 月下旬、11 月进行。分株时，可以先扒开牡丹苑部周围的土，然后仔细地将牡丹整苑挖出，轻轻抖落根部的附土，并根据植株的生长发育情况用手或借助铁锹等工具顺其自然地把植株从其根颈部分开，一般每墩老株可分成 3～6 株，把细小的根留在新株上，以利新株的生长发育；而把粗大根和中等根条剪下作药用。注意分开后的新株每株至少要带有 2～3 条稍粗些的细根，然后把根系和芽保护好，切勿折断和碰伤。

7.3.3　药用牡丹的栽培管理

1）选地

恰当的选择栽培地是牡丹（丹皮）增产的关键，可以收到事半功倍的效果。由于牡丹普遍具有喜光、宜凉畏热、喜燥耐旱、忌湿怕涝的习性，加之药用牡丹的根系甚为发达（多为深根性），因此在选地时应尽量选择向阳、地势高燥、排水顺畅的地块。土壤以土层深厚、疏松、肥沃、排水及通气性良好的中性、微酸性沙质壤土或轻壤土为好，忌盐碱、黏重、低洼地块以及过于荫（阴）蔽之处；前茬以玉米、芝麻、花生、豆类、高粱等为优，忌重茬（连作），前茬为牡丹者宜间隔 3～5 年之后再种（图 7-2）。

2）整地与栽植

与恰当地选择栽培地一样，深翻土壤、细致整地、科学挖穴、科学栽种也是日后丹皮增产的关键措施。

在选好地块、前茬作物收获之后并尽量在栽种牡丹之前的 1～3 个月进行精细整地，尽力做到三犁三耙，每 667m² 施入经过充分发酵腐熟的优质农家肥 5000kg 和饼肥 150～200kg。土壤黏重者应注意改善土壤结构，如大量施入农家肥、适度掺入粗砂等措施，务必与土壤充分、均匀地混合。深翻土壤 50～70cm，耙细整平，使耕作层深厚而又疏松，以利于根系的伸展。然后，理好四周的排水沟，作成宽 100～200（300）cm、高 30～40cm 的高床；如育苗，则可作成宽 80～100cm、高 10～15cm 的小高床。

图 7-2　湖南邵阳药用牡丹栽培（左）和安徽铜陵'凤丹'大田药用栽培场景（右）

最好在种植牡丹之前的 10 ～ 15 天提前挖好栽植坑（穴），栽植坑要适当大些。由于牡丹需肥量比较大，所以要施足底肥；底肥以上等杂肥为宜，每穴宜施有机肥 3 ～ 5kg，注意要把肥料与土壤混合均匀。

栽植时应注意：①栽植不可过深，以刚刚埋住根部为好；②牡丹根部放入栽植坑内要垂直舒展；根系与地面呈 30° 斜栽，可增大根系生长的有效面积，增加根系产量。

3）田间管理

（1）中耕除草（锄地松土）

这是药用牡丹管理的一项基本工作。每年春季的"雨水"节气前后要进行第一次中耕除草。此后根据天气和土壤情况，每 15 ～ 30 天中耕除草 1 次，以控制杂草滋生、防止地面板结。

在中耕除草时应注意：牡丹虽为深根性的植物，但也常有部分根生长在土壤的表层（尤其在潮湿多雨的江南地区），故中耕不能过深，以 10cm 为宜。

（2）施肥

科学施肥是丹皮增产的关键措施之一。

牡丹栽植后第一年可不施肥。但从第二年开始，每年要施肥 2 ～ 4 次。开春解冻后和花后可以各追施 1 次腐熟并稀释过的人粪尿水、饼肥水或速效复合肥等速效肥；秋冬季施 1 次有机肥，每 667m² 施土杂肥 3000kg，也可施腐熟的饼肥 200 ～ 300kg 或施入人粪尿水 2500 ～ 3000kg，在行间普施后适度深锄，将肥料翻入土中；或采用挖窝施肥法，施后盖土。若天旱，要及时、适度灌水。

（3）水分管理

一年生的牡丹根浅怕旱，天旱季节要及时浇水；在炎热、干旱的夏天，浇水要在傍晚进行，并尽量采用开沟渗透法而不要大水漫灌。两年生以上的牡丹苗根深较抗旱，一般不需要经常浇水，只有在天气过于干旱时才需浇水。

平时要注意保持排水沟渠的通畅，以防大田积水和烂根。

（4）修剪

药用牡丹的修剪主要包括以下内容。

平茬。药用牡丹（尤其'凤丹'）植株多为一个主枝形成单干，在上部分枝。如植株生长较弱，秋末可从基部剪掉，这样翌春可从基部发出 3～5 条粗壮的新枝，从而促使牡丹枝壮、根粗、产量高。

疏枝。对植株上分布不均匀或过于密集、过于细弱的枝条，要在冬季封土前或开春后剪去。

拿芽。拿芽一般在"清明"前后、基部萌芽高 5～6cm 时进行。做法是：将土扒开，选留分布均匀的粗壮新芽 4～5 根，其余的从基部用手掰去，同时还要把老枝上的小侧芽也要拿掉；拿芽后的牡丹仍用土培好基部。

冬剪与清园。于每年的秋冬之交（江南地区一般为 11 月下旬至 12 月上中旬）剪除枯枝，摘除黄叶，运出园（田）外集中烧毁，以消灭病原、减少来年病虫害的发生。

（5）花（蕾）的管理

对药用牡丹而言，除留种植株外，最好在春季将所有植株的花蕾全部剪除，使养分集中于根部的生长，以提高丹皮的产量和品质。除蕾最好在晴天的上午进行，以利于伤口的愈合、防止感病。花前未能及时除蕾的，花后要及时去除残花，不使结籽。

育苗移栽的牡丹，从移栽后的第二年开始即有部分植株开始开花结籽，但因植株小，往往花而不实，因此显蕾后要将花蕾全部摘除；第三年可留部分牡丹结籽，第四年可全部留花结籽。

播种牡丹一般在第二年不现蕾；第三年有部分现蕾，可全部摘除。

一般来说，结过籽的牡丹要比未结籽的牡丹晚刨一年；而且在收刨的当年春季应将花蕾全部摘除，不让其开花结籽，以利于根部的生长和营养积累。因此，凡留花结籽的牡丹，当年不能收刨。

（6）病虫害防治

病虫害防治工作是否得力，也是影响到药用牡丹的生长发育、进而影响到丹皮产量和品质的重要因素之一。

药用牡丹的主要病害有叶斑病、灰霉病、锈病及根腐病等。

叶斑病和灰霉病的防治方法：①秋末彻底清除枯枝落叶并集中烧掉，以减少病原；

②与玉米、豆类、高粱等作物轮作；③植株用 65％代森锌 300 倍液浸泡 20min 后栽种；④发病前及发病初期喷 1∶1∶100 波尔多液或用 65％代森锌 500 倍液，7 天一次，交替使用，连喷 3～4 次。

锈病病原为一种担子菌。6 月发病，7～8 月危害严重。叶背起初出现黄色、黄褐色颗粒状夏孢子堆，随后叶面出现圆形或不规则形的灰褐色病斑，背面则出现刺毛状的冬孢子堆。防治方法：①彻底清园，病残枝叶要集中烧毁而不可沤肥；②发病初期喷 97％敌锈钠 400 倍液和 15％粉锈宁，7 天一次，连喷数次。

根腐病。该病主要发生在老产区，受害植株的根部多变黑腐烂，严重时整株死亡。主要通过轮作、选择无病植株和避免土壤积水等措施进行防治。发现病株要挖掉烧毁，并在穴内撒石灰或硫磺粉进行土壤消毒。

药用牡丹的主要虫害是蛴螬咬食根部。要注意不要施用未充分腐熟的有机肥料，并在整地和施肥时放入毒饵进行诱杀。

7.4　丹皮的采收与加工

7.4.1　丹皮的采收

1）采收时间

从丹皮产量与品质、生产成本及经济效益等的角度来看，"育苗移栽"后生长 4～5 年或分株繁殖 3～4 年的药用牡丹即可采收。

丹皮的收刨时间一般在每年的 9 月。但也有试验表明，安徽'凤丹'春季采收的丹皮酚、芍药苷含量明显高于秋季采收的；而重庆'太平红'和'长康乐'中丹皮酚的含量春季采收低于秋季的，芍药苷含量则春季高于秋季。

2）采收方法

药用牡丹根系发达而且通常为深根类药材，在采挖时一般用特制的"牡丹叉"收刨。"牡丹叉"一般用铁器做成，"叉部"40～50cm，柄长 120～150cm。采挖时从一边先顺行开一条深 50cm 的沟，然后将牡丹整墩挖起，用铁锨敛去土后再挖第二行，依次类推。

7.4.2　丹皮的加工、分级与质量检测

1）丹皮的加工

将挖出的牡丹剪取适当粗度的根，晾晒至变软，然后抽出中心的木心，再晒干，即为商品"黑丹皮"或称"连丹皮"；如趁鲜刮去外皮、抽出木心后晒干即为商品"粉丹皮"或称"刮丹皮"。需要注意的是，在刮除牡丹根的外皮时不要使用铁器，因为丹皮遇铁器将变色。

一般栽培 4 ～ 5 年的移植苗，其"连丹皮"的产量为 300 ～ 400kg/667m²。

2）丹皮的分级

加工后的丹皮按照国家标准进行分级。

根据国药联材字（84）第 72 号文"附件"及"七十六种药材商品规格标准"的要求，丹皮的商品规格标准见表 7-2 和表 7-3。

表 7-2　连丹（黑丹皮）商品规格标准

等级	规格标准
一等	干货。呈圆筒状，条均匀。稍弯曲，表面灰褐色或棕褐色，栓皮脱落处呈粉棕色。质硬而脆，断面粉白色或淡褐色，有粉性、有香气，味微苦涩。长 6cm 以上，中部围粗 2.5cm 以上，碎节不超过 5%。去净木心。无杂质、霉变
二等	干货。呈圆筒状，条均匀。稍弯曲，表面灰褐色或淡褐色，栓皮脱落处呈粉棕色。质硬而脆，断面粉白色或淡褐色，有粉性、有香气，味微苦涩。长 5cm 以上，中部围粗 1.8cm 以上，碎节不超过 5%。无青丹、木心、杂质、霉变
三等	干货。呈圆筒状，条均匀。稍弯曲，表面灰褐色或棕褐色，栓皮脱落处粉棕色。质硬而脆，断面粉白色或淡褐色，有粉性、有香气，味微苦涩。长 4cm 以上，中部围粗 1cm 以上，碎节不超过 5%。无青丹、木心、杂质、霉变
四等	干货。凡不符合一等、二等、三等的细条，及断支碎片均属此等。但最小围粗不低于 0.6cm，无木心、碎末、杂质、霉变

表 7-3　刮丹（粉丹皮）商品规格标准

等级	规格标准
一等	干货。呈圆筒状，条均匀，刮去外皮。表面粉红色，在节疤、皮孔根痕处，偶有未去净的栓皮，形成棕褐色的花斑。质坚硬，断面粉白色，有粉性。气味浓，味微苦涩，长 6cm 以上，中部围粗 2.4cm 以上。皮刮净，色粉红，碎节不超过 5%。无木心、杂质、霉变
二等	干货。呈圆筒状，条均匀，刮去外皮。表面粉红色，在节疤、皮孔根痕处偶有未去净的栓皮。形成棕褐色的花斑。质坚硬。断面粉白色。有粉性。气香浓，味微苦涩，长 5cm 以上，中部围粗 1.7cm 以上。皮刮净，色粉红，碎节不超过 5%。无木心、杂质、霉变
三等	干货。呈圆筒状，条均匀，刮去外皮。表面粉红色，在节疤、皮孔根痕处偶有未去净的栓皮，形成棕褐色的花斑。质坚硬。断面粉白色，有粉性。气香浓，味微苦涩。长 4cm 以上，中部围粗 0.9cm 以上。皮刮净，色粉红，碎节不超过 5%。无木心、杂质、霉变
四等	干货。凡不符合一等、二等、三等长度的断支碎片均属此等。无木心、碎末、杂质、霉变

需要特别指出的是，作为药材之用的丹皮，细根的有效成分含量并不比粗根低。因此，建议市场及有关部门在进行药材分级时对此能给予充分考虑。

7.4.3　丹皮的质量标准及质量检测

1）丹皮的质量标准

（1）外观性状

《中华人民共和国药典》（2000 年版一部）规定："本品呈筒状或半筒状，有纵剖开的裂缝，略向内卷曲或张开，长 5 ～ 20cm，直径 0.5 ～ 1.2cm，厚 0.1 ～ 0.4cm。

外表面灰褐色或黄褐色，有多数横长皮孔及细根痕，栓皮脱落处粉红色。内表面淡灰黄色或浅棕色，有明显的细纵纹，常见发亮的结晶。质硬而脆，易折断，断面较平坦，淡粉红色，粉性。气芳香，味微苦而涩。"（图 7-3）

图 7-3　'凤丹'丹皮加工产品

（2）内在质量

按《中华人民共和国药典》（2000 年版一部）附录"水分测定法"测定，水分含量不得超过 13.0%；按"灰分测定法"测定，总灰分不得超过 5.0%。

按《中华人民共和国药典》（2000 年版一部）的规定：本品按干燥品计算，含丹皮酚（$C_9H_{10}O_3$）不得少于 1.2%。

按农业部绿色食品生产标准，农药 DDT 和六六六的残留均不得超过 0.05mg/kg；重金属 As 和 Pb 的含量分别不得超过 0.5mg/kg 和 2mg/kg。

2）丹皮的质量检测

（1）有效成分含量的检测

商品丹皮中丹皮酚（paeonolum，$C_9H_{10}O_3$）的含量越高越好，为 0.20%～1.60%；芍药苷（paeoniflorin）的含量为 1.6%～4.0%。

丹皮的有效成分不仅随品种、地域、采收季节等因素而变化，而且在催花前后的含量往往也有不同程度的差异。有试验表明'洛阳红'、'赵粉'的丹皮酚含量催花前显著高于催花后，而'海黄'和'凤丹'在催花前后无显著性差异；'赵粉'、'凤丹'的芍药苷含量催花后则显著增加，而'洛阳红'和'海黄'则没有显著变化。

不同产地牡丹皮中丹皮酚、芍药苷含量的差异见表 7-4。

表 7-4　部分产地牡丹皮中丹皮酚、芍药苷的含量　（单位：mg/g）

产地	山东菏泽	安徽亳州	安徽铜陵	甘肃武威	重庆垫江	山西运城
丹皮酚	21.85	23.01	30.52	14.12	19.4	14.78
芍药苷	12.14	7.04	14.94	5.77	10.55	9.26

资料来源：时军等，2014。

（2）农药残留的检测

通常是指对商品丹皮中农药 DDT 和六六六等成分的检测。

（3）重金属含量的检测

通常是指对商品丹皮中重金属铜（Cu）、镉（Cd）、砷（As）和铅（Pb）等含量的检测。

7.5　丹皮的包装及储运

7.5.1　包装

丹皮在包装前应检查是否充分干燥、有无杂质及其他异物。所用包装应符合药用包装标准，并在每件包装上注明品名、规格、产地、批号、执行标准、生产单位、生产日期等相关信息，并附有质量合格的标志。

7.5.2　储藏

加工好的丹皮如果不马上销售，应在包装后置于干燥的库房内储藏，并注意防虫、防鼠、防潮。为保持色泽，还可以将干燥的丹皮放在密封的聚乙烯塑料袋中储藏，并定期检查。到夏季应将丹皮转入低温库储藏，一般来说在 4 ~ 10℃的储藏条件下，丹皮可安全越夏。建议丹皮在采收后 9 个月内使用。

7.5.3　运输

丹皮的运输工具或容器应具有良好的通气性，应有防潮措施，以保持干燥，尽可能地缩短运输时间；同时不要与其他有毒、有害及易串味的物质（资）混装。

第 8 章

江南油用牡丹栽培

在江南地区，牡丹作为观赏栽培或药用栽培，古已有之。但近年来，随着牡丹油用价值的发现和国家对发展油用牡丹产业的重视，油用牡丹也在江南一带兴起。如何在江南地区种植油用牡丹，值得关注。

研究发现，牡丹种子不仅含油率高，而且油的品质好，具有重要的营养保健功能，而我们国家正面临食用植物油短缺、产能严重不足的局面，从而给油用牡丹发展带来大好机遇。从 2013 年下半年起，在全国范围内掀起了一个油用牡丹发展的高潮。

8.1　牡丹的油用价值与发展前景

8.1.1　牡丹油用价值的初步分析

1. 脂肪酸的基本概念

探讨牡丹的油用价值，需要先了解一些脂肪酸的基本概念。首先是脂肪酸的种类。脂肪酸是人体必需的营养成分，参与人体多种生理代谢。其最重要的功能是作为生物体内的储能物质，其氧化功能效率约为糖类物质和蛋白质的 2.5 倍，并能促进人体对脂溶性维生素 A、D、E、K 的吸收。

1）脂肪酸的种类

脂肪酸可分为饱和脂肪酸和不饱和脂肪酸两大类。脂肪酸具有链状结构，其互相区别的标志是碳链长度、碳碳双键连接的数量和位置。当分子中没有碳碳双键时，该脂肪酸属于饱和脂肪酸（saturated fatty acids, SFA）。这类脂肪酸在猪油等动物油脂以及棕榈油、椰子油等植物油脂中所占比例较大。

另一类是不饱和脂肪酸。不饱和脂肪酸又可分为两类：一类是分子中只有一个碳碳双键连接的脂肪酸，属单不饱和脂肪酸（monounsaturated fatty acids, MUFA）；而分子结构中有两个以上碳碳双键连接的脂肪酸，则属多不饱和脂肪酸（polyunsaturated fatty acids, PUFA）。

不饱和脂肪酸又可划分为不同的"族"。对人类健康至关重要的有三个族或者说三个系列。根据第一个碳碳双键的位置，又可根据其第一个双键连接到第 3、第 6、第 9 碳原子上，而分别称之为 ω-3PUFA、ω-6PUFA、ω-9MUFA。有些文献亦称之为 n-3PUFA 和 n-6PUFA。属于 ω-3 系列的有 α-亚麻酸和 DHA、EPA，属于 ω-6 系列的有 γ-亚麻酸和亚油酸，属于 ω-9 系列的有油酸。

2）必需脂肪酸

所谓人体必需脂肪酸是指在人体内不能合成，只能从食物中获取的脂肪酸（EFA）。常见的必需脂肪酸有亚麻酸和亚油酸。

（1）亚麻酸

亚麻酸有两个同分异构体，即 α-亚麻酸和 γ-亚麻酸。前者为必需脂肪酸，后者不是。

α - 亚麻酸。α - 亚麻酸是 ω-3PUFA 的母体。α - 亚麻酸进入人体后,在酶催化下,依次转化为二十碳五烯酸(EPA)、二十二碳五烯酸(DPA)和二十二碳六烯酸(DHA)等功能性物质,因而被称为"脑黄金原料"。α - 亚麻酸及其代谢物具有益智、保护视力、降血脂、降血压、抑制血小板凝聚、抗血栓形成、延缓衰老、抗过敏和抑制癌症的发生及转移等显著的生理活性。因此,α - 亚麻酸的缺乏是导致阿尔茨海默病、癌症、心脑血管疾病、高血压病、高脂血症、糖尿病等疾病的重要诱因。此外,α - 亚麻酸还是胎儿大脑生长发育的重要成分,对提高婴幼儿智力,降低出生缺陷具有重要的生物学意义。

有鉴于此,世界卫生组织(World Health Organization,WHO)和联合国粮食及农业组织(Food and Agriculture Organization of the United Nations,FAO)建议所有婴幼儿食品配方和食品成分中都应含有 α - 亚麻酸。然而调查证实,目前人群日摄入量 $150 \sim 210$mg,远远小于正常人体每日需要的摄入量 3.0g,提示人类普遍缺乏 α - 亚麻酸。

迄今为止,α - 亚麻酸不能人工合成,其来源只能依赖有限的自然资源。α - 亚麻酸在植物种子油中分布较为广泛,如亚麻($42\% \sim 60\%$)、紫苏($51\% \sim 63\%$)、杜仲($42\% \sim 62\%$)等,但是限于各种因素,多数种类还不能开展规模化生产应用。现有产能还远远无法满足全球对高纯度 α - 亚麻酸原料的市场需求。

γ - 亚麻酸。γ - 亚麻酸与 α - 亚麻酸的差异仅在于其中一个双键的位置不同,γ - 亚麻酸的结构为全顺式 -6,9,12- 十八碳三烯酸,简记 $\triangle^{6,9,12}$-18:3。α - 亚麻酸属 ω-3 系列,而 γ - 亚麻酸属 ω-6 系列。由于化学结构上的差异,导致两种化合物在体内的代谢和生理功能也存在差异。它们都是细胞膜的重要构成部分,但 γ - 亚麻酸可以通过亚油酸脱氢后合成,虽有重要生理活性但不是人体必需氨基酸。

γ - 亚麻酸具有以下生理作用:明显的降血脂、降血压作用;抗炎消炎作用,能防治过敏性皮炎;有明显的减弱过氧化损伤的作用;预防阿尔茨海默病;用于化妆品时,能改善皮肤干燥现象;对月经前期综合征有一定疗效。

(2)亚油酸

亚油酸是 ω-6PUFA 的母体,在人体内代谢为 γ - 亚麻酸、花生四烯酸(AA)。AA 在氧化酶和脂氧化酶的催化下生成一系列活性物质。

α - 亚麻酸和亚油酸在代谢中竞争同一种酶,两者是竞争抑制关系,因而保持它们之间的平衡,是维系人体健康的基础。

2. 牡丹籽的含油率及牡丹籽油的脂肪酸组成特征

1)牡丹籽的含油率

综合各地分析资料,以杨山牡丹('凤丹')、紫斑牡丹为代表的牡丹籽油,其含油率为 24.12% ～ 37.82%（表 8-1），牡丹籽属于高含油率的种籽。

表 8-1　主要油料作物种籽含油量比较

种类	牡丹	大豆	油茶	花生	葵花籽	橄榄	油菜
含油率 /%	24.12 ～ 27.83	17.0	25.0 ～ 33.0	36.0	40.0	19.6	40.0

2）牡丹籽油的脂肪酸组成

牡丹籽油的组成目前最多可鉴定出 32 种（戚军超等，2005），但主要成分为油酸、亚油酸、亚麻酸以及棕榈酸和硬脂酸，如表 8-2 所示。其前三种不饱和脂肪酸总含量可达 92%，而其中 α - 亚麻酸占 43%。在常见食用植物油中，高不饱和脂肪酸、高 α - 亚麻酸含量是牡丹籽油的显著特征。

表 8-2　牡丹籽油与其他食用植物油脂肪酸含量比较　（单位：%）

脂肪酸组成＼食用油种类		花生油	橄榄油	菜籽油	大豆油	茶油	牡丹籽油
不饱和脂肪酸	α - 亚麻酸	0.4	0.7	8.4	6.7	1.0	43.18
	油酸	39.0	83.0	16.3	23.6	80.0	21.93
	亚油酸	37.9	7.0	56.2	51.7	10.0	27.15
	合计	77.3	86.3	80.9	82.0	90.1	92.26
饱和脂肪酸		17.7	14.0	12.6	15.2	9.9	7.2

3）牡丹籽油中的 ω-6/ω-3 比值

根据联合国粮食及农业组织和世界卫生组织有关健康食用油的标准，要求 ω-6/ω-3 比值小于 5。在一些常见植物食用油中（表 8-3），只有牡丹籽油、菜籽油和豆油能达到这个标准。其中，牡丹籽油的 ω-6/ω-3 ＜ 1，是最低的（于水燕等，2016）。

表 8-3　常见植物油 ω-6/ω-3 值

食用油种类	ω-6/ω-3	食用油种类	ω-6/ω-3
牡丹籽油	＜ 1	玉米油	100
菜籽油	2.4	花生油	581.6
豆油	3.9	葵花籽油	670
橄榄油	16.7		

4）牡丹籽油的理化指标

经精炼后的牡丹籽油为淡黄色透明液体，经毒理学实验，证明牡丹籽油无毒，无致毒害作用，具有较高的安全性（朱文学等，2010；周海梅等，2009）。其不饱和脂肪酸含量 90% 以上，可直接食用并用于食品、化妆品、保健品生产。

　　牡丹籽油的理化指标如表 8-4（周海梅等，2009）所示，表中酸值是反映油脂中游离脂肪酸含量多少的指标。游离脂肪酸的存在使油脂易于氧化，烟点降低，从而降低油脂品质。牡丹籽油的酸值（NaOH）低于国标（GB2716—2006）对植物原油的酸值指标要求（≤ 4mg/g），而高于规定中对食用植物油的配值指标（≤ 3mg/g），因而，需要对牡丹籽原油进行精炼。皂化值大小与油脂中所含脂肪酸的分子质量有关，它直接体现各种脂肪酸的平均分子质量，进而推断油脂内脂肪酸碳链的平均长度。过氧化值是评价油脂氧化程度的通用方法，国际上推荐的食用植物油标准和我国国家标准中规定过氧值 < 10mmol/kg。而经测定，牡丹籽油中不含过氧化物。碘值是鉴定油脂不饱和程度的指标，不饱和程度大，则碘值大，反之则小。牡丹籽油碘值为125.122g/100g，是一种干性油，含大量不饱和双键，具有较高的开发利用价值。

表 8-4　牡丹籽油的理化性质

检测项目	指标数值	检测项目	指标数值
密度 /(g/cm^3)	0.9157	酸值 /(mg/g)	3.36
相对密度 /(d$_4^{20}$)	0.9127	碘值 /(g/100g)	125.122
折射率 /(n$_D^{20}$)	1.7439	过氧化值 /(mmol/kg)	0
黏度 /(mPa·S)	37	皂化值 /(mg/g)	117.5

8.1.2　国内食用油供给整体不足，发展新的油料作物势在必行

1. 国内食用油整体供应不足

　　近年来，中国食用油消费量和生产量均有显著增加（图 8-1）。就消费量而言，已从 1996 年的人均植物油消费量 8.2kg 上升到 2012 年的 20.1kg，但是与发达国家相比仍

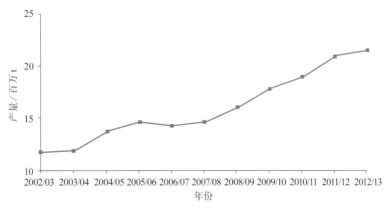

图 8-1　2002 ～ 2012 年度中国植物油产量

数据来源：FAS, USDA, 2012 年 12 月

然存在较大差距。我国食用油的人均消费量依然处于较低水平，食用油消费潜力巨大。

目前，我国油料年产量维持在 4300 万～ 4800 万 t，全国植物油消费总量在 2235 万 t 左右，而国内植物油年产量仅维持在 900 万～ 1000 万 t，自供缺口已逾 1000 万 t，自给率仅 39%。随着我国城市化进程的进一步加快，预计食用植物油消费量还会持续快速增加。

实际上，就全国范围来看，食用植物油也处于一种供不应求的局面。全球植物油的产量由 2002 年的 9576 万 t 增加到 2012 年的 15 723 万 t（图 8-2），增加了 6147 万 t，增长率为 64.2%。

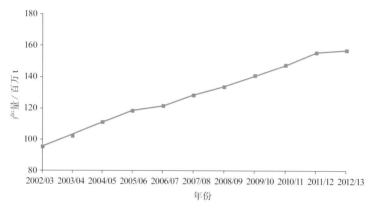

图 8-2 　2002~2012 年度世界植物油产量
数据来源：FAS, USDA, 2012 年 12 月

目前，国内主要以种植草本油料作物为主，在土地资源有限的情况下，种植面积和产量的增长空间较小。因此，发展新的高产优质油料作物势在必行。

2. 食用油的品种结构有待进一步优化

随着社会经济的发展、人民生活水平和健康意识的逐步提高，人们对食用植物油的需求呈现多样化趋势，高品质食用油的消费逐年快速升高。以"液体黄金"橄榄油为例，中国进口的天然橄榄油数量已由 2000 年的 330t 增加到了 2010 年的 24 727t（图

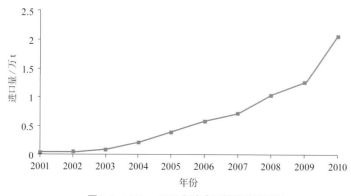

图 8-3 　2001 ～ 2010 年度中国橄榄油进口量

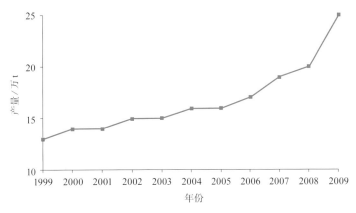

图 8-4　1999～2009 年度中国茶油产量

8-3），增长了 75 倍，年平均增长率为 69.0%。在我国有"东方橄榄油"之称的山茶油，其产量从 1999 年的 13 万 t 增加至 2009 年的 25 万 t（图 8-4），年均增长率达到 92.3%。虽然如此，高品质食用植物油仍然远远不能满足市场的需求。

3. 大力发展包括牡丹在内的木本油料作物势在必行

基于我国食用植物油严重短缺，国家粮油安全受到严重威胁的局面，重视发展包括油用牡丹在内的木本油料作物被提上了重要议事日程。

2014 年 12 月，国务院办公厅下发《关于加快木本油料产业发展的意见》，对全国木本油料产业发展进行了部署。文件指出，要大力增加健康优质食用植物油供给，切实维护国家粮油安全；并提出到 2020 年，全国建成 800 个油茶、核桃、油用牡丹等木本油料重点县，木本油料树种种植面积从现在的 1.2 亿亩发展到 2.0 亿亩，产出木本食用油 150 万 t 左右。该文件的出台，更进一步在全国范围内推动了油用牡丹产业的发展。

8.1.3　油用牡丹产业发展的现状与趋势

从 2011 年 3 月国家卫生部发布第九号公告，宣布牡丹籽油为新资源食品以来，在全国掀起了一个油用牡丹发展高潮，其势头之猛，前所未有。栽培面积迅速扩大，2015 年底已增加到 20 余万公顷。国家油用牡丹工程技术研究中心在西北农林科技大学成立，围绕油用牡丹产业兴起的产品创新活动蓬勃开展，取得喜人成就。初步研究表明，牡丹全身是宝，可以实行综合利用，全面开发，从而促成一个大产业，前景光明。

然而，由于油用牡丹产业总体上仍属于起步阶段，许多问题的探讨还不深入，当前需要特别强调科学理性、稳步发展的方针。并处理好以下值得关注的问题。

一是要不断提高认识。对于发展油用牡丹的战略意义，对牡丹籽油在提高全国人民健康水平中的重要作用及相关知识，还需要下大力气普及。

二是加强对产业发展的扶持。各个层面，特别是国家层面的政策与资金扶持，非常重要。

三是加强科技支撑力度。当前迫切需要从实际出发，解决适应各地生态条件的良种及配套的栽培技术问题。

四是科学规划和典型示范。油用牡丹是经济生态型灌木树种，虽然适应性较强，但仍有其适生条件和范围，需要根据不同生态环境、立地条件、社会经济条件以及当地工程造林项目，兼顾城乡发展等特点，依据油用牡丹的生物学特征选择适宜种植区，全面规划，合理布局。特别要抓好典型示范，带动产业科学有序、稳步发展。

五是标准制定与创建品牌。各类主打产品和品种，特别是牡丹籽油，在制定国家标准的基础上，通过龙头企业创建国内外知名品牌。

六是注重市场开拓。产业发展中，产品的市场营销至关重要。只有通过市场吸引资金，推动生产，形成"投入、产业、再投入"的良性经济循环，整个产业发展才有活力和后劲。

8.2　适于江南地区栽植的种类和品种

8.2.1　油用牡丹的主要种类

所谓油用牡丹，是指芍药科芍药属牡丹组（*Paeonia* sect. *Moutan* DC.）中易于结实，且种籽含油率高、品质好，适宜用作油料作物栽培的种类和品种（李嘉珏，2015）。

研究发现，芍药属牡丹组所有种类的种籽都含有丰富的脂肪酸，但其出油率及主要成分，如 α - 亚麻酸的含量存在明显差异。能否称为油用牡丹并用作油料作物栽培，需要综合考虑单位面积产量、出油率及籽油品质等因素。当前，在卫生部 2011 年发布的第 9 号公告中，宣布了'凤丹'（*Paeonia ostii*）和'紫斑牡丹'（*P. rockii*）两个种的籽油为新资源食品，这就意味着这两个种及其品种可以进行生产性栽培，并进行产业发展。该公告中'凤丹'的种名实为杨山牡丹。

杨山牡丹和紫斑牡丹两个种在江南地区都有一定的野生分布和栽培分布，本书第 3 章已有简要介绍。

1. 杨山牡丹

杨山牡丹（*P. ostii*）是中国科学家于 1992 年发表的一个新种，其主要栽培品种为'凤丹'（*P. ostii* 'Fengdan'）。'凤丹'是目前国内油用牡丹的主要栽培品种。该品种原来用作药用栽培，主要药用部位是根皮。

作为'凤丹'的野生类群——杨山牡丹野外分布于陕西境内秦岭北坡与南坡，河南境内秦岭东延余脉伏牛山，并向东分布到安徽中部巢湖周围，向南经湖北西部分布到湖南西北部永顺一带。

20 世纪六七十年代'凤丹白'曾作为药用植物在全国范围推广，但其中心分布区

图 8-5　国内常见油用牡丹的栽培品种
1.'凤丹'；2.紫斑牡丹

仍在黄河、长江中下游一带，向北可分布到东北南部（辽宁沈阳以南），向南分布到湖南中南部（图 8-5-1）。

2. 紫斑牡丹

紫斑牡丹有两个亚种：一个是紫斑牡丹原亚种（*Paeonia rockii* ssp.*rockii*），也称为全缘叶亚种；另一个亚种为太白山紫斑牡丹（*P. rockii* ssp. *atava*），也称为裂叶亚种。两个亚种的主要区别在于小叶片为全缘还是有缺刻。

紫斑牡丹两个亚种中，太白山紫斑牡丹（即裂叶亚种）分布区偏北，为秦岭北坡，陕甘边境的陇山、子午岭，陕北黄土高原林区。该亚种是当前主要的栽培种，在甘肃中部地区有 300 多个品种，是仅次于中原牡丹的第二大栽培品种群，被称作紫斑牡丹品种群（或西北牡丹品种群）。甘肃中部的紫斑牡丹品种在华北、东北及新疆等地有着广泛的引种。在黑龙江尚志市，曾培育出耐 -44℃低温的品种。甘肃品种也曾引种到武汉、上海等地，但大多不能适应（图 8-5-2）。

紫斑牡丹原亚种（全缘叶亚种）分布区偏南，见于陕西境内的秦岭南坡，甘肃陇南山地及四川西北部，湖北西部襄阳市保康县荆山山脉及神农架林区，河南西部秦岭东延余脉伏牛山、嵧山一带。该亚种曾在甘肃兰州、陕西杨凌、湖北武汉等地引种，大多生长正常。在湖北保康等地已有较多栽培。

8.2.2　油用牡丹主要种类生态适应性分析

油用牡丹作为一个大产业发展，需要对各个种及品种的生物学特性有较充分的了解，特别是需要充分掌握它们对气候、土壤等环境条件的要求。

对于牡丹的生物学特性，古人曾有"喜燥恶湿，喜凉畏热"的说法，现在看来，这种认识基本上是正确的，但不同种类或品种间，其对环境条件的要求，已经有了明显的差异。

'凤丹'生长势强，较耐湿热，对冬季低温也有一定的承受能力，但其耐寒性比紫斑牡丹要低得多。在北方冬季低温 –15 ～ –10℃地区，海拔较高山地（1600m 至 1700m 以上），越冬有枝条干枯及植株死亡现象发生。在偏南地区，如湖南南部，海拔较低的地方（300m 以下），秋冬之交易于"秋发"。

紫斑牡丹两个亚种中，裂叶亚种较耐干旱瘠薄，耐寒性很强，普遍能耐 –30℃低温，但对湿热气候的适应性较差，因而在东北地区引种表现较好，而在长江中下游一带引种则表现不好。不过，在黑龙江等寒温带地区，生长期很短，紫斑牡丹能否用作以收获种子为主的经济作物栽培，尚需慎重考虑。

全缘叶紫斑牡丹既有一定的耐寒性，也有一定的耐湿热特性，是江南地区需要给予关注的一个种类。

8.2.3　江南地区油用牡丹适生种类的选择

江南范围很大，每个具体的地方选用哪种牡丹，需要具体分析。就整个地区而言，'凤丹'大体都能适应。但是否用作油用栽培，其限制因子首先应是花期的降水概率。3月底至4月上旬是江南'凤丹'花期，如果这段时间经常下雨，那就需要慎重考虑了。

还有一个因子是海拔。据湖北省林业科学研究院对湖北各地栽植 12 年以上的紫斑牡丹（全缘叶亚种）和铜陵'凤丹'的调查（陈慧玲等，2014），发现保康紫斑牡丹在中高海拔山地（1127 ～ 1600m）生长很好，花大香浓（花朵直径达 24cm），结实性强。这些植株平均高 1.7m，平均冠幅 1.57m 以上。其平均单株结果量达 13.4 ～ 16 个，平均单株种籽产量可达 307.0 ～ 399.0g，单果种子数 71.4 ～ 74.9 粒，种籽含油率 30.67% ～ 31.77%。而在海拔 50 ～ 100m 的平原地区，上述指标大幅降低。不过，平原区的铜陵'凤丹'却比保康紫斑牡丹表现好，比原产地铜陵也表现出更强的结籽能力和生长优势，种子含油率也很高（31.36%），且株型较为紧凑，冠幅较小，适于发展。湖北已将'保康紫斑'定为良种，在适生地区推广。

综合我们 2011 年以来多年在南北各地的样地调查结果，对江南各地油用牡丹种类的选择，有以下初步结论。

(1) 江南各地发展油用牡丹需以'凤丹'牡丹为主，但偏南地区仍需在海拔 400m 以上较为适宜，且需考虑花期降水频率不宜太高。南方三四月间正是'凤丹'牡丹的花期，而花期多雨是发展油用牡丹的限制因子。

(2) 在江南北部秦岭淮河一线以南海拔 800m 以上中高海拔山地，则需以紫斑牡丹（原亚种）为主。而这一带较低海拔的平原，仍需选用'凤丹'。

由于油用牡丹产业发展很快，良种选育工作大大滞后。而以往作为药用栽培的'凤丹'，并未进行过以种籽生产为目的的良种选育。在广大栽培分布区，'凤丹'无论形态性状还是开花结实性状都有了较大的差异，因而从现有大面积实生植株中选择株型紧凑、结实性状好的优株作进一步的测试，以筛选优良无性系并最后形成良种的潜力很大。但这个过程仍然需要较长时间。为了适应当前对良种壮苗培育的急迫要求，可以在选优工作的基础上，利用初选优株，建立第一代种子园，利用种子园的种子培育壮苗，以满足当前生产上的要求。在此基础上，继续努力，进一步提高种子质量，建立第二代种子园，最终形成良种生产体系。

8.3　江南地区油用牡丹栽培技术要点

从 2012 年以来，我们对各地油用牡丹发展进行了跟踪调查，并在安徽铜陵开展了一系列试验研究，对江南地区以'凤丹'为主的油用牡丹栽培经验进行了初步总结。以此为基础，制定了《安徽省油用牡丹育苗及栽培技术规程（试行）》。现将其中有关育苗及大田栽培技术要点介绍如下。

8.3.1　壮苗培育

1. 圃地准备

培育油用'凤丹'壮苗对土壤条件要求较高，应选土层深厚、易于排水又能保墒，肥力中等以上的沙质壤土用作苗圃地。忌选黏重、盐碱、低洼及重茬地块，pH 宜中性偏酸。

苗圃地应在播种前两三个月内选定。对其中杂草较多的地块，应在夏秋之交，草籽尚未成熟前予以根除。除草方法：一是土地深翻，将表层杂草翻压到地下；二是播种后使用农用塑料薄膜覆盖（黑色），在种子即将出土前，划破薄膜，促幼苗出土；三是使用农达（草甘膦）等除草剂。除草剂一般使用一次即可，局部杂草严重或有多年生禾本科杂草地块可酌情连续使用两次。提前控制草害可以大幅度降低育苗成本。

圃地宜提前一个月深耕翻晒，深度 30cm 以上。要在晴天翻耕，通过暴晒促进土壤熟化，杀灭病菌和虫卵。

翻地前每亩施用 1000kg 腐熟厩肥，50kg 复合肥做底肥，同时施入土壤杀虫剂及杀菌剂。

播种前再次整理土地，浅耕耙细整平，然后作成高畦（床）。畦宽 1.2 ～ 2.0m，畦面做成弧形，以利排水。畦间步道（兼排水沟）深、宽各 0.4m。

2. 种子制备

在当前尚无良种的情况下，应注意采种母株的选择。应选用结实能力强、丰产性能好的优株作为采种母株，并用优株建设第一代采种圃。最好从 5 年以上的优良母株上采集种子用作培育壮苗。

'丹凤'种子一般在 7 月下旬（大暑前后）成熟。当大部分蓇葖果呈蟹黄色时，应及时采收。此时种子中的干物质积累与脂肪酸含量均已达到最高。育苗用的种子有九成熟就可以了。

采下的果实应堆放在阴凉通风、不易返潮的房间地面（粗糙水泥地面）上，以促进种子在果壳内的成熟。堆放果实时厚度不宜超过20cm，同时每天翻动2～3次，以免果实发霉。10天后，果壳内种子普遍由黄褐色转变为黑色，此时果皮大多自行开裂，种子脱出。未开裂的果实可用脱粒机处理。脱壳后，种子的堆放厚度不宜超过10cm，每天翻动1～2次。同时加强通风，防止霉变。用于育苗的种子切勿暴晒。

3. 适时播种

'凤丹'种子宜当年采当年播。播种期一般在9月初至10月初。如果当年地温较低，或播种期偏晚，播种后必须覆盖地膜，否则当年不能萌动生根。

播种前先用水选法选种。选择在清水中下沉的饱满种子，用40～50℃的温水浸种2天左右，或者用常温清水浸种3～4天，每天换水一次。充分吸水膨胀的种子，经高锰酸钾、恶霉灵等药剂按量稀释后进行消毒处理，即可用于播种。

播种时土壤中要有适宜的墒情（田间持水量70%左右），墒情差时补水造墒后方可播种。

在做好的高畦上开沟播种。按15～20cm的行距开沟。沟深约10cm，宽约5cm，将种子均匀撒在沟内，种子间相距1～2cm，然后覆土3～5cm，稍加镇压。土地平整地块也适于用玉米播种机沟播。种子用量约60kg/667m^2（图8-6）。

图8-6　油用'凤丹'的播种育苗

4. 田间管理

播种后20～30天种子萌动生根，入冬前幼根可达6～10cm。翌年2月底至3月初，种子经过冬季低温解除上胚轴休眠后，胚芽萌发陆续出土。

幼苗宜适度遮阴。可搭遮阴棚或采取套作等其他遮阴措施。春季气温上升到18～25℃时，是幼苗快速生长期。此时，应注意真菌病害的发生和危害。可以将杀菌剂、叶面肥（0.3%磷酸二氢钾等）、生产促进剂配合使用或者单独使用，在3～4月连续使用3次，有较好效果。

播种后杂草开始生长前，喷洒一次浓度适宜的乙草胺，进行"土壤封闭"，以控制草害的发生。幼苗生长期内，应及时松土除草，做到除早、除了（图8-7）。

图 8-7　播种后苗地的人工除草

5. 苗木出圃

油用'凤丹'苗应以培育2年生及以上苗木为主。根据栽植需要于秋季出圃。

'凤丹'各年龄段的苗木质量应达到国家标准。根据标准要求进行分级，一级、二级苗用于栽植，等外苗宜另做处理。

8.3.2　大田栽植与管理

1. 土地选择与准备

栽培地块的选择直接关系到油用'凤丹'的经济效益，因此，土地选择是非常重要的一环。

'凤丹'栽培地宜择土层深厚、肥力较高、疏松透气、排水良好的地段。土质以沙质壤土为佳。质地黏重的地块和重茬的地块不宜栽植。pH中性到微酸性、微碱性均可（pH6.0～8.0）。要求环境（大气、水体、土壤）没有污染。

土地选好后应提前翻晒，消灭杂草，施用基肥。

栽植前再次整理土地，浅耕耙细整平，然后作成高畦或高垅。畦面做成弧形，以利排水。畦面宽度根据栽培密度和栽培方式的不同而调整。

2. 苗木准备

应选两年生以上一级、二级优质壮苗栽植。为了能尽早开花结实，可选用三年生以上一级、二级苗定植。

栽植前苗木应剪去病残根、折断或过长（20cm以上）的根，然后捆好，用50%福美双800倍液或50%多菌灵800～1000倍液全株浸泡15min消毒，捞出沥干后栽植。

3. 适时栽植

'凤丹'植株入秋后根系生长有一个高峰期。适时栽植可以使其根系在栽植后即得以很快恢复生长。如果栽植后能有一个月以上的根系生长期，当年新根能长到 10cm 以上，第二年即可避免"缓苗"现象发生，对以后的生长十分有利。

江南各地栽植'凤丹'以 9 月底至 10 月下旬为宜。偏北地区早些，偏南地区可稍晚些。海拔低的地方晚些，海拔高的地方早些。

挖深约 30cm 的栽植穴，将苗木置入穴内，使根系舒展；覆土后将苗木上提，使根颈部与地面持平或略低于地面 2cm 左右，适度踏实。注意南方土壤湿润时，苗木栽后不可踏的太实。也可使用专用栽植锹插入地面，开宽 20 余厘米，深 25cm 左右的缝隙，然后放入幼苗，适度踏实。

4. 合理密度

栽植密度须考虑耕作方式（是否应用小型农机具除草或是否进行间作等）与苗木大小。一般行距宽 0.8～1.2m，株距 0.3～0.6m。也可采用宽窄行栽植，宽垄上栽植两行，行距 0.4～0.6m，垄间距 0.8～1.0m。但降雨量多的地方，垄上只宜栽植一行。2 年生苗木初植密度可为 3000 株 /667m^2。3 年生以上苗木约 1500 株 /667m^2。进入盛果期后，植株应在 800～1000 株 /667m^2（图 8-8）。

实践证明，植株密度与产量并不成正比。表 8-5 是我们 2013～2014 年在各地由药用转为油用的'凤丹'地实测的产量。这些地块密度大多在 3000～5000 株 /667m^2，

图 8-8　油用'凤丹'的大田栽培

过密地块产量一直不高。

表 8-5　部分地区药用栽培模式下的'凤丹'结实情况

株龄	产量 /(kg/667m²)			
	菏泽	亳州	铜陵	邵阳
4	23.41	56.72	7.93	—
5	—	132.00	32.99	12.93
6	—	134.58	56.64	17.53
9	167.82	—	79.64	—

5. 平茬处理

'凤丹'幼龄植株应进行平茬处理。

平茬就是从植株颈以上 2 ～ 3cm 处将上部茎干剪去。平茬的作用在于调节地上与地下部分的生长，促进基部潜伏芽萌发新枝，以形成多主枝的树体结构。

一般 3 年生以上植株可进行截干处理后再行栽植，2 年生及以下苗木可栽植一两年后再行平茬。平茬一般进行一次。但如果长势较弱时，可连续平茬 2 次，以促使植株生长健壮。

'凤丹'植株不平茬时，基部分枝很少，常形成独干，不利于早期树冠的形成。

6. 人工辅助授粉

据多年观察，'凤丹'产量的提高不仅有赖于良好的田间管理，也需要注意花期的授粉效率，这是影响"凤丹"产量的一个重要因素。

'凤丹'花器官中，每个心皮有胚株 22 ～ 26 个，但实际能形成种子的只占到一半，平均败育率达 51.8%（袁涛等，2014）。'凤丹'为异花授粉植物，虫媒花，但花朵中没有蜜腺，对一些昆虫吸引力不大（图 8-9）。而当花期受到寒流侵袭或遇大雨，就会影响到昆虫的活动能力。花期人工辅助授粉，对提高产量会起到积极作用。

2014 年花期，我们在铜陵凤凰山开展了相关试验。选取生长开花相对一致的地块进行不同授粉处理。从试验结果看，人工授粉结实率 93.3%，授粉器授粉结实率 63.3%，而自然授粉结实率只有 43.3%。良好的授粉条件能使'凤丹'结实率提高 1 倍多。但人工授粉效率较低，授粉器具有待改进。

图 8-9　蜜蜂正在采'凤丹'的花粉

7. 肥水管理

油用牡丹栽培对土壤肥力要求较高，因此要注意肥料的使用。合理施肥，不断培肥地力，是保证'凤丹'丰产、稳产的重要环节。要注意使用经充分腐熟的有机肥，氮磷钾比例合适的复合肥，重视入秋后的基肥。

如栽植两年生苗，栽后第一年一般不需要施肥。第二年开始，年内追肥 2 次，第一次在春分前后，每亩施用 40～50kg 复合肥；第二次在入冬之前，每亩施用 150～200kg 饼肥加 40～50kg 复合肥。

第三年开始结籽后，可施肥 3 次。开花前 15～20 天内喷一次叶面肥，开花后 15～20 天内施一次复合肥。采籽后至入冬前施用一次有机肥和复合肥，穴施或开沟施入。

大田干旱时应适当补充水分；但江南地区更重要的是要避免积水，雨季要注意及时清除排水沟淤泥。

8. 间作套种

油用'凤丹'栽植后，一般需要 2～3 年才能见到效益。因此，根据市场需求及经营水平，因地制宜搞好间作套种，可以提高土地利用率及生产效益。

选择不同的作物进行间作套种，还有利于控制杂草滋生，并产生一定的庇荫作用，这对'凤丹'生长也是有利的。据观察，遮光 30%～40% 对牡丹开花结实无不良影响，并能延长牡丹的生长期。

目前可供选用的间作套种模式有：

与一年生中草药间作套种，如丹参、板蓝根、知母、天南星等；

与蔬菜间作套种，如辣椒、油菜等；

与粮油作物间作套种，如大豆、芝麻等；

与树冠不大的果树或绿化苗木间作套种，如杏树、樱桃、香椿、海棠、紫叶李等。视间作物植株大小，其行距应在 5～10m。

9. 整形修剪

'凤丹'直立性较强，应在栽植后三四年内及时选留主枝，形成适度开张且较为牢固的骨架。'凤丹'果实将近成熟时，单果重量在 80～120g，骨架不牢时，往往易于倒伏。通过整形修剪，控制树体高度，延缓结果部位迅速外移；同时调节花芽数量，调控大小年现象，而大龄植株的更新修剪则有利于树体复壮。

一般定植后两三年内着重主枝培养，每株选留 3～4 个主枝，在主枝上逐年增加侧枝。成形后的株丛每株花枝数视生长空间保持在 12～15 个。

植株高度控制在 1.5m 左右。每年秋季落叶后，进行一次全面修剪。剪去开花结实后退缩的枯枝、过密枝。注意通过上位芽方位的选留及适当撑拉，调整枝条开张角度及分布空间，使树冠圆满，通风透光，同时防止结果部位迅速外移。

每年 10 月下旬，'凤丹'叶片干枯后，应及时清除，并带出'凤丹'地烧毁或深埋，以减少来年病害发生。

10. 病虫防治

'凤丹'抗性较强，一般生长健壮，病虫害较少。但若管理不善，应用较多未经充分腐熟的有机肥，外来苗木消毒处理不到位，以及前茬作物病虫害较多时，也会产生较为严重的病虫害。需要加以注意。另一个需要注意的是防止早期落叶。入夏以后，阳光强烈，气温高到 37℃以上，而土壤较为干燥时，容易发生日灼。从 8 月上旬起，有些地方'凤丹'叶片开始枯焦，继而脱落。早期落叶会严重影响花芽分化，秋季雨水多时易产生'秋发'，对来年的开花结实产生不利影响。而栽植过晚翌年长势衰弱的植株，早期落叶后会很快死亡。

'凤丹'常见病害：叶部病害有红斑病、褐斑病、灰霉病等；茎部病害有枯萎病、茎腐病等；根部病害有根腐病、白绢病、紫纹羽病、根结线虫病等。常见虫害有刺蛾、蛴螬、金龟甲等。应注意采取预防为主，综合防治措施，防患于未然。

8.3.3 种子采收与储藏

1. 种子采收

'凤丹'果实生长期约 120 天。安徽铜陵等地一般在 7 月下旬成熟。当蓇葖果呈蟹黄色时则应及时采收（图 8-10）。此时，种子内干物质积累及脂肪酸含量均已达到最高值。采收过晚，种子变黑后，果皮自行沿腹缝线开裂，种子会自行散落（图 8-11）。

采下的果实堆放厚度不宜超过 20cm，并要经常翻动，促进果皮开裂，爆出种子。不能开裂的果实可以使用脱粒机。种子脱出后，继续摊晒至含水率为 11% 左右时，即可收藏或运往加工厂加工。

2. 种子储存

牡丹种子采后应注意储存，避免发热霉变或褐化现象发生。由于牡丹籽有一层较

图 8-10 接近成熟的蓇葖果

图 8-11 果实过熟蓇葖果开裂

图 8-12 '凤丹'采收后的种子

为坚实的外壳，具有抗潮、抗压性能。通常采用干燥储藏法，要求种籽含水率比"临界水分"低 1%～2%。利用种籽的后熟作用，控制种籽的呼吸作用，防止酶与微生物的破坏作用。储藏时既需干燥、通风，也需要 10℃以下的低温（图 8-12）。

经采用当年收获的牡丹新鲜种籽与自然储存一年以上的陈化种籽进行比较，发现自然储存越夏、时间超过 15 个月的牡丹种籽，其种籽发生褐变的陈化现象十分突出，种仁氧化褐变比例超过 30%。从这种陈化劣变的种籽中提取的油品，色泽加重变深，酸值、过氧化值和黄曲霉毒素含量显著升高，维生素 E 含量显著降低（马雪情等，2016）。

牡丹籽收获晒干后应置入保鲜库冷藏或进行空调储藏。在常温状态下不宜放置过久，应争取在安全期内完成籽油生产和后续精炼过程。常温储藏过久发生明显褐变的种仁应在加工过程中予以分拣剔除，以确保优质牡丹籽油的生产。

第 9 章

牡丹在江南园林中的应用

　　牡丹在江南地区有着悠久的栽培历史。自唐以来，牡丹在江南的寺院、私家园林，以及皇家园林中广为种植，既为文人墨客所赞颂，又受到平民百姓的欢迎，从而促成了牡丹在江南地区的几度繁荣。近30年来，随着我国国民经济持续、快速、健康的发展，牡丹在江南地区再度兴盛和繁荣，栽培应用也日益广泛。

9.1　牡丹在古典园林中的应用

　　在我国，牡丹首先在古典园林中得到应用，并逐步普及到民间。古典园林包括皇家园林、私家园林以及寺庙园林等，在江南地区，以私家园林居多。

9.1.1　应用类型

1）皇家园林

　　皇家园林在三大古典园林类型中占主导地位，而牡丹雍容华贵、繁荣兴旺等文化寓意迎合了帝王显贵们的心理，因此牡丹不但在皇家园林中应用广泛，而且应用形式多样。在保存下来的古典园林中，以北京颐和园和故宫御花园中牡丹的应用最具代表性。

　　颐和园的国花台是清朝慈禧太后观花的场所，花台用土、石等材料砌成，层层高起，露出土面的山石高低错落、起伏有致。在花台之中等距离栽植各色牡丹，在花台边缘则栽植矮小型灌木，并以松柏作为花台的深色背景（图9-1）。颐和园的慈禧寝宫院内，三五株牡丹丛植于路旁，在建筑的前面对植有玉兰和海棠，在建筑的后面则有山石相配，体现了'玉'、'堂'、'富贵'等寓意（图9-2）。

图9-1　北京颐和园国花台牡丹配置

图9-2　颐和园内廷牡丹配置

　　在故宫的御花园中，牡丹呈自然式配置于花台之上，有的与石、竹相配，有的则衬以山石和其他花木，宛如一幅幅生机盎然的立体画卷。金碧辉煌的古建筑与雍容华

图 9-3　苏州留园中的牡丹配置　　　　　　　　　　　图 9-4　上海醉白池的牡丹配置

贵的牡丹相互辉映。

北京颐和园和故宫御花园都属于北方园林。南宋时期，曾建都临安，在宫苑中也曾大量栽种牡丹，只不过宋代宫苑今已荡然无存。

2）私家园林

从晚唐起，中国经济重心南移，江南地区经济、文化日趋繁荣，伴随着大、中城市群的兴起，涌现了大量的私家园林，并在明清时期达到鼎盛。

"诗情画意"是中国古代私家园林最高的审美追求，牡丹作为"花中之王"，既富诗之神韵，又具画之高雅，也就很自然地融入了私家园林之中。例如，牡丹在苏州的留园（图 9-3）及拙政园、上海的古猗园及醉白池（图 9-4）、扬州的何园、南京的瞻园等现存的大部分江南私家园林中，都有栽培和应用。其中，苏州留园可以称作是江南私家园林中牡丹应用的代表。

从应用形式上讲，牡丹在私家园林中多为花台种植，其通常作法是：在园中集中开辟一角，以太湖石修筑种植池，将牡丹植于其中，少则三五株，多则十余株，以小巧、精致见长，周围则巧妙地配置以各种植物以便与环境融为一体。

3）寺庙园林

寺庙是江南地区最早记载有牡丹栽培的地方。唐·范摅（877 年前后在世）在《云溪友议》中记载："致仕尚书白舍人（即白居易），初到钱塘（822 ～ 824 年），令访牡丹花，独开元寺僧惠澄近于京师得此花栽"，经过寺庙僧人的精心栽培，牡丹得以在江南各地扩散开来。

寺庙园林历来也是牡丹栽培最盛的一类场所。苏轼在《＜牡丹记＞叙》中提到"吉祥寺寺僧守璘之圃，圃中花千本，其品以百数"。现今，江南寺庙中大规模地应用牡丹者已不多见，但不少寺庙中仍保留有古牡丹。在上海龙华寺，有 1 株植于清咸丰年

图 9-5　上海龙华寺的牡丹配置

图 9-6　苏州拙政园的牡丹配置

图 9-7　上海古猗园的牡丹配置

间、株龄已超过 160 年的古牡丹，在此基础上扩大栽植各色牡丹数十株，并以青石栏杆围成花坛（图9-5）；在位于浙江杭州钱塘江畔月轮山上的六和塔前，牡丹对称群植；在杭州永福寺的讲经堂，牡丹则采用孤植或丛植的形式，十几株牡丹点缀于堂前绿地上。

9.1.2　应用特点

1）牡丹在古典园林中的应用深受中国传统文化的影响

牡丹的色、香、姿、韵及其与配景植物的生长荣枯、四季各异的景观，都被人们赋予了特殊的含义。牡丹是富贵的象征，"国色朝酣酒，天香夜染衣"表达了人们对牡丹"国色天香"的热爱和追求。

传统文化促进了牡丹在园林中的应用和发展。牡丹的栽植也经常模仿国画的构图方式，与松、石、梅、兰、竹等植物搭配。在古典园林中，牡丹已经不仅仅是作为一种普通花木加以应用，只表现其纯粹自然之美，而是从整体上把它看成一种文化载体（图9-6）。

2）与其他造景元素结合，更加突出了牡丹的特点和观赏主题

无论在皇家园林、私家园林还是在寺庙园林之中，牡丹多以雕梁画栋的古建筑群为衬景，与玉兰、海棠、竹子之类的乔灌木及山石等相搭配，参差有致，相互辉映，充分显现了牡丹吉祥如意、雍容华贵的特点（图9-7）。

图 9-8　苏州网师园的牡丹配置

3）在古典园林中牡丹的应用形式多样

牡丹在古典园林中主要的应用形式有花台、孤植、丛植、群植等。但由于牡丹性"宜凉畏热，喜燥恶湿"，一般多栽植于花台中观赏。皇家园林气势恢弘，牡丹群植、片植的应用形式较多；而在私家园林和寺庙园林之中，牡丹则多采取丛植或孤植的形式（图 9-8）。

9.2　牡丹在现代园林中的应用

9.2.1　发展概况

牡丹在江南现代园林中的应用发展极为迅速，其应用规模也远胜于私家园林和寺庙园林。在长江下游，建于 1978 年的上海植物园就设立了一个占地面积约 $3hm^2$ 的牡丹专类园，是当前江南地区牡丹品种最为丰富、且规模较大的牡丹园；位于江苏常熟尚湖风景区内的尚湖牡丹园更是牡丹栽培和欣赏的一处胜地，其栽培面积近年来不断扩大，目前接近 $10hm^2$（图 9-9）；位于杭州花港观鱼公园中的牡丹园，其占地面积 $1.1hm^2$。该园是 20 世纪 50 年代建成的在园林艺术方面取得重要成就的牡丹园，在国内有着重要影响。这一带栽培牡丹较多的公园还有上海漕溪公园、上海中山公园、江苏盐城枯枝牡丹园、江苏南京古林公园牡丹园、江苏南京玄武湖公园牡丹园、江苏南京古林公园牡丹园等。近年来，在浙江等地还相继发展了一些牡丹专类园。

安徽铜陵曾以盛产牡丹丹皮而闻名于世。近年来，该市重视牡丹产业发展，市区除有天井湖公园牡丹园外，还对该市义安区（原铜陵县）顺安镇凤凰村的凤丹牡丹园

图 9-9　常熟尚湖牡丹园

进行了改造，由以药用栽培为主转为以观赏栽培为主，依托凤凰山村原有自然风光，建设成一个颇具山野田园风光的大牡丹园，并从 2007 年起举办铜陵凤丹文化旅游节，2016 年建成 4A 级景区，成为远近闻名的江南赏牡丹胜地。此外，这一带还有宁国南极牡丹园也初具规模（图 9-10 ）。

图 9-10　安徽铜陵凤凰山牡丹园

武汉市为长江中游重镇。武汉东湖牡丹园是在长江中游地区规模最大的牡丹园。该园在园区地形改造，各地牡丹的引种驯化等方面积累了丰富的经验（图 9-11 ）。

9.2.2　应用形式

1）牡丹专类园

牡丹专类园按布置形式来划分，通常有规则式和自然式两类。

（1）规则式牡丹专类园

规则式牡丹专类园主要应用于地势平坦，便于进行几何式布置的区域。一般以品

图 9-11　武汉东湖牡丹园

种圃的形式出现，即将园地划分为规则式的几何形栽植床，内部等距离栽植各种牡丹品种。这类专类园中，牡丹大多单独成片栽植，比较整齐、统一，既突出牡丹主体，又便于进行不同品种间的比较和研究，是以观赏为主，或生产兼观赏，或品种资源保存为目的的专类园的最佳布置方式。这类专类园在北方应用较多，如菏泽曹州牡丹园、洛阳国家牡丹园等。

菏泽曹州牡丹园将传统文化融入其中，既有按照不同色系大面积栽植的牡丹品种展示区；又有牡丹与建筑、雕塑小品、植物等合理配置，从而形成具有中国特色的牡丹文化景观。既展示了古今中外的牡丹品种，又体现了千百年来牡丹文化的传承。

（2）自然式牡丹专类园

自然式的牡丹专类园应用中国传统造园手法，以牡丹为主题，结合其他植物及地形、山石、雕塑、建筑等造园要素，自然和谐地配置在一起，衬托牡丹艳冠群芳之姿，展示了一种综合的园林景观。一般通过地形与道路的设计，对不同花期与不同观赏特征的牡丹品种进行组合，并结合其他植物材料搭配，组成各具特色的植物群落，来创造意境，展示牡丹花的"王者风范"。

自然式的配置不仅常常能为牡丹创造较好的生长环境，如高大乔木对牡丹的侧方庇荫；而且以常绿植物为背景和底色，可以更好地衬托牡丹的繁花似锦。此外，该种配置方式还可弥补牡丹花期之外的景色欠缺，做到四季（三季）有景。但在配景植物材料的选择上，要注意与牡丹园的整体风格相协调，不宜喧宾夺主，如具有中国园林特色的松、银杏、槐树、玉兰等乔木，冬季开花的蜡梅、山茶等花灌木，秋季果实累累的南天竹、冬青类等灌木，以及书带草、玉簪、萱草等花卉都是不错的选择。另外，自然式的配置还要求充分开发牡丹园的文化资源，结合园林建筑、壁画、置石、雕塑等园林小品及其他造园要素，创造高低错落、步移景异、可游可赏的园林景观，从而增强整体的观赏性和文化内涵，起到科普及审美教育的作用，使人们在欣赏牡丹花的同时还能赏花怀古、陶冶情操。

位于杭州西湖旁的花港观鱼牡丹园采用的就是自然式的布置形式，园林景观效果极佳。园中小径回旋曲折，把牡丹园分割成十余个小区，各小区的形状与面积不一，植有各种名贵的牡丹、芍药，也配置着虬曲多姿的五针松和竹丛。古朴雅致的牡丹亭位于园中最高处，置身其中，不但可以欣赏灿若云锦的牡丹，还可饱览远近山水之秀色。除了展示各种牡丹品种之外，花港观鱼牡丹园还巧妙地配置了杜鹃、紫薇、梅花、红枫、黑松等植物，从而达到了四季有花、品种多样、丰富多彩的景观效果。在艺术构图上，牡丹品种的种植还采取假山园的土石结合、以土带石的散置处理方式，并参照中国传统花鸟画所描绘的牡丹与花木及山石相结合、自然错落的画面来布置，突出了牡丹的艳丽容姿，增添了欣赏牡丹的画意佳趣（图 9-12）。

图 9-12　杭州花港观鱼牡丹园

上海植物园牡丹园也是具有江南特色的自然式牡丹专类园。这里地势稍有起伏，花台四周用黄石块砌作挡土材料并供坐憩之用。在园的西部将原有河浜的一部分改造成一小池，池底南部接通下水道做一出水口，同时池北接通灌溉水道作为入水口，以便控制水位和必要时进行池水的清洁或更换。池边砌有驳岸，驳岸由形状不规则、大小不一的石块砌筑而成，不但自然曲折、颇具美感，还可以防止泥土冲刷。该池的设置也为水生植物创造了良好的生境，形成牡丹园中一处重要的景观。水边为成片种植的牡丹缓坡。花台及缓坡的边缘植有金丝桃、南天竹等较为低矮的常绿灌木，既软化了生硬的石质线条，又为冬季景色单调的牡丹园增添了绿意。植物造景上虽以牡丹为主题，但不因牡丹的枯荣而影响四季景观。春季以蜡梅、茶梅、玉兰、牡丹、芍药等春花植物为主，配以常绿阔叶树作背景；夏季则在各种阔叶乔木的烘托下，形成郁郁葱葱的环境，同时用金丝桃、八仙花等初夏开花的灌木和一年生花卉以及池中的荷花、睡莲等组成繁花似锦的迷人景观；秋季则主要依靠秋季色叶树种，如梧桐、柿树、油柿等配合秋花的地被麦冬、吉祥草等，使园内有三个季节开花不断；园内常绿树种较多，如南天竹、香樟、山茶花、厚皮香等，冬季景观相比北方优势明显。水边则以枝条下垂的云南黄馨为主；在建筑物周围以牡丹为主景，以山茶、南天竹、沿阶草为配景，以白粉墙为背景，展现中国江南特有的文化；在置石上刻字题名，以收点景、破题、增趣相得益彰之效。纵览全园景观：春之丹，夏之荷，秋之叶，冬之梅（茶梅、蜡梅），可谓三季有花，四季有景，自然山林与人文建筑错落有致，情趣盎然（图 9-13）。

图 9-13　上海植物园牡丹园的配置

2）花台

花台是指用于栽植花卉的高于地面的几何形台座，其形式与花坛有很大的相似性，但形式较为灵活。牡丹性喜高燥，不耐积水，故园林中常常采用砌筑花台的方式来栽植牡丹，既避免了低洼水涝地区栽植牡丹的不利因素，同时单层或复层布置的花台也增强了竖向的景观效果。根据周围环境的要求，牡丹花台可设计成规则式或自然式。

（1）规则式牡丹花台

多用花岗岩、汉白玉、琉璃砖等砌成；通常为长方形，也有圆形、半圆形、椭圆形、扇形等形式；花台内等距离栽植牡丹。这种形式北方园林中应用较多，如颐和园排云殿东侧的国花台、洛阳王城公园牡丹阁周围的牡丹花台即是如此。

（2）自然式牡丹花台

此类花台呈不规则形，或随地势起伏而高低错落、参差起伏、自然多变，一般用自然山石砌成，并点缀太湖石和一些观赏树种做配景，如杭州花港观鱼公园里的牡丹园。园中设有高低错落、大小不同、形态各异的叠山石，观赏树木、牡丹、芍药及各种花木散植其中，在制高点处还有可供人们凭空远眺的牡丹亭。而上海植物园牡丹园的花台则以形貌奇特的山石和各种花草树木为衬景，形成了富有野趣的自然景观，使牡丹更贴近游人。

3）花境、丛植、群植

花境是以树丛、树群、绿篱、矮墙或建筑物等作为背景的一种带状、自然式的花卉布置形式，这种布置形式是根据自然风景中林缘野生花卉自然散布生长的规律加以艺术地提炼而成，在园林中可配置于城市主干道的分车带上、街道两侧或公园内的园路旁，常以不同的植物品种相搭配，形成连续而富有变化的园林景观。杭州花港观鱼牡丹园以及北京植物园牡丹园都有此类的布置形式，显得自然朴实、妙趣天成。

牡丹花性高贵、花朵端庄大方，在林缘、草坪、路边等作自然式丛植、群植，庄重却不呆板，较为适宜在多种园林绿地中采用（图 9-14、图 9-15）。

图 9-14　上海康健园的牡丹配置　　　　　　图 9-15　上海漕溪公园的牡丹配置

9.2.3　配置特点

1. 牡丹与其他植物的配置

对江南地区有牡丹应用的 13 个公园和专类园进行调查，分析了不同植物出现的频率、配置方式以及对牡丹生长发育的影响，结果汇总列表（表 9-1）。

表 9-1　江南地区 13 个牡丹栽植点的植物配置情况

地点	应用类型	植物种类	种植形式
上海植物园	专类园	香樟（*Cinnamomum camphora*）、广玉兰（*Magnolia grandiflora*）、悬铃木（*Platanus × acerifolia*）、月桂（*Laurus nobilis*）、红运玉兰（*Magnolia soulangeana* 'Hong yun'）、欧洲椴（*Tilia cordata*）、杨梅（*Myrica rubra*）、金丝桃（*Hypericum monogynum*）、山茶（*Camellia japonica*）、南天竹（*Nandina domestica*）、络石（*Trachelospermum jasminoides*）、杜鹃花（*Rhododendron simsii*）、沿阶草（*Ophiopogon japonicus*）、芍药（*Paeonia lactiflora*）、荷包牡丹（*Dicentra spectabilis*）	成片大量种植
上海漕溪公园	花台、花带	香樟、银杏（*Ginkgo biloba*）、广玉兰、雪松（*Cedrus deodara*）、朴树（*Celtis sinensis*）、合欢（*Albizia julibrissin*）、桂花（*Osmanthus fragrans*）、紫叶李（*Prunns cerasifera* 'Atropurpurea'）、鸡爪槭（*Acer palmatum*）、梅花（*Prunus mume*）、罗汉松（*Podocarpus macrophyllus*）、龙柏（*Sabina chinensis*）、杜鹃花、垂丝海棠（*Malus halliana*）、竹子、红檵木（*Loropetalum chinense* 'Rubrum'）、山茶、珊瑚树（*Viburnum odoratissimum*）、金钟花（*Forsythia viridissima*）、瓜子黄杨（*Buxus microphylla*）、金丝桃、花叶蔓长春（*Vinca major*）、一叶兰（*Aspidistra elatior*）、沿阶草	丛植、群植、孤植

续表

地点	应用类型	植物种类	种植形式
上海中山公园	花台	迎春（*Jasiminum nudiflorum*）、水杉（*Metasequoia glyptostroboides*）、瓜子黄杨、珊瑚树、桃叶珊瑚（*Aucuba chinensis*）、沿阶草、大叶黄杨（*Euonymus japonicus*）、云南黄馨（*Jasminu mesnyi*）、龙爪槐（*Sophora japonica* 'pendula'）、竹子、罗汉松、圆柏（*Sabina chinensis*）、芍药	丛植、群植
上海康健园	花坛、花台	香樟、日本晚樱（*Prunus lannesiana*）、桂花、白玉兰（*Magnolia denudata*）、女贞（*Ligustrum lucidum*）、黑松（*Pinus thunbergii*）、鸡爪槭、山茶、南天竹、八角金盘（*Fatsia japonica*）、沿阶草	丛植、群植
苏州留园	花台	榉树（*Zelkova schneideriana*）、黑松、罗汉松、桂花、白皮松（*Pinus bungeana*）、白玉兰、五角枫（*Acer mono*）、竹子、紫薇（*Lagerstromia indica*）、紫叶李、天目琼花（*Viburnum sargentii*）、蜡梅（*Chimonanthus praecox*）、石榴（*Punica granatum*）、女贞、紫荆（*Cercis chinensis*）、垂丝海棠、枸骨（*Ilex cornuta*）、金钟花、云南黄馨、迎春、瓜子黄杨、月季（*Rosa chinensis*）、十大功劳（*Mahonia forunei*）、枸杞（*Lycium chinense*）、爬山虎（*Parthenocissus tricuspidata*）、沿阶草、芍药	丛植、群植
苏州拙政园	花台	枫杨（*Pterocarya stenoptera*）、竹子、桂花、朴树、蜡梅、枇杷（*Eriobotrya japonica*）、圆柏、瓜子黄杨、络石、沿阶草、芍药	丛植
常熟尚湖牡丹园	专类园	香樟、白玉兰、旱柳（*Salix matsudana*）、桂花、乐昌含笑（*Michelia chapensis*）、山茶、杜鹃、酢浆草（*Oxalis corymbosa*）、沿阶草、荷包牡丹	成片大量种植
南京古林公园	花台	香樟、马褂木（*Liriodendron chinense*）、旱柳、石楠（*Photinia serrulata*）、桂花、竹子、棕榈（*Trachycarpus fortunei*）、红叶李（*Prunns cerasifera* 'Atropurpurea'）、紫薇、梅花、山茶、南天竹、木香（*Rosa banksiae*）、八角金盘、芍药	成片大量种植
南京情侣园	花台	黑松、龙爪槐、紫薇、紫红鸡爪槭（*Acer palmatum* 'Atropurpureum'）、夹竹桃（*Nerium indicum*）、红檵木、杜鹃、蝴蝶花（*Iris japonica*）、萱草（*Hemerocallis fulva*）、酢浆草、沿阶草、芍药	丛植、群植
南京玄武湖公园	花台	黑松、银杏、贴梗海棠（*Chaenomeles speciosa*）、紫薇、雪松、红叶鸡爪槭、梅花、红檵木、萱草、紫叶酢浆草（*Oxalis violacea*）、沿阶草、芍药	丛植、群植
铜陵天井湖公园	专类园	银杏、水杉、金钱松（*Pseudolarix amabilis*）、黑松、枫香（*Liquidambar formosana*）、棕榈、樱花（*Prunus serrulata*）、日本晚樱、山茶、沿阶草	成片大量种植
杭州花港观鱼公园	专类园	黄檀（*Dalbergia hupeana*）、罗汉松、日本五针松（*Pinus wallichiana*）、黑松、白玉兰、羽毛枫（*Acer palmatum* 'Dissectum'）、鸡爪槭、女贞、桂花、龙柏、圆柏、梅花、含笑（*Michelia figo*）、云南黄馨、迎春、枸骨、紫藤（*Wisteria sinensis*）、杜鹃、迎春、瓜子黄杨、南天竹、丝兰（*Yucca smalliana*）、蠓猪刺（*Berberis julianae*）、十大功劳、桃叶珊瑚、络石、常春藤（*Hedera helix*）、酢浆草、紫堇（*Corydalis edulis*）、沿阶草、芍药	丛植
杭州六和塔	专类园	香樟、桂花、鸡爪槭、沿阶草、四季报春（*Primula obconica*）	

　　江南地区与牡丹搭配种植的植物种类非常多，出现频率较高的大型乔木类树种有香樟、银杏、雪松、水杉、广玉兰等，其中香樟的出现频率达 38%，且落叶乔木的应用多于常绿乔木。常用的中小型乔木树种有黑松、桂花、竹子、梅花、罗汉松、白玉兰、棕榈、日本晚樱、白皮松等，其中桂花的出现频率为 62%，黑松的出现频率为 46%，竹子的出现频率为 38%。常见的较大型的灌木树种有山茶、鸡爪槭、羽毛枫、紫薇、

蜡梅等，其中山茶的出现频率为 46%、鸡爪槭的出现频率为 38%。常见的小灌木树种有杜鹃花、金丝桃、云南黄馨、南天竹、桃叶珊瑚、红花檵木、迎春花等，其中杜鹃花的出现频率为 38%、南天竹的出现频率为 31%。与牡丹搭配种植的草本和地被植物有沿阶草、芍药、络石、酢浆草、常春藤等，其中沿阶草的出现频率达 90%、芍药的出现频率为 62%。

乔木的配置按照与牡丹的相对位置关系分为侧方遮阴和上方遮阴。在与叶密荫浓的乔木配置时，牡丹必须种植在树冠边缘往外的位置，凡种植在树冠下的多生长不良，如香樟、桂花、广玉兰等都只能采用侧方遮阴的方式配置。在疏林下配置牡丹也较为常见，所用乔木大多为树冠较窄或枝叶相对稀疏的黑松、银杏、水杉、金钱松、白玉兰、梅花等。

乔木的大小需要根据周围的空间尺度进行选择，以保持总体空间比例的协调。通常在大型的牡丹园、公园，高大乔木的用量就较多。而在相对密闭、有限的空间中，则以选用小乔木为宜，如在苏州留园，就应用了白玉兰、瓜子黄杨、白皮松、女贞、桂花、黑松、元宝枫等多种小乔木，在牡丹株丛的上方形成了一个相对遮阴的环境。

小乔木和灌木的配置主要起到营造和丰富景观效果的作用，应用形式也灵活多样。可以在成片的牡丹丛中点缀一些突出的观叶、观花植物，丰富景观内容，增加层次感，如上海植物园牡丹园中点缀了少量的山茶、金丝桃、欧洲椴等；或以某一植物为背景，衬托牡丹，如在杭州花港观鱼牡丹园，修剪成球形的圆柏、龙柏、瓜子黄杨等，低矮的红叶鸡爪槭、紫藤、杜鹃花等，借助地势的变化与牡丹错落交替；或与其他植物混交搭配、相得益彰，如槭树科植物与牡丹高低搭配、南天竹与牡丹紧邻配置以及金丝桃、迎春花、沿阶草等在牡丹种植池外围配置的形式等都能取得较好的景观效果。

2. 牡丹与其他造景元素的结合

1）江南牡丹与山石

太湖石是江南地区牡丹栽培应用中经常出现的造景元素之一。太湖石以其独具的天趣、灵性、品格和蕴含的哲理，提升着空间的美学质量，尤其是在古典园林中，太湖石的应用对于突出牡丹的古典美起到了极大的作用。例如，南京瞻园的牡丹园中，将太湖石堆叠为群山状，种植牡丹、芍药、南天竹等低矮植物于其上，如此狭小的空间中所植牡丹不过十来株，但却能使其成为景观的焦点。另外如苏州留园、苏州拙政园、上海醉白池、上海古猗园、杭州花港观鱼公园等，或以太湖石堆叠成牡丹花台，或种植牡丹于耸立的太湖石旁，与太湖石互为借鉴与衬托。

除了太湖石外，黄石在江南地区的牡丹应用中使用得也比较多，尤其是在具有较大规模的大型牡丹专类园或公园中，常被用来堆砌种植池、假山或用于铺设园路等。

2）江南牡丹与建筑

牡丹和古典建筑都是传统中国文化的符号，江南地区牡丹的应用几乎是与古典建筑密不可分的。在牡丹的周围，总能找到廊、桥、亭、舫等古典建筑；大型的牡丹园都专门建有造型别致的牡丹亭，展出牡丹精品盆花、插花、书画等。反过来讲，古典建筑的应用以及楹联、匾额等也更加突出和提升了牡丹的文化内涵与神韵，如拙政园绣绮亭，亭墙窗额题有"晓丹晚翠"之匾，两侧还有"露香红玉树，风绽紫蟠桃"的应景之对联，其所产生的意境美远远超越了牡丹本身。

　　3）江南牡丹与水景

牡丹与水的结合是江南牡丹在应用方面的又一典型特征，这一点与北方牡丹的应用手法有着明显的差异，正如清代的笪重光（1623～1692年）所言："水柔则秀"。水在人们的心理感觉上扮演着重要的角色，任何人都能体会到水所给予的亲切感，人需要与水保持亲近。正因为如此，江南许多牡丹园或濒水而筑，或引水入园。滨水而建的牡丹园（花台），如常熟尚湖牡丹园、南京玄武湖公园牡丹园、南京情侣园牡丹园、苏州拙政园牡丹花台、铜陵天井湖公园牡丹园等；而引水入园的牡丹园有上海植物园牡丹园等。其中常熟尚湖牡丹园从湖边向湖心小岛延伸，中间以廊桥连接，岛的边缘植有少量的旱柳、桃花，周围是宽阔平静的尚湖，远处是翠绿的虞山，牡丹园融入湖光山色之中；苏州拙政园牡丹花台与水池仅一路之隔，形成照水之景。

9.3　牡丹盆花和切花的应用

如果说牡丹专类园、牡丹花台、牡丹花境等起到了美化室外环境的作用；那么，牡丹盆花、牡丹插花等则在美化室内环境方面具有重要的作用。

近年来，随着牡丹花期调控技术的日益成熟，牡丹盆花的应用也日益广泛。尤其是春节前后的促成栽培，使得在新春佳节里欣赏牡丹成为可能。另外，应用牡丹盆栽及牡丹插花装饰会场、厅堂等也越来越多，越来越时尚，使得这一领域在江南地区具有广阔的发展前景。

9.3.1　室内展出

牡丹盆花和插花广泛应用于室内展出，可分为牡丹专题花展、牡丹插花艺术展和情景布置几种应用方式。

　　1）牡丹专题花展

所谓花卉展览，一般是在一个有限空间内集中展示多样的品种，以及与之相关的其他各种产品，既展示育种成果、园艺技术，也展示园艺艺术。牡丹花展采用形态各异的盆栽牡丹组景，必要时还需要一些能与牡丹互补的观叶、观花植物参与配置，以烘托牡丹的雍容典雅。

不少大型花展同时开展品种评比等活动，用盆栽单独放置，或用切花（插花）形式单独放置，尽量表现或展示不同品种的风姿神韵（图 9-16）。

图 9-16　2009 年第七届花博会室内牡丹盆栽展示区

因为牡丹花朵硕大，适宜单独欣赏。配置时应尽可能创造独赏的环境氛围。花色、形态差异较大的品种组合，可以创造出品种多样性的效果。在有限空间内配置牡丹应尽可能遵循"少即是多"的原则（图 9-17）。

图 9-17　盆栽牡丹的配置

正因为室内空间有限，因而可以创造一定的地形条件，任牡丹花与人的视线接近，人们可以近距离欣赏和品味，这样，牡丹花的精气神均能被人所接近和感知，从而增强人们对牡丹的亲近感。

室内展一方面要充分利用立面空间，另一方面则可利用布景作为背景，创造一定氛围的情景。而造型逼真的情景可使游人仿佛置身于自然之中，作为情景主体的牡丹就更具有欣赏的味道了。如果场地允许，还可设计"曲径通幽"之类的景观，让游人产生无限遐想，构成一幅完美图画（图 9-18）。

图 9-18　日本由志牡丹园冬季室内牡丹展

2）牡丹插花艺术展

插花是一种装饰艺术。牡丹插花应用有着悠久历史。最早可以追溯到唐代，那时宫廷贵族的插花以华丽富贵、装饰浓厚为主要特色，往往以美观大方、雍容华贵的牡丹为主要素材。到了近现代，由于牡丹花大艳丽，可以制作中大型插花作品，往往具有很强的装饰效果，也日益引起人们的重视（图 9-19）。

图 9-19　牡丹插花艺术

3）在室内情景布置中的应用

室内情景布置，多为宴会布置与接待布置。在特定场合，可以同时运用牡丹盆花和插花。

牡丹花大色艳，富丽堂皇，冠压群芳。在一些重大节庆活动，或接待重要宾客的高等级会谈，或宴会活动中，牡丹盆花、插花的应用所营造的带有民俗色彩的庄严隆重氛围，往往是其他花卉所无法替代的。

如为重大宴会，则餐桌上的插花应分为公共部分与个体部分。公共部分应放在大餐桌之中央部位，主客共享，以平面布置为主，因为不能遮挡视线。如为个体部分，则以牡丹为主，加上少量其他花材，配置简洁大方，既显典雅，又清秀可人，可令人增进食欲（图9-20）。

图9-20　重大宴会之牡丹插花布置

图9-21　重要接待中之牡丹背景插花　　　图9-22　上海世博会闭幕式上的牡丹

如为重要接待或会谈之背景，亦采用插花形式。中国的传统插花，以牡丹为主景，其他花作为配材，但以竖向为主。会谈时后面多安排翻译坐席，既要有遮蔽，但又不能全挡。花朵基本上挡住翻译上半身，但宜露出肩以上的头部（图 9-21）。

其他情景有重要会议的开幕式、闭幕式主席台布置，应用牡丹盆花成排摆放，作为前景或背景，烘托现场气氛（图 9-22）。

9.3.2　冬季室外牡丹花展

牡丹正常花期多为每年 4 月，黄河中下游一带常常是谷雨时节看牡丹。江南大部分地区稍微早些，3 月下旬即可看花；而西北、华北乃至东北，那就要到 5 月上中旬，或者更晚一些。

上海及其周边地区主要在 4 月上中旬，和黄河中下游相近。除了正常花期赏牡丹，在一些传统节日，如元旦、春节赏牡丹也为国人所推崇，这就有了冬日牡丹室外展的推出。长江中下游一带，春节也是一年当中最为寒冷的季节，不过仔细分析，这一时期上海低于零度的日子并不多见，因而将促成开花后的盆栽牡丹置于室外，也能有较长的开花时间。据在上海市松江区上海辰山植物园的观察，牡丹开花后植株仍较耐寒，花期可持续 20 天或更长的时间。

组织春节牡丹室外花展需要提前做好策划，安排 30 ～ 40 个品种（以中原牡丹中易于促成栽培的品种为主），每个品种 6 ～ 10 株。展出时间以 20 天计，10 天更换一次，总数 800 ～ 1000 盆。做好秋季提前上盆、冷藏、分批次催花、冷室临时性储存等工作。展出地点宜在公园或植物园，有良好的小气候环境，避风向阳，无凛冽寒风侵袭之虞，并有小的地形变化等。做好布置设计。例如，将不同株型、花型、色彩的牡丹组合在一起，每一株上支一把伞状物，既为花朵遮挡风雨、阳光，同时也构成一个良好的背景，取得如同聚光灯投射在展品上那样的效果，并引导游人一丛丛、一朵朵的欣赏品味（图 9-23）。寒冷季节，就在江南一带，室外是百花凋零，在空旷的草地上及常绿灌木映衬下，盛开的牡丹花显得特别突兀和耀眼，非常引人入胜。如果单单展示牡丹，会显得景观单一，最好选取一些配材与牡丹有机搭配，如选配一些比牡丹低、碎花类且有条状叶的植物搭配，烘托牡丹花大色艳的气势，这也是江南地区冬季欢度春节的一大亮点。

即便是临时的种植，也要注意排水，不能让牡丹根浸泡在水中，这一点要注意。如若突遇寒潮，温度急剧降低，有两种应对措施。一种是如已种植，可用塑料薄膜临时覆盖，以利保温。另一种是尚未种植，可先在室内暂时保存，避过寒潮再行种植。

露地欣赏牡丹的构思源自古代家庭后花园细赏牡丹之法。庭院之中，牡丹数量不在多而在精。就是说看到的每个株丛、每个品种都很精致。为了能做到精赏，上面可以架设遮阴网，使花朵避免太阳直晒，从而延长花期，人们赏花时也颇感舒适。

牡丹中还有一类"寒牡丹"，一年两次开花，其中一次就在冬季或秋冬之交。这类牡丹常常是每株只开花一两朵，且花朵硕大。寒冬时节需有避风避寒之物，可用稻草等编成伞状物遮护其上（图9-24、图9-25）。花开时节，张灯结彩，邀上亲朋好友，共赏牡丹，仍不失为一件令人赏心悦目的盛事、乐事！

图 9-23　上海辰山植物园冬季室外促成栽培牡丹展示

图 9-24　日本由志牡丹园寒牡丹场景　　　　　　　图 9-25　寒牡丹单株布置

9.4　江南牡丹专类园的规划设计

在江南地区建设牡丹专类园，需要认真调查研究，在总结前人经验的基础上从各地实际情况出发，做好规划设计。由于规划设计涉及范围较广，下面仅就一些关键环节进行一些探讨。

9.4.1　关于园址选择

要建好牡丹园，园址选择至关重要。

牡丹只有在满足其生长发育所需的最适宜环境条件下，才能将其最佳的观赏效果充分地表现出来，因此，必须根据牡丹的生态习性选择恰当的建园地址。牡丹喜燥恶湿，适宜栽种在地势高燥、排水良好、土质疏松而肥沃的中性或微碱性砂质壤土中。如若地势不够高，宜挖湖堆高，人工营造高地，最基本的需求是不会被水淹，且土壤中的水分含量最好在中等以下。园地宜土层深厚，地下水位较低。

牡丹园宜上半日阳光充足，而下半日有适度遮阴的场所，防止下午过于强烈的西晒。

考虑到牡丹喜冷凉和相对较大的昼夜温差，牡丹园宜建在有一定海拔的坡地上。

9.4.2　关于品种选择和配置

1. 品种选择

品种选择要坚持以当地传统品种为主，外来品种为辅的原则。而外来品种也需要应用那些经 5 年以上引种栽培实践，证明其适应江南地区气候、土壤、环境的品种。

品种的选择是影响江南地区牡丹应用效果的一个关键因素。目前，各类牡丹品种已近千个，变异类型丰富，有九大色系、十多种花型，依产地和起源的不同分为 8 个品种群。近年来，江南地区所应用的牡丹来源相对多元化，可供选用的品种在 100 个以内，由江南传统品种、中原品种、日本品种、欧美品种以及少量的西北、西南品种等共同构成。

事实上，江南地区现存的传统牡丹品种仅 20 多个，常用品种主要为'凤丹'系列、宁国产的'徽紫'系列、'西施'和'粉莲'、'玉楼'和'凤尾'、'云芳'，以及近年来逐步流行的浙江慈溪的'黑楼紫'、湖南邵阳的'香丹'等。江南传统品种有适应性好、生长势强的优点，花期的群体效果极佳。但江南品种的变异类型偏少，花期过于集中，因此，现有的江南品种适合于对品种丰富程度要求较低的丛植、孤植、花台、花境等应用方式，在专类园建园时适合作为基础栽植，以营造一定的景观效果。但需要控制比例，以不超过总量的 2/5 为宜，必要时也可增加到 50% ～ 60%。

为满足牡丹应用的需求，大量的外来牡丹品种被引入到江南地区，其中以中原

品种和日本品种为主。已经引种的中原品种数量超过 140 种，其中适应性强的品种有
'香玉'、'丹顶鹤'、'首案红'、'洛阳红'和'乌龙捧盛'等 30 多种。已经引种的日
本品种数量超过 60 种，其中适应性强的有'麟凤'、'玉芙蓉'、'岛大臣'、'八重樱'
和'花王'等 20 多种，且日本品种的适应能力强于中原品种。

另外，还有国外引进的黄牡丹、紫牡丹的远缘杂种 6 种、西南品种 3 种以及少量
的牡丹组间杂种（伊藤杂种）和西北紫斑牡丹。这些外来牡丹的引入不仅丰富了江南
地区牡丹的观赏类型，还极大地延长了牡丹的观赏期，特别是远缘杂种最晚可延迟到
5 月上旬。根据应用的方式和目的，合理选择、搭配一些外来的牡丹品种，尤其是一
些适应性强的品种，能显著地提高花期的景观效果。

2. 品种配置

1）配置花期不同的品种

牡丹的花期总体来说比较集中，观赏期较短，自古就有"莳花一年，看花十日"
的说法。从不同的牡丹品种群和同一品种内不同品种的花期差异入手，将早花、中
花、晚花品种交互配置，创造交替开花的优美景观，从而延长群体的观赏期。一般中
花品种较多，可集中连片混栽；也可将花期相近的品种按花色小区混栽——花开时节，
红紫黄白，色彩斑斓，争奇斗艳，对比鲜明。

此外，由于芍药与牡丹的花型非常相似，其花期在五一前后，观赏的需求量更大，
因此，将 3 倍数量的芍药与牡丹间种，也不失为一种好的配置方法。

2）不同株型品种的配置

即借助牡丹不同品种群的树形差异，创造不同的景观效果。例如，有的牡丹品种
株型高大、枝条直立向上、花朵繁多（如凤丹、紫斑系列的品种），可行孤植（或丛植），
在其周围则配置一些株型较小的牡丹，从而形成众星捧月的立体景观效果。

传统牡丹园的植物搭配多数是以牡丹与牡丹、牡丹与芍药为主，其优点是成片的
规模效应好，但景观的多样性难以体现，显得单调、乏味。如果牡丹能与其他植物一
起配置，且突出牡丹的主体地位，景观上会有大幅度提升。这些辅助的植物宜比牡丹
矮小，株型与叶形的变化也多样，以条形叶为主，与牡丹的景观能产生对比，且在牡
丹主要观赏期时，这些植物作为配材，而牡丹观赏期过后，这些植物就可以发挥作用，
每种植物都有其最佳的观赏时期，这样牡丹园就可以有更长的观赏时期，观赏过程中
花卉和景观也是在不断变化的。

3）珍稀品种的配置

许多珍品牡丹，如各种黄牡丹、黑牡丹、绿牡丹、复色品种，历史上知名的品种，
如'姚黄'、'魏紫'等，以及一些具有科普价值的野生种，可适当集中栽植，建成精
品园或园中园，以满足人们的猎奇心理。但多数珍品牡丹往往抗性差，在江南的生长
期有限，需要采用特殊的技术手段，才能满足需求。一般可用盆栽处理，观赏期在室

外展示，在其生长的关键时期，可置于温室条件下，以保证其正常生长。

3. 延长牡丹观赏期的种植设计

（1）利用品种之间的花期差异，加大晚花品种的栽植比例。注意牡丹晚花品种与芍药早花品种间的衔接。其中，花期较晚的牡丹芍药间的组间杂种需要很好地开发利用。利用人工创造的独特的小气候配置不同品种。

（2）在多数牡丹和芍药之间的空档期，适当穿插一些比牡丹稍低、鲜艳的碎花类植物，或者辅助一些叶色亮丽的观赏草或其他剑叶类植物，增强其观赏性。

（3）在集中栽植区设置花期遮光挡雨设施，以延长牡丹花期。牡丹开花后，连续强烈的阳光照射可导致花朵迅速衰老；花期下雨，淋湿花瓣，再遇到强烈的光照，整个花朵面目全非，丧失欣赏价值。良好的遮光挡雨设施可使花期延长 3～5 天或以上。

9.4.3　关于规则布局中的一些基本原则

1）要突出当地的人文特色

在牡丹园的规划布局方面，首先可以根据地形地貌特点确定全园基本的构图形式。其次，由于每个地方文化的形成和发展都是由特定的历史过程决定的，因此，要认真研究分析当地的历史文化，遵循"源于自然、高于自然、师法自然"的原则进行规划设计，尽量体现当地的历史特色、地方特色及文化特色，从而创造具有鲜明地域特色的牡丹园林景观。

2）围绕牡丹造景、组景，突出主题

在牡丹专类园中，牡丹既是主题，也是主景。因此要围绕牡丹这个中心进行组景、造景，但与此同时，对牡丹园的四季景观也要进行统筹考虑，力求增加植物种类，丰富植物景观。牡丹与其他植物的搭配一般应遵循以下原则。

首先，组景植物的体量要适中。例如，冠大荫浓的乔木不能距离牡丹太近，否则可能影响牡丹花生长而导致开花不良；低矮的地被植物主要起点缀的作用，其具体种类的选择要根据牡丹栽植的环境条件而定，一般在阳光充足之处多选用荷包牡丹、大花萱草、郁金香等，而在林下多选用麦冬、蕨类植物等。宿根花卉和一两年生的草花也常与牡丹搭配，以适应时令变化，丰富园林景观。

其次，其他植物与牡丹搭配应避免花期相近，喧宾夺主。牡丹花虽美，但整体花期也仅有 20～30 天，花期前后、尤其是花期过后，牡丹栽培区则呈现出萧条景象。为了避免花前、花后园中景色的单调，需要将牡丹和其他树木花草合理、巧妙地搭配起来，适当增加其他三季的景观（如秋色叶树种、宿根花卉和地被植物）以充实观赏内容。为了营造花期不尽相同而又有季相变化的园景，可利用蜡梅、梅花、迎春、棣棠、月季、金丝桃、山茶、茶梅等；营造春华秋实景观的花灌木有平枝栒子、多花栒子、南天竹等；牡丹花并非芬芳浓郁，所以也可考虑配置一些有香味的花灌木，如香荚蒾、玫瑰、瑞香等。配置时与其混交的树种既要有乔木又要有灌木，既要有花木类又要有果木类，既要考虑到时令的衔接又要注意色彩上的协调等。这样，通过合理的植物配置，营造出疏朗清新、生机勃勃的景象，使整个园区随着季节的变化而呈现出气象万千、绚丽多彩的动人景观。

3）融入牡丹的文化内涵

牡丹栽培历史悠久，本身具有丰富的文化内涵。在牡丹园的规划设计中，应尽量采用多种造园要素（雕塑建筑、山石水体、园路等），通过诗词、歌赋、传说、神话等，多方位地体现牡丹园的文化氛围及艺术景观效果，增添牡丹园的文化内涵。

营造牡丹专类园，应以牡丹文化为脉络，巧妙运用园林艺术的多种手法，将人文精神与园林空间渗透与结合。无论在建筑形式、园林小品与园路铺装上，都要较好地体现其文化内涵。大量的史料、民间传说、文人墨客的诗词歌赋、书画瓷器等均是我们可以加以应用的内容。我们可以把这些诗句刻成楹联、匾额挂在牡丹亭廊门口，或刻成石碑立于园中。例如，"绝代只西子，众芳惟牡丹"；"庭前芍药妖无格，池上芙蕖净少情。唯有牡丹真国色，花开时节动京城"；"春来谁做韶华主，总领群芳是牡丹"；"风前月下妖娆态，天上人间富赏花"；"阅尽大千春世界，牡丹终古是花王"，如此等等。

4）按照不同的观赏方式安排观赏空间

坐赏和近观可品味牡丹的雍容与华贵，登高和远眺可欣赏牡丹的绰约风姿，游赏可体味牡丹的飘逸神韵。因此，园路的布置，亭、榭、画廊等的设置，山石的堆放，都要考虑尽量为游人提供全方位的观赏空间——或群观，或孤赏，同时安排必要的游憩服务。

若为中小型牡丹园，从设计手法上可采用中间空、周边围合的方式，并利用多样的空间组合概念。中间空表示中心部位可以是草地或水面，水面的实际意义更大。因为挖湖的土可用以造地形。周边高的地形可在下雨时将雨水排往湖面，降低积水的风险；中心湖面是整个园之景观中心，从每个角度均可回望湖面，但景观已各不相同。周边的串联空间，可以大小不一，从数十平方米到数百平方米不等，空间的连续性可以被空载空间所打断而不至于显得平淡，这些空间既连续又有间隔，有通透又有密致，让游客感受到变化和新奇。

空间的围合可以是地形、植物或者是设施。空间组合是经过计算出来的，根据人的步数、景观高度及错落的地形，让人逐步到达欣赏的高潮，人在欣赏过程中会逐步产生共鸣。

主要参考文献
Reference

安徽省铜陵县地方志编纂委员会 . 1993. 铜陵县志 . 合肥 : 黄山书社出版社 , 55-69.

亳州市地方志编纂委员会 . 1996. 亳州市志 . 合肥 : 黄山书社出版社 :57-61.

巢湖志编纂委员会 .1989. 巢湖志 . 合肥 : 黄山书社 .

陈道明 , 丁一巨 , 蒋勤 , 等 . 1992. 牡丹品种主要性状的综合评价 . 河南农业大学学报 ,
    26（2）: 187-193.

陈慧玲 , 李洪喜 , 张建华 , 等 . 2014. '保康紫斑' 牡丹生长适应性及结籽性状 [J]. 林业
    科技开发 , (4):43-46.

陈平平 . 1997. 中国牡丹的起源、演化与分类 . 生物学通报 , 32(3):5-7.

陈平平 . 1998a. 欧阳修与牡丹 . 中国园林 , 14（6）: 43-45.

陈平平 . 1998b. 我国宋代的牡丹谱录及其科学成就 . 自然科学史研究 , （3）: 25-28.

陈平平 . 1999a. 薛凤祥与牡丹 . 南京师范专科学校学报 , 15（4）: 89-98.

陈平平 . 1999b. 我国宋代牡丹品种和数目的再研究 . 自然科学史研究 , 18（4）: 326-
    336.

陈平平 . 2001. 中国宋代江南和两浙观赏牡丹的研究 . 南京晓庄学院学报 , 17(4):42-46.

陈平平 . 2003. 宋代牡丹品种和数目研究之三 . 中国农史 , （1）: 24-27.

陈平平 . 2005. 论元代耶律铸牡丹园艺实践与著述的科学成就 . 古今农业 , （2）: 30-35.

陈平平 . 2008. 我国元代观赏牡丹的再研究 . 南京晓庄学院学报 , (3):64-70.

陈让廉 . 2004. 铜陵牡丹 . 北京 : 中国林业出版社 .

陈向明 , 郑国生 , 孟丽 . 2002. 不同花色牡丹品种亲缘关系的 RAPD-PCR 分析 . 中国农
    业科学 , 35(5):546-551.

陈向明 , 郑国生 , 张圣旺 . 2001. 牡丹栽培品种的 RAPD 分析 . 园艺学报 , 28(4):370-
    372.

陈永生 , 吴诗华 . 2005. 中国古牡丹文化 . 北京林业大学学报（社会科学版）, 4（3）:
    18-23.

陈智忠 . 1999. 牡丹花粉形态研究初报 . 林业科技通讯 , 5 : 33-34.

成仿云 , 李嘉珏 , 陈德忠 , 等 . 2005. 中国紫斑牡丹 . 北京 : 中国林业出版社 .

成仿云 , 李嘉珏 . 1998a. 中国牡丹的输出及其在国外的发展 Ⅰ : 栽培牡丹 . 西北师范大
    学学报 (自然科学版), 34(1):109-116.

成仿云, 李嘉珏. 1998b. 中国牡丹的输出及其在国外的发展Ⅱ: 野生牡丹. 西北师范大学学报 (自然科学版), 34(3):103-108.

成仿云. 1996. 紫斑牡丹有性生殖过程的研究. 北京: 北京林业大学园林学院博士学位论文.

成仿云.1998. 紫斑牡丹花粉发育的细胞形态学研究. 园艺学报, 25 (4): 367-373.

戴蕃, 王瑨. 1987. 中国牡丹的起源、培育及其分布的探讨—为牡丹输入英国二百周年而作. 西南师范大学学报, 39 (4): 95-101.

董兆磊. 2010. '凤丹' (Paeonia ostii 'Feng Dan') 生殖生物学的初步研究. 北京林业大学.

段春燕, 侯小改, 李连方. 2005. 中国牡丹品种群野生原种特征及主要栽培区域. 中国种业, 6 : 53.

范镐 (明) 纂修. 安徽宁国县方志办点校. 1987. 宁国县志 (点注本). 安徽: 安徽宁国县方志办. 54.

高俊平, 姜伟贤. 2000. 中国花卉科技二十年. 北京: 科学出版社 : 586-592.

顾观光 (清), 杨鹏举. 1998. 神农本草经校注. 北京: 学苑出版社.

郭宝林, 巴桑德吉, 肖培根, 等. 2002. 中药牡丹皮原植物及药材的质量研究. 中国中药杂志, 27(9):654-657.

郭绍霞, 张玉刚, 等. 2003. 中国牡丹研究进展. 莱阳农学院学报, 20(2):116-121.

郭先锋, 王莲英, 袁涛. 2005. 4 种野生芍药的花粉形态研究. 林业科学, 41 (5): 184-188.

韩莉, 孔兰静, 王宗正, 等. 2000. 牡丹小孢子发生与雄配子体发育的研究. 山东农业大学学报, 31(1):27-31.

何丽霞, 李睿, 成娟, 等. 牡丹远缘杂交新品种及其亲本的花粉形态比较研究. 甘肃林业科技,2012,(1):1-5,29.

何丽霞, 李睿, 李嘉珏, 等. 2005. 中国野生牡丹花粉形态的研究, 兰州大学学报 (自然科学版),41 (4): 43-49.

洪德元, 潘开玉. 1999. 芍药属牡丹组的分类历史和分类处理. 植物分类学报, 37(4):351-368.

洪德元, 潘开玉, 谢中稳. 1998. 银屏牡丹——花王牡丹的野生近亲. 植物分类学报, 36 (6): 515-520.

洪德元, 潘开玉, 周志钦. 2004. *Paeonia suffruticosa* Andrews 的界定, 兼论栽培牡丹的分类鉴定问题. 植物分类学报, 42(3): 275-283.

洪德元, 潘开玉. 2005. 芍药属牡丹组分类新注. 植物分类学报, 43(2):169-177.

洪德元, 张志宪, 朱相云. 1988. 芍药属的研究 (1)——国产几个野生种核型的报道. 植物分类学报, 26(1):33-34.

洪涛，张家勋，李嘉珏，等．1992．中国野生牡丹研究（一）：芍药属牡丹组新分类群．植物研究，12(3):223-234.

侯伯鑫，刘正先，杨曦坤，等．2009．湖南牡丹栽培应用史考．中国观赏园艺研究进展．北京：中国林业出版社,503-508.

侯小改，尹伟伦，李嘉珏，等．2006．部分牡丹品种遗传多样性的 AFLP 分析．中国农业科学，39(8):1709-1715.

黄岳渊，黄德邻．1985．花经．上海：上海书店影印出版社．

景新明，郑光华．1999．4 种野生牡丹种子休眠和萌发特性及与其致濒的关系．植物生理学通讯，25(3):214-221.

库宝善．2013．不饱和脂肪酸与现代文明疾病（第三版）．北京：北京大学医学出版社．

蓝保卿，李嘉珏，段全绪．2002．中国牡丹全书．北京：中国科学技术出版社:1-96.

蓝保卿，李嘉珏，乔红霞．2004．牡丹栽培始于晋．中国花卉园艺，10：16-19.

李惠芬，叶晓青，陈尚平，等．1998．南京地区牡丹品种主要性状评价研究初报．江苏林业科技，25(S1):156-159.

李嘉珏，何丽霞．2003．江南牡丹发展历史品种构成与适地适花问题．中国花卉园艺，12:9-11.

李嘉珏，张西方，赵孝庆．2006．中国牡丹．北京：中国大百科全书出版社．

李嘉珏．1998．中国牡丹起源的研究．北京林业大学学报，20(2)：22-26.

李嘉珏．1999．中国牡丹与芍药．北京：中国林业出版社：29-67.

李嘉珏．2005．中国牡丹品种图志·西北、西南、江南卷．北京：中国林业出版社．

李清道．2003．上海要选好适合的品种．中国花卉园艺，12:11-12.

李育才．2014．中国油用牡丹工程的战略思考．中国工程科学,16(10):58-63.

李育才．2014．中国油用牡丹研究．北京：中国林业出版社．

李云飞，李振兴，王玉圳．2007．冷藏方式对 " 明星 " 牡丹生长发育的影响．安徽农业科学，(33):10675,10745.

林启冰．2004．芍药属牡丹组（Paeonia section Moutan DC.）种间亲缘关系研究：来自 Adh 基因家族的分子证据．重庆：西南农业大学硕士学位论文．

刘萍，薛寒．我国油用牡丹产业发展的机遇挑战及对策研究．林业经济，7:95-97.

刘淑敏，王莲英，秦魁杰，等．1983．牡丹三倍体品种——首案红．北京林学院学报，4:65-67.

刘正中．2004．牡丹的药用栽培技术要点．四川农业科技，9:27-28.

刘宗勇．2002．巢湖银屏牡丹花传奇．合肥：安徽大学出版社．

马雪情，刘春洋，黄少峻，等．2016．牡丹籽粒发育特性与营养成分动态变化的研究．中国粮油学报，(5):71-75,80.

孟丽 . 2003. 部分野生牡丹、栽培牡丹种质资源亲缘关系的 RAPD 研究 . 泰安 : 山东农业大学硕士学位论文 .

裴颜龙 . 1993. 牡丹复合体的研究 . 北京 : 中国科学院植物研究所博士学位论文 .

戚军超 , 周海梅 , 马锦琦 , 等 . 2005. 牡丹籽油化学成分 GC-MS 分析 [J]. 粮食与油脂 ,(11):22-23.

《上海园林志》编辑委员会 . 2000. 上海园林志 . 上海 : 上海社会科学院出版社 .

沈保安 . 1997. 药材牡丹皮的原植物——芍药属一新变种 . 植物分类学报 , 35(4): 360-361.

沈保安 . 2001. 中国芍药属牡丹组药用植物的分类鉴定研究与修订 . 时珍国医国药 , 12(4):330-333.

沈浩 , 刘登义 . 2001. 遗传多样性概述 . 生物学杂志 , 18(3):5-8.

时军等 . 2014. HPLC 法测定不同产地牡丹皮中的 4 种成分。广东药学院学报 , 30（2）.

索立志 , 周世良 . 2004. 杨山牡丹和牡丹种间杂交后代的 DNA 分子证据 . 林业科学研究 , 17(6):700-705.

索志立 , 周世良 , 张会金 , 等 . 2004. 杨山牡丹和牡丹种间杂交后代的 DNA 分子证据 . 林业科学研究 ,(6):700-705.

索志立 , 张会金 , 张治明 , 等 . 2005. 紫斑牡丹与牡丹种间杂交后代的 DNA 分子证据 . 云南植物研究 , 27(1):42-48.

藤长江 . 1994. 海水三千丈牡丹七百年——盐城便仓枯枝牡丹 . 中国园林 , 10(2):17-18.

王佳 . 2009. *Paeonia ostii* 遗传多样性与江南牡丹品种资源研究 . 北京 : 北京林业大学博士学位论文 .

王莲英 , 等 . 1997. 中国牡丹品种图志 . 北京 : 中国林业出版社 .

王莲英 , 刘淑敏 , 秦魁杰 , 等 . 1983. 牡丹及其栽培品种的染色体组型 . 北京林学院学报 , （1）：450-457.

王子平 . 1996. 牡丹复合体的分子进化和系统学研究——细胞核核糖体基因变异的分析 . 北京 : 中国科学院植物所硕士学位论文 .

魏乐 . 2007. 牡丹种间花粉粒形态差异性比较 . 青海大学学报（自然科学版）, 25（6）： 52-54.

席以珍 . 1984. 中国芍药属花粉形态及其外壁超微结构的观察 . 植物学报 , 26:241-246.

徐克学 . 1994. 数量分类学 . 北京 : 科学出版社 .

薛凤翔（明）. 李冬生点注 . 1983. 牡丹史 . 合肥 : 安徽人民出版社 .

姚德昌 . 1982. 从中国古代科学史料看观赏牡丹的起源和变异 . 自然科学史研究 , 1（3）： 261-266.

于玲 , 何丽霞 , 李嘉珏 . 1997. 甘肃紫斑牡丹与中原牡丹类群染色体的比较研究 . 园艺

学报 , 24(1):79-83.

于玲 , 何丽霞 . 1998. 牡丹野生种间蛋白质谱带的比较研究 . 园艺学报 , 25(1):99-101.

喻衡 , 杨念慈 . 1962. 中国牡丹品种的演化和形成 . 园艺学报 , 1（2）: 175-186.

喻衡 . 1980. 菏泽牡丹 . 济南 : 山东科学技术出版社 : 16-36.

袁涛 , 王莲英 . 1999. 几个牡丹野生种的花粉形态及其演化、分类的探讨 . 北京林业大
    学学报 , 21(1):17-21.

袁涛 , 王莲英 . 2003. 我国芍药属牡丹组革质花盘亚组的形态学研究 . 园艺学报 ,
    30(2):187-191.

袁涛 . 1998. 中国牡丹部分种与品种 (群) 亲缘关系的研究 . 北京 : 北京林业大学博士
    学位论文 .

张赞平 , 侯小改 . 1996. 杨山牡丹的核型分析 . 遗传 , 18(5):3-6.

张赞平 . 1988. 栽培牡丹的核型研究 . 豫西农专学报 , (2):5-12.

张赞平 . l989. 河南紫斑牡丹的细胞学研究 . 华北农学报 , 5(1):89-92.

赵宣 . 2004. 芍药属牡丹组种间关系的分子证据 :GPAT 基因的 PCR-RFLP 和序列分析 . 重
    庆 : 西南农业大学硕士学位论文 .

郑相穆 , 周阮宝 , 谷丽萍 , 等 . 1995. 凤丹种子的休眠和萌发特性 . 植物生理学通
    讯 ,31(4):260-262.

中国植物志编委会 . 1979. 中国植物志（第 27 卷）. 北京 : 科学出版社 :34-48.

周海梅 , 马锦琦 , 苗春雨 , 等 . 2009. 牡丹籽油的理化指标和脂肪酸成分分析 . 中国油脂 ,
    (7):72-74.

周家琪 . 1962. 牡丹芍药花型分类探讨 . 园艺学报 , 1（3-4）: 351-360.

周琳 , 王雁 . 2014. 我国油用牡丹开发利用现状及产业化发展对策 . 世界林业研究 ,
    27(1):68-71.

周仁超 , 姚崇怀 . 2002. 芍药属牡丹组革质花盘亚组的系统演化讨论 . 植物研究 ,
    22(1):72-75.

周仁超 . 2002. 保康野生牡丹的居群年龄结构遗传多样性和系统演化 . 武汉 : 华中农业
    大学硕士学位论文 .

周志钦 , 潘开玉 , 洪德元 . 2003. 牡丹组野生种间亲缘关系和栽培牡丹起源研究进展 . 园
    艺学报 , 30(6):751-757.

周志钦 . 2007. 栽培牡丹起源研究 . 北京 : 中国科学院植物所博士后出站报告 .

朱文学 , 李欣 , 刘少阳 , 等 . 2010. 牡丹籽油的毒理学研究 . 食品科学 ,(11):248-251.

邹喻苹 , 蔡美琳 , 王子平 . 1999. 芍药属牡丹组的系统学研究——基于 RAPD 分析 . 植
    物分类学报 ,37(3):220-227.

日本牡丹协会 . 2002. 现代日本牡丹芍药大图鉴 . 东京 : 讲谈社 .

Cheng F Y. 2007. Advances in the Breeding of Tree Peonies and a Cultivar System for the Cultivar Group. International Journal of Plant Breeding, 1(2):89-104.

Cotton A D A. 1947. Study of Genus *Paeonia*. Journal of the Royal Horticultural Society, 22(3):8-83.

Haw S G , Lauener L A. 1990. A review of the infraspecific taxa of *Paeonia suffruticosa*. Andr.Edinburgh J Bot, 47(3):273-281.

Haw S G. 2001. Tree Peonies: A Review of their History and Taxonomy. The New Plantsman, 8(3):156-171.

Haw S G. 2006. Tree peonies-a review of recent literature. An assessment of recent publications (2), The plantsman, 5(4):260-262.

HawS G. 2000. *Paeonia ostii* in Britain. The New Plantsman, 7(3):160-163.

Hong D Y, Pan K Y. 2007. *Paeonia cathayana* D.Y.Hong & K.Y. Pan, a new tree peony, with reversion of *P. suffruticosa* ssp.*yingpingmudan*. Acta Phytotaxonomica Sinica, 45(3): 285-288.

Hong D Y. 1997. Paeonia (Paeoniaceae) in Xizang (Tibet).Novon, 7:156-161.

Hong D Y. 2010. Peonies of the world-taxonomy and phytogeography. London: Royal botanic gardens, Kew.

Hong D Y. 2011. Peonies of the world-polymorphism and diversity. London: Royal botanic gardens, Kew.

Osti G L.1994. Tree Peonies revisited. The New Plantsman, 1(4):195-205.

Shuiyan Yu, Shaobo Du, Junhui Yuan et al. 2016. Fatty acid profile in the seeds and seed tissues of Paeonia L. species as new oil plant resources. Scientific Reports | 6:26944 | DOI: 10.1038/srep26944 1.

Smith D R. 2001. Intersectional Hybrids from the Reciprocal Cross. Paeonia, 31(2):1-2.

Stern F C. 1946. A study of the genus for Paeonia. London: RHS.

Wang L S, Shiraishi A, Hashimoto F, et al. 2001. Analysis of petal anthocyanins to investigate flower coloration of Zhongyuan (Chinese) and Daikon Island (Japanese) tree peony cultivars. Journal of Plant Research, 114(1):33-43.

Wang LS, Hashimoto F, Shiraishi A, et al. 2004. Chemical taxonomy of the Xibei tree peony from China by floral pigmentation. Journal of plant research, 117(1):47-55.

Zhang JJ, Wang LS, Shu QY, et al. 2007. Comparison of anthocyanins in non-blotches and blotches of the petals of Xibei tree peony. Scientia horticulturae, 114(2):104-111.

后　记
Postscript

　　在本书接近完稿之时，也正值我国油用牡丹的发展出现"燎原之势"的时候。这也让笔者不禁再次深思于江南牡丹的现状以及未来发展的趋势是什么。回首过去，江南牡丹在我国牡丹栽培应用和发展的历史长河中曾经有过辉煌的时期。但是近现代以来，江南牡丹逐渐被"边缘化"，似乎成了一个"可有可无"的群体。现在看来，这是片面强调牡丹观赏价值的必然结果。

　　事实上，众所周知，牡丹起源于中国，作为我国特产的观赏植物和药用植物栽培，已经有 1600 多年的历史。此外，牡丹是美好幸福的象征，蕴含了丰厚的中国传统文化底蕴，1994 年经中国花协评审，推荐为国花。近来对牡丹油用价值的发现，表明牡丹还是一种具有中国特色的油料作物。因此，牡丹已经成为集观赏价值、药用价值和油用价值为一身的重要经济植物，同时还具有无可替代的文化价值。在此背景下，从文化价值、观赏价值、药用价值、油用价值等各方面综合全面地审视江南牡丹，会发现其在油用价值和药用价值方面具有其他品种群所不具备的一些特点，江南牡丹整体的资源优势和价值优势地位得以显著提升。因此，在考虑江南牡丹发展的时候，应该秉持全面、综合的态度，坚持观赏、药用以及油用牡丹的均衡发展。

　　在观赏应用方面，应该充分考虑到江南地区的地理和气候特征，以提高品种抗性和适应性作为新品种培育的首要方向。同时，着重花色新品种的培育，以显著提高江南牡丹的观赏性。在丹皮的生产和应用方面，应该充分发挥江南凤丹地道药材的优势，着重品质提升，并进一步丰富品系。在油用牡丹方面，应该着重挖掘、充分认识江南牡丹在品种资源上的优势，积极筛选和培育高产、高品质的优株、优系，摸索和建立适合的油用牡丹栽培技术体系，推动建立一批油用牡丹生产相关的技术标准。但是，无论从哪一个方面来讲，牡丹相关的基础研究还非常薄弱，其生殖生物学、发育生物学、有关代谢途径的生理和生物化学，以及一些机理和机制的分子生物学还都处于空白或者非常薄弱的地位，这与牡丹的价值和社会需要形成了很大的反差，已经在一定程度上限制了牡丹的应用和产业发展。

　　因此，应该看到，加强牡丹的基础研究，推进牡丹的产业化发展，已经是当前一项非常紧迫和重要的工作，同时也是践行党的十九大报告提出的"推进绿色发展、循环发展、低碳发展"以及"建设美丽中国"的具体行动。